U0208978

国际电气工程先进技术译丛

决策用强化与系统性机器学习

[印度] 巴拉格·库尔卡尼（Parag Kulkarni） 著
李 宁 吴 健 刘 凯 等译

机 械 工 业 出 版 社

机器学习是人工智能领域中一个极其重要的研究方向。强化学习是机器学习中的一个重要分支。作为解决序贯优化决策的有效方法，强化学习有效地应用于计算科学、自动控制、机器人技术等各个领域。

当前，强化学习的核心任务是提高学习效率，本书就是针对此问题展开的。第 1 章介绍系统概念和增强机器学习，它建立了一个突出的相同的机器学习系统范例；第 2 章将更多关注机器学习的基本原理和多视角学习；第 3 章关于强化学习；第 4 章处理机器学习系统和模型建立的问题；决策推理等重要的部分将在第 5 章展开；第 6 章讨论了自适应机器学习；第 7 章讨论了多视角和全局系统性机器学习；第 8 章讨论了增量学习的需要和知识表示；第 9 章处理了知识增长方面的问题；第 10 章讨论了学习系统的建立。

本书适合于机器学习、自动化技术、人工智能等方面的相关专业教师与研究生阅读，也可供自然科学和工程领域相关研究人员参考。

译 者 序

进入21世纪以来，人们对机器学习（machine learning）的期望与日俱增。十年前所想的智能系统如今只是被认为是个普通系统而已。人们都希望机器变得更加智能，能自主地学习并具备高效的解决日常问题的复杂行为的能力。机器学习的应用不局限于一种特定的领域，而是分布在所有领域。

强化学习（reinforcement learning，又称再励学习、评价学习）是一种重要的机器学习方法，在智能控制机器人及分析预测等领域有许多应用。但在传统的机器学习分类中没有提到过强化学习，而在连接主义学习中，把学习算法分为三种类型，即非监督学习（unsupervised learning）、监督学习（supervised leaning）和强化学习。

强化学习由统计学、控制理论、心理学等相关学科发展而来，经过多年的发展，已经成为解决序贯优化决策的一种有效方法。所谓强化学习就是智能系统从环境到行为映射的学习，以使奖励信号（强化信号）函数值最大。强化学习中由环境提供的奖励信号是对产生动作的好坏做一种评价，并非直接告诉强化学习系统（reinforcement learning system）如何去执行正确的动作。由于外部环境提供的信息很少，强化学习系统必须靠自身的经验知识进行学习。通过这种方式，强化学习系统在动作—评价的环境中获得知识，改进行动方案以适应环境。

这是一本全面讨论强化学习与系统性学习的书籍，适合于机器学习、自动化技术、人工智能等方面的相关专业教师与研究生阅读，也可供自然科学和工程领域相关研究人员参考。本书包括强化的不同方面，通过机器学习来建立知识库。本书有助于计划通过智能学习和实验做出智能机器的人并尝试新的方式，打开一种相同的新范例。本书第1章主要介绍系统概念，如机器学习、强化学习、系统学习、系统性机器学习等；第2章主要介绍系统性和多视角的机器学习；第3~9章主要介绍本书的主要内容——决策用强化与系统性学习的各个方面内容，有强化学习、系统性机器学习、推理和信息集成、自适应学习、全局系统性学习、增量学习及表示和知识增长。第10章列举了一些例子来说明如何构建一个学习系统。

本书主要由李宁、吴健和刘凯翻译。参与翻译本书的人员还有李娜、刘建强、伍宏芳、费盛、聂凤梅、陈蓉、王天伟、葛桃桃、杨雪峰等人，感谢他们的辛苦工作。感谢机械工业出版社给予我们这个难得的机会。

由于个人水平有限、经验不足，书中翻译不足之处在所难免，敬请读者指正批评。

译 者

原书前言

人们研究人工智能已经很多年，甚至早于计算机时代。在现代，基于事件的人工智能被广泛应用于部件设备或者是设备整体中。人工智能起了很大程度上的引导作用，但人工干预是强制性的。甚至反馈控制系统也是人工智能系统的一种初步形式。之后自适应控制系统和混合控制系统在系统中增加智能的鉴别能力。随着计算机技术的发展，人工智能技术受到了更多的关注。基于计算机学习简单的事件很快成为诸多智能系统的一部分，人们对智能系统的期望在持续增长，这就致使一种广受欢迎的学习范例，其是以学习为基础的模式。这使得系统在很多实际方案下表现得智能化，其中包括天气模式、入住率模式以及其他可以帮助决策的不同模式。这种模式发展成为一个行为模式学习的范例。这与其说是一种行为模式，倒不如说是一种特定测量参数的简单模式。行为模式试图给出一个更好的描绘和洞察力，这有助于学习和在网络及业务方案下进行决策，这将智能系统提升到了另一个水平。学习是智能的表现，使机器进行学习是使得机器智能化行为一个主要的部分。

决策方案的复杂度和复杂方案中的机器学习在机器智能方面提出了很多问题。孤立的学习是永远不会完成的。人类聚居在一起学习，开发聚居地并通过互动去创造智慧。聚集和合作学习让人类取得了统治地位。此外，人类的学习与所处环境相关联。他们与环境互动，并获得两种形式的反馈——奖励或惩罚。人类的协作学习方式给了他们探索式学习的力量，利用已经了解到的事实以及参照发生的行动去探索。强化学习的范例上升到了一个新的层面，并可以覆盖所需动态方案学习的很多新的方面的问题。

正如 Rutherford D. Roger 所说："我们淹没在信息的海洋中并渴求着知识的养分。"越来越多的信息可供我们支配，这些信息的存在形式多样化，且有很多的信息来源和众多的学习机会。学习时的实践假设能够制约学习。实际上系统的不同部分之间都是有联系的，系统思维状态的基本原则之一就是在时间和空间上因果是分开的。可以感受到决定和行动的影响超越了可察觉的极限。当学习时，如果不考虑系统性方面的关联，会导致很多的局限性。因此传统的学习范例会遭受现实生活中高度动态和复杂性的问题。对相互依赖关系的整体把握和理解能够帮助人们学到很多新的方面的知识，并用更现实的方式理解、分析和解释信息。根据现有的资料学习、构建新的信息并映射其到知识面和理解不同的观点能够提高人们的学习效率。学习不仅仅是获得更多的数据和整理这些数据，甚至不是建立更多的信息。从根本上说，学习的目的是为了使个人做出更好的决策，并提高其创造价值的能力。在机器学习中，有必要参照不同的信息来源和学习的机会提升机器的能力。在机器学习中，也有必要赋予机器做出更好决策并提高其创造价值的能力。

本书试图参照不同机器学习的各方面提出系统性机器学习和研究机器学习机会的新范例。本书试图依据精心设计的案例研究构建系统性的机器学习基础。机器学习和人工智能在本质上是跨学科的，其涉及统计学、数学、心理学、计算机工程，许多研究者致力于丰富这一领域并获得更好的效果。本书基于这些机器学习领域众多的贡献以及作者的研究，试图探索系统性机器学习的概念。系统机器学习是全面的、多视角的、增量的和系统性的。在学习时可以从同一数据集中学到不同的东西，也可以从已知的事实中学习。本书是建立一个框架使所有的信息源得到充分利用并参考全局系统体系建立知识的一种尝试。

在许多情况下，这个问题也不是一成不变的，它随着时间的推移而变化且依赖于环境。环境可能不只是局限于几个参数，但一个问题的整体信息建立环境。一个没有环境的通用系统可能不能够处理特定环境的决定。本书不仅讨论学习的不同方面，也讨论参照复杂决策问题案例的需求。本书可作为进行专门研究的参考用书，并可以帮助读者和研究者欣赏机器学习的新模式。

本书的内容结构如图0.1所示。

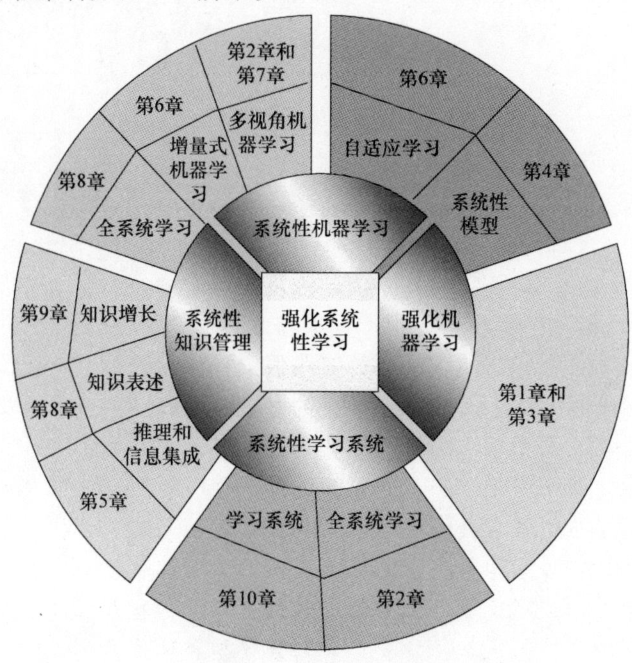

图0.1 本书的内容结构

第 1 章介绍系统概念和增强机器学习，它建立了一个突出的相同的机器学习系统范例：第 2 章将更多关注机器学习的基本原理和多视角学习；第 3 章关于强化学习；第 4 章处理机器学习系统和模型建立的问题；决策推理等重要的部分将在第 5 章展开；第 6 章讨论了自适应机器学习，第 7 章讨论了范例的多视角机器学习和系统性机器学习；第 8 章讨论了增量学习的需要，第 8 章和第 9 章处理了知识库表示和知识库扩展的问题；第 10 章讨论了学习系统的建立。

本书试图包括学习的不同方面，同时引入一种新的机器学习范例，通过机器学习来建立知识库。本书有助于计划通过智能学习和实验做出智能机器的人，并尝试新的方式，打开一种相同的新范例。

Parag Kulkarni

原书致谢

在过去的20年中，我做了很多关于决策和基于人工智能的IT产品公司的工作。在这段时期，我用不同的机器学习算法将其应用于不同的方面。这项工作让我意识到需要一个机器学习的新范式和思维变化的需要，这建立了本书的基础，并开始构建系统性机器学习的思维过程。我非常感谢曾经工作过的地方，包括西门子和艾蒂尔（IDeaS）公司，也同样感谢这两个公司的同事。我还想感谢我的朋友和同事的支持。

我要感谢我的博士和我的研究生——Prachi、Yashodhara、Vinod、Sunita、Pramod、Nitin、Deepak、Preeti 、Anagha、Shankar、Shweta、Basawraj、Shashikanth和其他人，感谢他们直接和间接的贡献。他们总是准备用新思路来工作，通过集体学习起到了推波助澜的作用。特别感谢Prachi在制图和文本格式方面的帮助。

我要感谢Chande教授、Ramani教授、Sinha博士、Bhanu Prasad博士、Warnekar教授和Navetia教授为本书做的注释和评论。我也要感谢那些帮助我的机构，有COEP、PICT、GHRIET、PCCOE、DYP COE、IIM、马萨里克（Masaryk）大学等，感谢他们容许我在学生面前进行交互并展示我的思想。我也要感谢IASTED、IACSIT和IEEE，让我通过技术交流会的平台来让我展示我的研究成果。我也要感谢我的研究论文的评审专家。

我感谢指导过我的人，老师、祖父和已故的D. B. Joshi，他们激励我不同的思维。我也想借此机会感谢我的母亲。最主要感谢我的妻子Murdula和我的儿子Hrishikesh的支持、激励和帮助。

我也感谢IEEE /Wiley出版社和IEEE /Wiley出版社的编辑团队，感谢他们对我的研究、思想和实验的支持和帮助，并出版了本书。

Parag Kulkarni

关 于 作 者

Parag Kulkarni 博士是普纳埃拉特研究所（EKLaT Research，Pune）的 CEO 和首席科学家。他在知识管理、电子商务、智能系统和机器学习咨询、研究和产品建设等领域有超过 20 年的经验。印度理工学院和加尔各答印度管理研究院的校友，Kulkarni 博士是 IIM 的兼职教授、捷克马萨里克大学访问研究员和普纳工程学院兼职教授。他领导的公司、研究实验室和团体，其中包括很多 IT 公司，有艾蒂尔公司、西门子信息系统有限公司、普纳的卡皮森公司和新加坡的 ReasonEdge 公司。他通过战略创新和研究引领了很多公司成功创业。瑞士的 UGSM 皇家商业学校授予 Kulkarni 荣誉博士学位。他是三个专利的共同发明人，并合著了超过 100 篇研究论文并有著作若干本。

目 录

第 1 章　强化与系统性机器学习

1.1　简介

人们对智能系统的期望与日俱增。十年前所想的智能系统如今只是被认为是个普通系统而已。无论这个系统是洗衣机还是健康保健系统，我们都希望它变得更加智能，并能证明其在解决日常问题的复杂行为时的能力。智能系统的应用不局限于一种特定的领域，而是分布在所有领域。因此，特定领域的智能系统是很好用的，而使用者变得要求更高，一个不考虑应用领域解决问题的真正智能系统已经成为一个必要的目标。人们将系统用于驾驶车辆、玩游戏、训练运动员、检索信息以及甚至用于复杂的医疗诊断中。所有这些应用程序都超出了孤立系统和传统的预编程学习的范围。这些行为需要动态智能，动态智能可以通过学习展示出来，这不仅基于可用的知识，而且基于通过与环境相互作用的知识探索。使用现有的知识、基于动态方向的学习和复杂方案中的最优行为是智能系统的一些预期特性。

学习的方式有很多方面。从事实的简单记忆到复杂推理是学习过程的一些示例。但在任何时候，学习是一个全面的行为并围绕更好的目标决策发生。学习结果从数据存储、分拣、映射和分类中得来。至今智能最重要的一个方面仍是学习。在大多情况下，我们期望学习成为更加以目标为中心的行为。学习结果从有经验的人、自己的经验以及根据经验和过往学习的推断而作为输入得出。因此，这里有三种学习的方式：

- 基于专家系统输入的学习（监督学习）；
- 基于经验的学习；
- 基于已完成学习部分的学习。

本章将要谈论强化学习的基本要素及其发展历史，同时也将密切关注强化学习的需求，并将要讨论强化学习的局限性和系统性学习的概念。系统性机器学习的范例围绕各种概念和技术来讨论。同样，本章也包含对传统机器学习方法的介绍。本章阐述了不同学习方法和涉及系统性机器学习方法之间的关系。本章建立了系统性机器学习的背景知识。

1.2　监督学习、无监督学习、半监督学习和强化学习

基于参考一类案例而发生的学习称为监督学习，这种学习基于有标记的数

据。简言之，在学习时，系统拥有一组标记数据的知识，这是最普通和惯用的学习方法之一。下面开始学习最简单的机器学习任务：用于分类的监督学习。以文档分类为示例，在这种特殊情况下，学习者基于可用的文件及其分类学习。这也被称为标记数据，可以映射输入文件到合适的分类中的程序称为分类器，因为它将分派一个类别（即文件类型）到一个目标（即一个文件）中。监督学习的任务是构造一个给定一组分类训练的范例的分类器。图1.1所示是一个典型的分类实例。

图1.1代表一个学习后生成的超平面，分成两类——在不同的部分分成A类和B类。每个输入点显示样本空间的输入—输出示例。假设这是文件分类，这些点就是文件。在文件中通过学习估算出了分割数据的一个分隔线或超平面。一个未知文件的类型取决于其相对于一个分类器的位置。

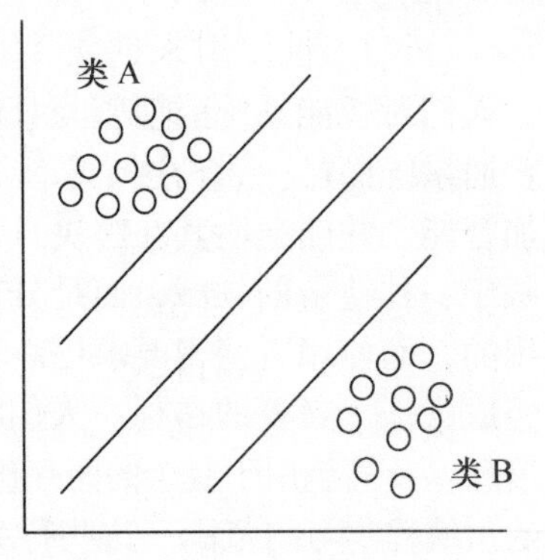

图1.1　监督学习

监督分类存在很多挑战，例如泛化问题、正确学习数据的选择和处理变异。标记的例子是用于训练的监督学习。提供标记示例的学习算法称为训练集。

当然分类器和决策引擎应该减少误报和漏报。在这里误报代表结果是正确的，也就是说被错误地分类到一个特定的组中。漏报是应该被认为是一类的但是却被抛弃了的情况。例如苹果未被归为苹果类是漏报，而一个橘子或者其他水果被归为苹果类就是苹果类中的误报。它的另一个例子是当有罪但未被宣判有罪是漏报，而无辜的但被定罪或宣告有罪的是无辜的是误报。通常情况下，元素错误的分类比未分类危害更大。

如果一个分类器知道数据由集合或批量形式构成，则它可以通过努力获得更高的精度识别两个相邻集之间的边界。在文件集合的情况下可以将其一一区分开来。虽然这种情况依赖方案，通常情况下相比于漏报的情况，误报情况损失更大，所以更倾向于使用减少漏报错误的分类器的学习算法，即使由此造成更多误报。这是因为误报情况一般会带走分类正确的对象和元素。一般认为误报情况可以在下一步中纠正，但漏报就不会有这样的可能。

监督学习不仅仅只是分类，而是在整个过程中根据准则得出最优决定。

无监督学习指未标记的数据学习。这种方式更依赖于相似性和差异性而非其他。在这种类型的学习中，所有类似的项目集中在一起归于一个特定的未标记的类中。

缺少正确的标记数据不可能用有监督的方式来学习，这种情景下需要应用无监督的方式来学习。这里的学习基于可见的相似性和差异性，这些差异和相似之处在无监督学习中以数学方式表述出来。

给定一个大型的对象集合，常常希望能够理解这些对象并设想它们之间的关系。例如基于相似性情况，一个小孩可以从其他动物中将鸟类区分开来。在区分时使用了一些特有的性质和相似点，如鸟儿有翅膀。初始阶段的标准是这些对象的最明显的方面。Linnaeus 用他一生的大多数时间致力于编排生命体的层次结构，在各级层次结构中，实现安排类似的生命体在一起的目标。许多无监督学习算法基于相似性映射来创建类似的层次管理。层次聚类的任务是安排一组对象到一个层次中去，这样类似的对象就被组合在一起。非层次聚类需求将数据分割成一些不相交的集群。聚类的过程如图 1.2 所示。初学者对一堆散射点的集合感到反感，而学习过后生成两个具有代表性质心的集群。集群显示具有相似属性和紧密度的点被聚集在一起。

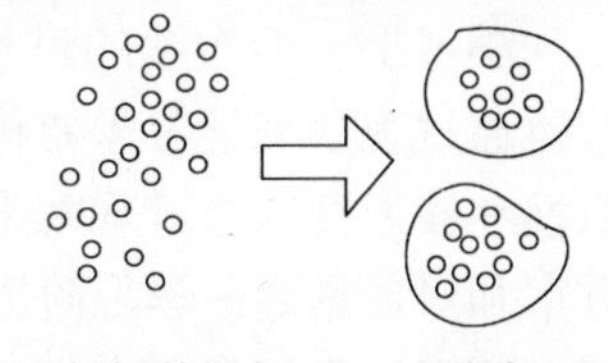

图 1.2　无监督学习

在实际方案中，往往要同时从标记数据和无标记数据中学习。尽管使用无监督学习方法，也需要尽可能使用标记的数据。这被称为半监督学习。半监督学习要充分利用这两种学习方法，也就是要基于相似性学习和基于有准确输入的学习。半监督学习试图得到两种学习方法的最佳效果。

1.3　传统机器学习方法和机器学习发展历史

学习过程并不是知识的获取，而是知识获取、知识积累和知识管理的组合。此外，智能推理对正常的学习至关重要。知识涉及信息的重要性，学习涉及构建知识。如何让一个机器进行学习？研究人员已经研究这个问题超过 60 年。这个研究的结果为本章构建了一个平台。学习包括日常生活中的任何行为，举例如下：当昨天 Ram 去办公室时发现路线 1 正在进行道路维修工作，所以他今天选择路线 2。这样有可能路线 2 情况更差。所以他可能会重选路线 1 或者尝试路线 3。路线 1 糟糕是由于维修工作已构建为知识，然后基于这个知识他采取了行动，这就是探索。学习的复杂度随着参数的数量而增加，并且时间维度在决策中开始发挥作用，Ram 发现路线 1 的道路维修工作正在进行。

Ram 发现路线 1 的道路维修工作正在进行。

他听到一个消息，为了防止下雨，路线 2 将要被关闭。

当他回到办公室时，发现自己需要逛 X 商店。

他的车汽油耗尽了。

相比于上面讨论的情景 1 和 2 来说，这些新的因素导致他的决策变得更加复杂。

在本节中，将围绕实例讨论各种学习方法。学习用的数据和信息是非常重要的，数据不能直接用来学习，它可能包含异常值和一些与试图解决的问题的特征无关的信息。学习数据的选择方法随着问题而变化。在某些情况下将最常用的模式用于学习中。甚至在某些情况下，异常值也被用于学习中。这里学习可以基于异常情况，学习可以基于相似之处以及不同之处发生，正面以及负面的例子都可以帮助有效地学习。很多学习模型都是以开拓知识为目标。

学习是一个连续的过程。新方案观察和新情况出现——那些需要被用于学习。通过观察来学习需要构建有意义的观察对象和情景的分类，为此需要测量相似性和接近度。通过观察来学习是人类最常用的方法，当人们做决策时所遇到的方案和对象是之前学习阶段没有遇过的，通过推理可以处理这些方案。此外，需要在不同的和新的方案学习，甚至在做决策时也要继续学习。

有三种基本的持续活跃的仿生学习机制：

1. 知觉学习

学习新的对象、策略和关系。它更像是不断寻求改善和发展的学习方式。更类似于专业人士应用的学习方法。

2. 案例学习

基于事件和事件的相关信息，比如是什么、在哪儿和什么时候。它是事件发生时行为中的学习或改变。

3. 过程学习

基于行为和动作序列来完成任务的学习。这种人类认知的实现可以影响机器的智能化水平，这种人类认知的实现可以为机器传授智慧。因此，关于智能行为的统一方法是机器在动态环境中的学习和行动或者智能响应需要的时间。

传统的机器学习方法易受连续动态环境的影响，然而人类的知觉学习并不受此限制。人类的学习是选择性增强的，所以并不需要大量训练集，同时没有对已经学习且并未过时的知识有偏见。人类的学习和知识是动态的，人类的大脑适应环境发生的不断变化情况。

有趣的是，心理学家在机器学习发展中扮演了一个重要的角色。计算机学研究人员和心理学家一起促进机器智能化已经超过60年了。其应用领域不断扩大，在过去的60年研究里，让我们相信这是机器学习最有趣的一个方面。

机器学习是计算机编程方法的研究。它是为了让机器智能化工作，可以像人一样学习经验。在一些任务中并不需要人类专家，这里包括自动化设备或者是在极少数动态环境下精度等级要求高的重复性任务。机器学习系统研究记录数据、分布式机器故障以及学习预测规则。其次，存在于哪里和是否需要人类专家的问题，但知识存在于一种隐形的形式中。语音识别和语言理解属于这一类。事实上，所有人类在这些任务中表现出了专家级能力，但他们并不清楚完成这些任务的具体方法和步骤。在这种情况下提供一组输入和输出的映射集合，因此机器学习算法可以学习从输入到输出的映射。

第三，现象迅速变化是个问题。现实生活中有很多动态方案，这里的状况和参数是动态变化的。这些行为频繁变化，以至于尽管一个程序员可以构建一个好的计算机预测程序，但需要频繁的重复编写。学习程序通过不断的修改和调整学习预测规则集来解除程序员的负担。

第四，有需要为每个计算机用户单独定制的应用程序。机器学习系统可以学习客户特定需求，且相应地为特定的定制版本调优参数。

机器学习在统计学、数据挖掘和心理学的帮助下解决了很多研究问题。机器学习不仅仅是数据挖掘和统计数据。机器学习（ML）按照现在的情况来说是数据挖掘和统计学的应用，用于决策推理或构建知识完成更好的决策。统计数据更多的是理解数据及其之间的模式。数据挖掘寻求决策和分析模式的相关数据。人类学习的心理研究渴望理解人类各种学习行为的潜在机理。在这个阶段结束的时候，人们想让机器学习授权机器如同人类在复杂情景下的学习能力。人性和智力的心理学研究也能导致不同的机器学习方法，这里包括概念学习、技术获取、策略变化、分析推理和基于方案的偏爱。

机器学习主要与及时响应、精度和由此产生的计算机系统效率的影响有关。很多时候没有考虑其他方面，比如学习能力和应对动态情况，这是同样重要的。机器学习方法重点应用在一些复杂系统中，如建立一个精确的人脸识别系统。在这方面，统计学家、心理学家和计算机学家都要共同发挥作用。数据挖掘方法可能用于寻求图像数据中的模式和变化。

机器学习的一个主要的方面是学习数据的选择。所有有用的信息并不能都被应用，这当中可能包含大量数据，这些数据也许并不相关或者是从完全不同的视角获取的。使用的每比特数据都不可能有相同的重要性和优先级。这些数据的优先次序是基于方案、系统的重要性和相关性的。数据关联的决策是处理过程中最难的一部分。

在合适的时间进行机器学习并做出合适的决策面临着大量的挑战。这些挑战从有限的学习数据的可用性、未知的视角以及定义决策问题开始。举一个简单的例子：期望机器给病人开出正确的药。学习集可能包括患者的样本、他们的历史数据、他们的检测报告、报告的症状。此外，学习的数据还可能包括一些其他信息，如家庭历史、爱好等。对于一个新的病人，需要基于可用的有限信息来推断，因为相同的疾病的表现在他身上的情况可能会有所不同。一些重要的信息可能丢失，因此决策会变得更加困难。

当注意人类学习的方法时，会发现很多有趣的方面。通常情况下，学习和理解同时发生。新的和已有的知识都是围绕学科主要概念和原理时促进学习发展的。在学习过程中，要么一些原理已经存在，要么在工作过程中发展为学习指南。学习也需要先验知识。学习者使用他们已经知道的来构造新的理解。此外，他们有不同视角和元认知（metacognition）。学习是通过识别、监控和调节元认知策略的使用而促进发展的。

1.4 什么是机器学习？

一般的机器学习的概念如图 1.3 所示。机器学习研究计算机学习算法。例如，可能会有兴趣学习完成一项任务，或者做出准确的预测、在某些情况下做出的反应，或表现得智能化。所做的学习总是基于某种观察或数据，如示例（在本章中最常见的情况）、直接经验，或指令。所以通常来说，机器学习是让未来的学习做得更好，这是基于过往的经验。这就是让机器从可用的信息、经验和构建的知识中学习。

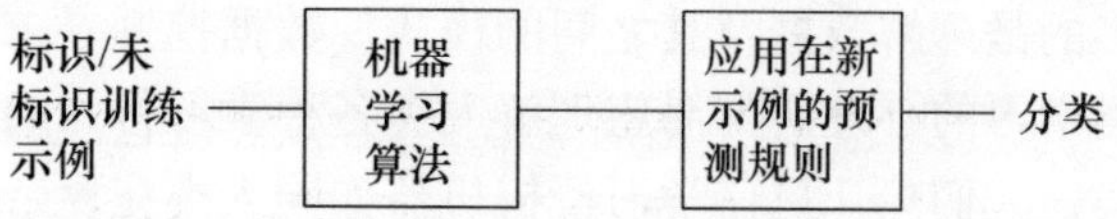

标识/未标识训练示例 —— 机器学习算法 —— 应用在新示例的预测规则 —— 分类

图 1.3 机器学习和分类器

在当前研究的背景下，机器学习是所有程序的发展趋势，这是能够尽可能在不同方案中分析来自各种数据源的数据、选择相关数据、使用这些数据来预测在另一个类似的系统的行为。机器学习还对对象和行为进行分类，并最终给出新的输入方案的决策信息。有趣的是，需要更多的学习和更智能化来处理不确定的情况。

1.5 机器学习问题

很容易得出结论，所有的问题都需要智能方法去解决从而归入机器学习的分类问题。典型的问题是字符识别、面部身份验证、文档分类、垃圾邮件过滤、语音识别、欺诈检测、天气预报、入住率预测。有趣的是，许多问题更复杂，涉及的决策也可以被认为是机器学习问题。这些问题通常涉及经验和数据的学习，以及在已知和未知的搜索空间寻找解决方案。它可能涉及对象的分类、难题、并将其映射到解决方案或决策。甚至任何类型的对象或事件的分类也是机器学习问题。

1.5.1 学习的目标

学习/机器学习的主要目标是产生一些有实际价值的学习算法。在相关文献和研究中，大多时候，机器学习都被提及应用的前景，更受所用方法的约束。机器学习的目标可以描述为计算机算法和模型的发展与强化以来满足实际方案中决策的需要。有趣的是，它确实达到了在许多应用中所设定的目标。从洗衣机和微波炉到自动着陆飞船，机器学习在现代化应用程序和设备中扮演了重要角色。机器学习的时代已经从简单的数据分析和模式匹配方法发展到模糊逻辑与推论。

在机器学习中，大部分推论是数据驱动的。数据的资源是有限的，大多数情况下很难去识别有用数据。这些资源可能包含大量数据，数据中包含了相互之间的重要关系和相关性。机器学习可以得到这些关系，这是一个数据挖掘应用的领域。机器学习的目标是构建能够解决日常生活中问题的智能系统（IS）。

计算引擎的计算能力、算法的复杂性和精确性、有价值信息的数量和质量、系统体系结构的效率和可靠性决定了人工智能的规模。人工智能的规模可以通过算法的开发、学习和发展来增加。人工智能是自然选择的产物，在这里更多成功的行为传递给之后一代的智能系统和不太成功的行为被淘汰。这种人工智能帮助人类和智能系统去学习。

在监督学习中，从不同的方案和作为学习材料的预期结果中学习。其目的是，如果在未来同样的地方遇到了类似的情况，可以做出适当或最好的决定。如果能把一个新的方案分类到一个已知类别或已知的情况，将新的方案进行分类允许选择一个适当的行动。学习可以通过模仿、记忆、映射和推理完成，此外，归纳、演绎、基于实例和基于观察的学习是可用于学习的其他方式。

学习是由目标驱动的，且由确定的性能元素和他们的组件进行管理。性能元素和组件的清晰度、学习组件行为的可用反馈以及组件的表示都是必要的学习。这些决策者需要学习，并且这些决策者的组件应当能够映射并决定操作，提取并推断出与环境有关的信息，并设置描述类的状态的目标。参照值或状态的期望的动作有助于系统的学习。学习在反馈的基础上发生，这些反馈用来决定惩罚或奖励的形式。

1.6　学习模式

经验学习法有三种不同的建立问题模型的方式，它们是基于观察、数据以及有关问题领域的部分知识的。它们是：

1）生成模式；

2）判别模式；

3）仿真模式。

每个模型都有自己的优点和缺点。依据训练样本和先验知识，它们最适合于不同的应用领域。一般情况下，学习模式的适用性取决于问题的情况、现有知识和决策的复杂性。

在生成的建模方法中，通过估计问题领域变量的联合概率，统计学提供了一个形式化的方法去确定非确定性模型。贝叶斯网络是用来捕捉域变量之间依赖关系以及其分布规律的。这部分知识结合观察增强了概率密度函数。然后生成的密度函数被用来产生该系统的不同配置的样品，并得出一个对未知情况的推论。由于可视化的变量比启发方式的相互依存关系能够产生更好地预测结果，传统的基于规则的专家系统让位于由统计生成方法。不同演讲者间的自然语言处理、语音识别和专题建模是生成模型的一些应用领域。这种学习概率的方法可以被应用于计算机视觉、运动跟踪、目标识别、人脸识别等。概括地说，生成模型学习可以应用于领域感知、时空建模以及自主决策。为了能够更好地预测，这种模式试图代表和示范的相互依存关系。

判别方法模型的后验概率或判别函数具有较少的特定领域的或先验知识。这种技术直接优化任务相关的目标标准。例如，支持向量机的方法可以将两组 N 维变量之间的超平面边缘最大化。这种方法可广泛用于文档分类、字符识别以及其他许多地方——问题变量之间的相互依存关系在观测变量中没有起到任何作用或发挥的作用很低。因此，预测不仅仅被固有问题结构影响，同时也被领域知识影响。这种方法在相互依赖性非常高的情况下可能不是很有效。

第三种方法是模仿学习。自主决策者表现出的相互作用行为，是通过模仿学习进行训练的。模仿学习的目的是通过提供一个决策者与外部环境相互作用的例子来学习决策者的行为并概括它。图 1.4 描绘了这种学习模式的两个组件被动感知现实世界的行为并从中学习。互动决策者使用生成模型感知环境去再生/合成虚拟角色/交互作用，并使用时间上的判别方法学习去专注于必要的行动选择的预测任务。决策者试图模仿真实世界的情况与智慧，这样，如果一个确切的行为在学习假设中不可用，决策者仍然可以采取一些基于综合的行动。模仿和观察学习的发生可以偶尔用于强化学习中。模仿反应可能是奖励强化学习的措施。

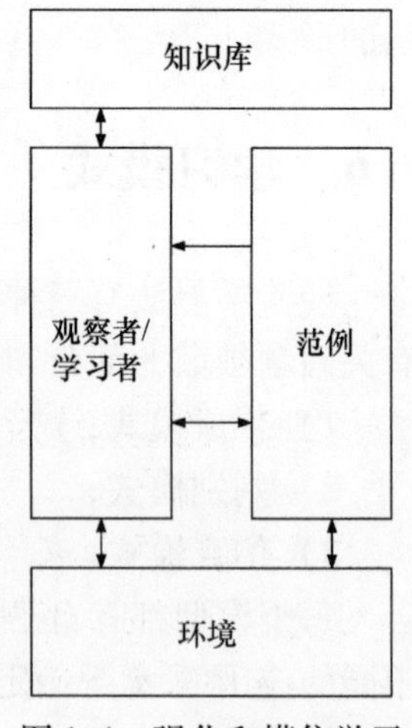

图 1.4　强化和模仿学习

图 1.4 参照一个示例和环境描绘了模仿学习。该演示是相应的行动，即一系列观察者学习的行动。环境是指观察者的环境。学习需要基于模仿和观察演示，而知识基础和环境有助于推断不同的事实去完成学习。模仿学习可以扩展到模仿强化学习，在那里模仿是基于以前的知识学习，而补偿是与纯模仿响应比较的。

基于经验的学习需要有输入和结果的经验来衡量。任何行动都有一些结果，其结果会导致行动进行某种修正。学习可以是基于数据的、基于事件的、基于模式的和基于系统的。这些学习范例都有各自的优点和缺点。

知识积累和学习是一个持续的过程，人们希望系统能够创造性、智能性地重复使用，也就是为完成目标状态而选择性地学习。

有趣的是，当一个孩子正在学习走路时，他同时使用所有类型的学习。来自父母的指导是监督学习的一些形式，基于新的数据的监督学习指出马上就要到达对面了，其从一些熟悉的环境推断并从环境中得到反馈。学习的结果起因于标记和未标记的数据，并同时发生。事实上，孩子正在使用各种学习方法，甚至不止这些。一个孩子不仅采用现有的知识和背景，还从现有的不能直接得到信息的数据中去推断。孩子们根据需要和适当性有选择性地使用这些方法，或结合在一起使用。孩子们的学习效果来自他们与环境的密切互动。当从经验中系统学习时，需要考虑到所有这些事实。此外，更多的是范例，而不是学习方法的使用。本书是关于建立一个强化学习的智能化系统，强化学习设法取得开发和探索之间的平衡。此外，它与环境发生互动，来自环境的奖励然后累积值带动整体行动。图 1.5 描述了孩子学习的模式。孩子们得到的很多输入来自他们的父母、社会、学校和经验。他们执行操作，并因此为他们从这些资源和环境获得回报。

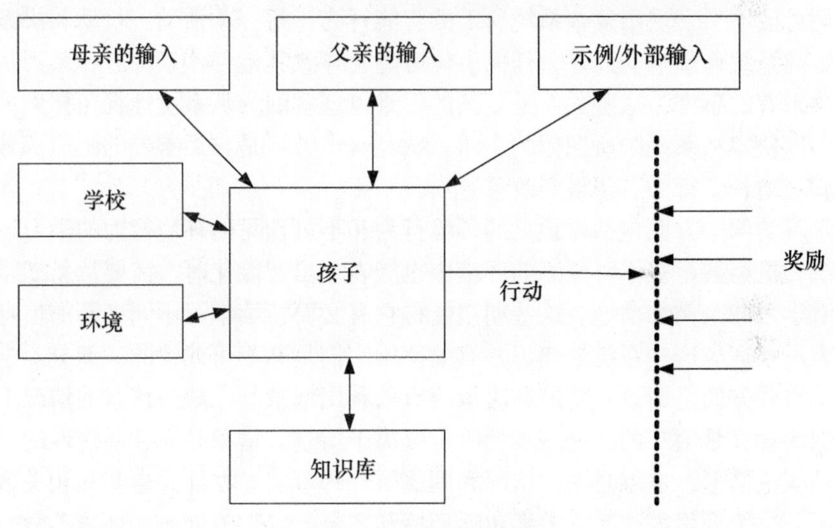

图 1.5　孩子学习模式

1.7　机器学习技术和范例

学习模式多年来不断改变。智能的概念变了，甚至范例学习和知识获取的方式也发生了改变。范例（在科学哲学中）是科学进展的本质中一个非常普通的概念，它用来承担给定的查询。按照 Peter Senge 的观点学习是知识和信息的获取，它能赋予我们在生活中想要得到的东西[1]。

纵观机器学习的发展史，最初的时候更多的认为学习是记忆、获取或者复制一些已记忆的事实，并当需要时可以被用到。这种模式可以被称为以数据为中心的范例。事实上即使到今天，这种范例也确实存在于机器学习中，并且很大程度上被用在所有的智能程序中。以检索雇员年龄的一个简单的程序作为例子，一个简单的数据库保存雇员的姓名和年龄，当任何雇员的名字被给出时，该程序可以检索给定雇员的年龄。有很多这样的以数据库为中心的应用程序展示数据中心的智能性，但是来自智能系统的期望值开始上升。按照智能的图灵测试，智能系统是一个可以表现得像人类或者很难辨识它的响应是来自一台机器还是一个人。

学习是跨学科的，并处理来自心理学、统计学、数学以及神经学方面的信息。有趣的是，所有的人类行为不可能全部符合智能，因此已有一些地方计算机能够表现或应对得更好。图灵测试，适用于具有智能行为的计算机。也有一些智能的活动，人类不这样做，或者机器可以用一个比人类更好的方式去做。

强化学习是使系统获得两全其美的最佳可能的方式。但是，由于活动和决策的系统性行为使人们有必要去了解有效决策的系统行为及其组件，机器学习的传统范例可能不会表现出复杂系统所需的智能行为。每一项活动、行动和决策都具有一定的系统性影响。此外，任何事件可能会导致其他一些事件或一系列从系统的视角来看的事件。这些关系是复杂的、难以理解的。从系统性视角探索去建立知识，以获得从系统中所期望的东西。从经验中学习是它最重要的组成部分。随着经验的增长，行为有望得到改善。

学习的两个方面包括可预见的环境行为和不可预见的环境行为的学习。当期望系统和机器甚至在不可预测的环境中也能表现出智能化时，需要从新期望的视角去看学习的范例和模型。这些期望使得它有必要持续学习不同来源的信息。

表示和适应这些系统的知识并有效使用它们是其不可或缺的一部分。学习的另一个重要方面是情景：智能和决策应有效利用情景。在缺失情景的情况下，导出数据的含义是困难的。进一步的决定取决于情景，情景是非常系统性的。情景更多地谈论情形，也就是说，情况和围绕事件的事实。在缺少事实和相关数据的情况下，决策变得很困难。方案包括环境和系统的各个方面，如环境参数、与其他系统及其子系统的相互作用、各种不同的参数等。当医生问病人一些问题时，由病人给出的信息、医生已知的有关流行病的资料、其他最近的健康问题以及医学检查的结果来建立病人的诊断环境。医生使用这种环境去诊断。

智能不是孤立的，它需要环境中的信息去作决策和学习。对于他们的每一个行动，学习决策者得到奖励/惩罚的反馈形式。他们应该从经验中学习。为了学习，有必要获得更多的信息。在现实生活方案中，决策者不可能都知道所有的一切。这里有可以充分观察到的环境和部分可观测环境。事实上几乎所有的环境都是可部分观察到的，除非为了特定的目标提出了一些约束条件。狭隘的观念限制了学习和决策能力。整合信息的概念非常有效地被用在智能系统中——学习模式被以数据为中心的方法所限制。在过去的研究中背景被认为以数据为中心，绝不是在活动的中心。

1.8 什么是强化学习?

存在大量的非线性和复杂的问题仍然等待解决方案。从自动化的汽车司机到下一个级别的安全系统一应俱全。这些问题看起来可以解决，但是这些方法、解决方案和能提供的信息不足以提供一个完美的解决方案。

解决机器学习问题的主要目标是通过学习和适应环境变化来产生智能程序或智能决策者。强化学习就是这样一个机器学习的过程。在这种方法中，学习者或软件决策者通过与环境的直接相互作用的方式进行学习。这种方式是模仿人类的学习方式。即使关于环境的全局模型或信息不可用，决策者也能够学习。决策者获取有关其行为的奖励或惩罚措施的反馈。在学习的过程中，这些情况被映射到环境中的行为。强化学习算法将在与环境的相互作用中获得奖励最大化，同时建立行动状态的映射作为决策的策略。该策略可以一次决定，或者它也可以与变化的环境相适应。

监督学习不同于强化学习，监督学习是使用最广泛的一种学习。监督学习是由一个知识渊博的外部监管者提供实例的学习。它是训练参数化函数逼近的方法，但是它不适用于从互动中学习。它更像是来自外部的指导学习，并且指导位于环境和情况之外。在交互的问题中，决策者在所有的情况下获得正确的具有代表性的且满足期望行为的例子往往是不切合实际的。在未知的领域，在那里人们会期望的学习是最有利的，决策者也必须能够从自己的经验和环境中学习。因此，强化学习结合动态规划领域以及监督学习，生成非常接近人类学习方法的机器系统。

其中一个出现在强化学习中而不是在其他类型的学习中的挑战是探索和开发之间的权衡。为了获得大量的奖励，强化学习决策者必须喜欢过去一直试图发现能够有效产生奖励的行为。但为了发现这种行为，就不得不尝试之前没有选择的操作。为了获得奖励，决策者必须利用已知的信息。为了在将来做出更好的行动选择，决策者也不得不去探索。矛盾的是，无论是探索还是开发都不能只进行不失败的任务。在随机任务中，每个动作一定要尝试多次去获得其预期回报的可靠估计。平衡探索和开发的整个问题不会出现在监督学习中，因为它通常被限定了。此外，监督学习从来不考虑探索，探索责任被赋予了专家。

强化学习的另一个重要特点是它明确考虑了目标导向的决策者与不确定环境互动的整个问题。这是与很多考虑子问题没有解决如何适应一个更大事态的方法形成对比。例如，已经提到大量的机器学习的研究涉及监督学习而没有明确指定这样的能力最终将是如何有用的。其他研究人员已经研究出规划一般目标的理论，但没有考虑在实时决策中计划角色，也没有考虑规划所需的预测模型从哪里来的问题。虽然这些方法已经取得了很多有用的成果，但它们专注于孤立的子问题是一个明显的缺陷。造成这些缺陷是因为无法实时交互方案和缺少主动学习。

在某些方面，强化学习不同于更为广泛的有计划的监督学习问题。最重要的区别是没有表示输入—输出对。相反，当选择一个动作后决策者会被告知直接的回报和随后的状态，但并不会告知哪个动作能获取最长远的利益。有必要为决策者收集关于可能的系统状态、动作、转换和回报的有用经验，并积极进行优化。从监督视角看另一个差别是在线性能，系统的评估往往和学习一起进行。

强化学习采用相反的路径，它是从完整、互动和目标追踪的决策者开始。所有的强化学习决策者都有明确的目标，可以感知环境的各个方面，并可以选择动作来影响环境。此外，假设从一开始，决策者必须关于所面临环境的虽然有意义但不确定的动作。当强化学习涉及规划问题时，必须处理在规划和实时动作选择间的相互影响，以及如何获取和改善环境模型的问题。当强化学习涉及监督学习时，为特定的原因而这么做是为了确定哪些功能是至关重要的，而哪些不是。

在人工智能（AI）中，强化学习的某些方面与搜索和规划问题是密切相关的，尤其是在有智能决策者的情况下。人工智能搜索算法通过状态图生成一个符合要求的轨迹图。搜索算法的重点是搜索基于知情的和不知情的方法的目标状态。知情与不知情方法的结合类似于知识的探索与开发。计划以类似的方式运行，但通常情况下，在一个更加复杂的构造图中，在这种状态下由逻辑表达式组成而不是原子符号。这些人工智能算法一般都比强化学习方法效果差，这人工智能除了少数例外情况都要求有状态转换的预定义模型。这些方面通常通过预定义模型和良好的约束来限制。另一方面，至少在离散形式的情况下，强化学习假定可以列举和在内存中存储整个状态空间——假设传统搜索算法并不相关。

强化学习是通过与动态环境相互作用，决策者从环境中学习的问题。可以认为他们是学习决策者，因为监督者并不会告诉决策者什么动作是对的和错的，不会像是在监督学习中的情况，其中的相互作用的本质是反复试验。主要有两种策略用来解决这个问题：第一种是在行为空间中寻找，找到可以体现在环境中良好工作的动作行为副；另外一种策略是基于统计学技术和动态编程来估计动作的效果和达到目标的概率。

1.9 强化函数和环境函数

如前面所述，强化学习不仅仅是基于以获取知识的信息的探索。相反，强化学习是关于开发和探索之间的平衡。这里的开发是指充分利用目前以获取的知识，而探索是指探寻新的行为、渠道和途径来构建新的知识。当执行探索行为时，通过奖励或者惩罚每个行为都可以导致学习行为。价值函数是累积效应，而奖励是与一个特定的自动行为有关。环境需要在动态方案下被建模以致可以提供优化价值的正确响应。这里强化函数受环境的影响，其认可强化。

图 1.6 描述了一个典型的强化学习方案，这些行为从环境中获取奖励。其目的是最大化预期贴现回报，也称为价值。期望的回报为

$$E\ \{r_{t+1}+\gamma r_{t+2}+\gamma r_{t+3}+\cdots\}$$

这里贴现率是 $0\leqslant\gamma\leqslant1$。

最后关于规则 P_i 的产生价值的状态 s 是人们所感兴趣的，并被计算为

$$V^{\pi}\ (s)\ =E_{\pi}\ \{r_{t+1}+\gamma r_{t+2}+\gamma^{2}r_{t+3}+\cdots/s_t=s\}$$

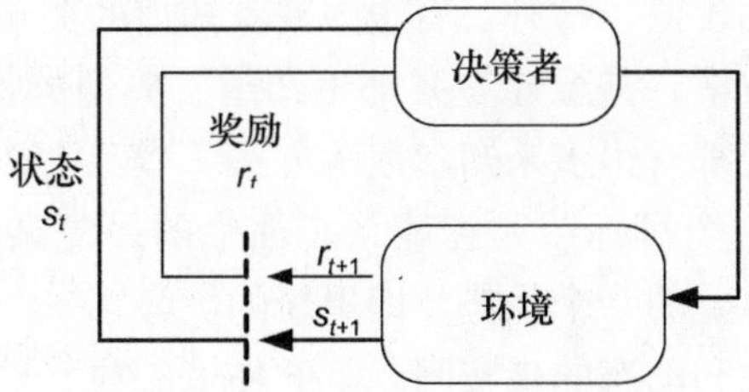

图 1.6　强化学习方案

总之，对于任何行为，都有环境函数和强化函数。将在后面的内容里更详细地处理这些函数。

1.10　强化学习的需求

独自探索和开发都不能表现出智能学习行为，这种行为是日常生活和复杂问题所预期的。两者都充分利用的技术是必需的。当一个小孩学习走路时，就要充分利用监督学习和无监督学习的方式。这里有监督的输入是孩子父母给的，而也有可能尝试对相似性和差异性的对象进行分类。此外，小孩通过新的行为探索新的信息并记住它。这可能同时发生。当孩子正在探索知识的时候，他们也探索了他们新行为的结果，记住并学习，建立知识基础，这可能在未来生活中用得到。事实上，环境的探测和基于奖励与惩罚的学习是必需的，其用来展示日常绝大多数方案所期待的智能行为。

举个一个智能自动化的拳击训练装置例子来说。训练装置需要在运行过程中表现得越来越智能，并会遇到很多拳击手。另外，训练装置需要适应新手也要适应专家。此外，当候选人表现出更好的性能时，训练装置也要提高他/她的性能。

这种非常典型的学习行为是从强化学习中获取的，因此必须去解决很多现实问题。基于数据和感知数据模式的学习是非常普通的。在适合时间点，智能系统都基于认知或者认知序列来工作。这里的认知是关于环境的智能系统的观点。在实时和动态智能系统中要求有基于认知的有效学习。因此，机器学习智能需要关于环境的学习、探索新途径和在已知或者新的方案中展示学习。强化学习捕捉了这些需求，因此强化学习被有效地利用于动态方案。

1.11 强化学习和机器智能

不断变化的环境、环境参数和许多现实生活中的问题的动态方案使机器很难正常工作。如果计算机可以学习去解决问题——尽管经过探索、尝试或者是失败——也将有巨大的使用价值。此外，有很多并不知道的关于环境或者问题方案来构建专家系统的许多方案，甚至连答案都不知道。典型的例子就是汽车控制、飞行器控制等，这些情况都有很多未知参数和方案。“学习如何去实现不知道确切目标的目标直到实现这个目标”是智能系统面临的最复杂的问题。强化学习拥有所有问题类型的最重要的一个优势，即更新的优势。

每一刻都有方案变化和动态的现实问题下的环境参数。举个例子来说，一个导弹试图打击移动目标、自动汽车驱动器和商业智能系统——在所有这些情况下，最重要的方面是从探索和连续作用的环境响应的感知中学习。随着在行为帮助下的探索，关于目标的信息显露出来。这种学习模式有助于人们在没有路线和类似情况的先验知识的情况下达到目标。

1.12 什么是系统学习？

正如前面所讨论的，在动态方案中，环境的角色和在环境作用下学习决策者的相互关系变得更加重要。有趣的是，决定环境界限和理解关于环境的任何行为的奖励和惩罚是很重要的事情。随着这个问题变得越来越复杂和困难，在动态方案中确定环境也变得非常重要。此外，从全面的角度理解所有行为的影响是很必要的。在这种情况下可能需要考虑关于系统的感知的顺序，这使得有必要进行系统性学习。事实是，有时候奖励可能不会立即反馈然而可能需要考虑关于行为的系统相互作用。奖励、处罚甚至合成价值都需要系统性地计算。为了提出系统性的决策，就需要系统性的方式学习。所有在系统界限内的系统输入的捕获和构建中的感知是必需的。

考虑到在正确的系统界限内的系统和子系统的相互作用，用一个完整的系统学习是系统性学习。因此，子系统的部分动态行为和可能的相互作用可以定义任何行为的真实奖励。这就需要系统地学习。

1.13　什么是系统性机器学习？

用系统性的方法使得机器进行学习就是系统性机器学习。孤立的学习是不完备的——此外，还有没有办法理解的行为对环境的影响和达成目标的长期前景。但是，系统性机器学习的其他一些方面是为了了解系统界限，决定系统的相互作用，同时也尝试显现系统和子系统的各种行为的影响。系统性知识构建更多的是构建完整的知识。因此，这里不可能是一个孤立的决策者，而是用不同方式感知环境的智能决策因素的机制来理解关于环境的任何行为的影响。这进一步导致构建全面的了解，然后基于收到和推断的系统性回报决定最优行为。系统界限不断变化，环境功能在传统的学习未能探索多目标复杂的方案。此外，需要创建系统性观点，系统机器学习试图建立这种系统性的观点，使系统进行学习并能拥有系统决策的能力。将在第 2 章和第 3 章中讨论系统性机器学习的各个方面。

1.14　系统性机器学习的重点

学习系统可以解决许多现实问题，但是并不容易让机器进行系统性的学习。开发工作在隔离环境的学习系统是很容易的，但对于开发系统性学习系统必须捕捉关于系统的许多观点和知识。很容易开发工作在隔离环境的学习系统，但对于系统性学习系统有必要捕捉关于系统的许多意见和知识。对于许多只是基于感知甚或系列感知的智能系统，是不可能建立一个系统视图的。此外，为了解决这些问题，并简化问题去描绘一个系统图，有必要继续进行几个假设，并且其中的一些假设不允许通过可能的最佳方式构建系统图。为了解决许多复杂的系统性机器学习，需要去建立复杂的模型，而在没有知识的目标的情况下，有关的假设决策变得很棘手。

在系统性思维理论里因和果可以在时间和空间上分开，因而理解系统内任何行动的影响不是一件容易的事。例如，在一些情况下开出了药品但不能立即看到结果。在理解这一行动的影响时，需要确定时间和系统边界。决策者随着任意行动改变其状态，那么系统和子系统也将改变其状态。这些状态转换的映射操作是最大挑战之一。其他挑战包括有限的信息、理解和确定系统边界，捕获系统信息及构建系统知识。在后续章节将更详细地讨论带有这些挑战系统性学习范例和克服它们的方法。

1.15 强化性机器学习和系统性机器学习

强化学习和系统性机器学习有着相同之处也有细微的差别。有趣的是，强化学习和系统性机器学习都是基于相同的动态方案基础。此外，强化学习仍然是更多地以目标为中心而系统性学习是全面的。系统性机器学习的概念涉及探究，但更多的推力是了解一个系统及其在任何行为对系统的影响。系统性机器学习的奖励和价值测算更加复杂。系统性机器学习代表系统的奖励作为系统报酬函数。从各子系统获得的奖励及其累积效应被表示为一个行为的奖励。另一个重要的事是推测出的奖励。系统性机器学习不仅仅只有探究，因此其回报是推测出的。这个推断并不局限于当前状态，但它也从当前状态推断为 n 个状态。这里 n 是推断周期。由于原因和效果能够在时间和空间上是分割的，因而奖励在整个系统中累积，而推断奖励可从未来的状态中累积。

1.16 车辆检测问题的案例研究

在第 2 章中将详细讨论，一个系统由共同创造价值的相互关联部分组成。一辆汽车就是一个系统。当车辆发生起动故障时，表明可以改变点火系统。在强化学习时，可以改变点火系统并让汽车正常工作；而 8 ~ 10 天过后再次起动汽车又会出现同样的问题。这时候让机修工再次改变点火系统。这一次，他使用了更高质量的点火系统。问题得到解决而车主获得了积极的奖励。之后一个星期左右汽车开始再次起动困难。将整个系统纳入考虑范围可以帮助解决这些类型的问题。在这个问题发生之前安装的中央锁定系统导致这一事件。由于没有考虑中央锁定系统对于整个系统的影响，因此存在的问题仍然没有被人注意和解决。在这里，可以看出原因和效果在时间和空间上是分开的，因此没有人注意中央锁定系统。在系统性机器学习中，把汽车作为一个系统考虑，中控锁的影响是参照一个完整的系统去检查的，也就是完整的汽车，因此，可以用一个更好的方法解决这个问题。

1.17 小结

决策是一个复杂的功能。人们对智能系统的期望与日俱增。孤立的和基于数据的智能不再满足用户的需求。现今有解决复杂决策问题的需求。要做到这一点，需要利用现有的知识，同样也要探索新方法和途径。这会与环境情况相关，环境为任何动作提供奖励。累计的奖励被用于强化学习并决定行为策略。强化学习就像是和评论家学习一样。一旦执行一个动作，一个评论家评论它，并提供反馈。强化学习在动态和变化方案下非常有用，例如拳击训练、足球训练和商业智能等。

尽管强化学习非常有用并能抓住许多复杂问题的本质，但是现实问题更具系统性。然而，系统性行为的基本原则之一是其目标和效果在时间和空间上分离。它非常适用于现实生活中的许多问题。这里需要系统性的解决这些复杂问题的决策。为了进行系统决策，需要系统性地学习。系统性机器学习包括制定一个机器学习系统。为了系统性学习，需要了解系统边界、子系统之间的关系和随机行为参照系统的影响。系统影响函数用来确定这种影响。随着更广泛和全面的系统知识的出现，强化学习可以用更有条理的方式处理复杂决策问题并提供最优的决策方案。

参考文献

1. Senge P. *The Fifth Discipline—The Art & Practice of The Learning Organization.* Currency Doubleday, New York, 1990.

第 2 章　全系统原理、系统性和多视角的机器学习

2.1　简介

正如第 1 章所说，学习指的是基于输入—输出映射关系的数学表达式、数据和经验的推测。这通常以数据为中心，这些数据要么是基于模式的，要么基于事件存在的。这里的事件是用于学习的相关联的单一事件，而模式是指重复发生的类似事件。事件拥有一些特性，而这些特征被用于学习。

学习一般以参考局部边界为界，通常这些边界定义了系统的有效区域。来自这个区域用于学习的样本被称为学习集，用于训练系统的学习集通常是感知决策空间的表示，决策被限制在区域边界内。一个重要的问题将被问到，即搜索空间是什么和理想边界应该在哪里。理解关于决策问题的相关信息是一件复杂和棘手的问题。

系统性决策的概念是基于系统考虑而做决策，系统决策是指系统边界而非局部信息限制的局部边界。系统学习意味着从系统的视角学习。系统性学习处理关于系统的学习问题，考虑到不同系统的相互作用和相互关系来做出最好的决策。它考虑到相关系统和子系统具有类似的现状和行为的历史数据、模式和旧事件。此外，这里考虑了任意决策对其他系统组件的影响和与系统其他部分的相互作用。

本章讨论了系统性学习的必要性和选择性地使用学到的信息来产生所需的结果。系统学习试图捕捉决策的整体视图。传统的学习系统局限于来自有限的实际可见关系的事件和空间数据。如果详细分析系统性学习，它留下一些学习中所要求的基础部分内容未触及，而尝试建立一种新的范式。带有选择性转变的全局系统学习试图得到两全其美。“全局系统学习”将传统机器学习的概念与系统思考、系统学习、系统性学习和生态学习相结合。该学习最重要的部分是了解甚或理解系统、子系统、各种系统的重叠及它们的交互作用。这是由邻域的影响、交互作用和点的影响来共同决定的。学习的最重要的部分是确定和强调最高杠杆点而做出任何决定或指导任何动作，这里的最高杠杆点是指可以带来最好结果的时间和决策点。参照这些决策点做出积极和消极的行为是最重要的方面。比如，按摩中需要在特定最高杠杆点应用最优压力。甚至在一些药物中，药物的效果同样取决于加药物的时机。此外，这些最高杠杆点随着方案和背景变化而不断改变。

学习应该使得在变化的动态方案中的定位最高杠杆点变得可能。

系统性学习包括不同的相关性和相互依赖性的分析并动态地确定这些杠杆点。学习的另外一个重要方面是在这些最高杠杆点工作。本章引入了选择性和全系统学习的概念及在现实方案中的进一步实现。

为了使系统性学习变为可能，需要系统的全局信息。为此需要系统性决策分析，为了做到这一点，需要多视图和多视角的学习，从特定或可见或可获得的视角学习可以建立全局的信息。在信息或认知缺失的条件下决策可能是一个非常困难的任务。

2.1.1　什么是系统性学习？

系统性学习是在决策之前考虑整系统、子系统及其相互作用，这些信息被称为系统性信息。系统性学习包括系统的识别和构建系统性信息。这些信息是关于系统性影响的视角来建立的，这种学习包括多个视角和系统各部分的数据采集。此外，它还包括数据和决策分析的相关影响，决策是学习过程中的一部分，每个决策及其结果都伴随着学习过程，每一次决策和基于决策的学习都伴随着知识的增加，这种学习是相互作用的，受环境包括系统各部分的影响。学习的系统相关性是可控的，且限于特定的问题和系统。

系统性学习启发于系统性的思考。系统性学习是包括理解系统、子系统以及各种动作的系统性影响，在系统中且在系统性环境下进行决策。系统性学习更可以说是从系统性的视角来看的动作和相互作用的学习。

图2.1试图强调系统性和分析性思维之间的区别。

图2.1试图描述分析性思维、系统性思维及全局系统学习之间的关系。系统思维包括分析和综合思考。逻辑映射和推理结合系统性思维及其他方面就构建了全局学习系统的平台。综合思维处理观察和事实方面的问题，并结合不同的元素构成一个整体。综合思维是在基于事实和观察的全局系统方面进行考虑。决策时一般要关注搜索空间、决策空间和动作空间。系统空间是受决策影响和依赖关系限制的空间。

如果想要从某一情况得到不同的结果，必须用提供不同输出方式的方法来改变支撑现状的系统。系统性思维透过元素发现和关注主题，而分析思维是选择和关注最有吸引力或前景的元素。有趣的是要得到更好和持续的输出结果，两种思维方式都需要。但是在某些条件下他们会导致相互冲突的决策。

图2.2描述了分析性思维和系统性思维的特点。分析性思维允许选择一个元素，而系统性思维需要找到一个主题。分析性思维可以扩展到一个模式，虽然主题有更多的维度且它不指向某个决定，但却可以构建决策的指导原则。系统性决策包括系统性建模、系统性问题的解决和系统性决策。

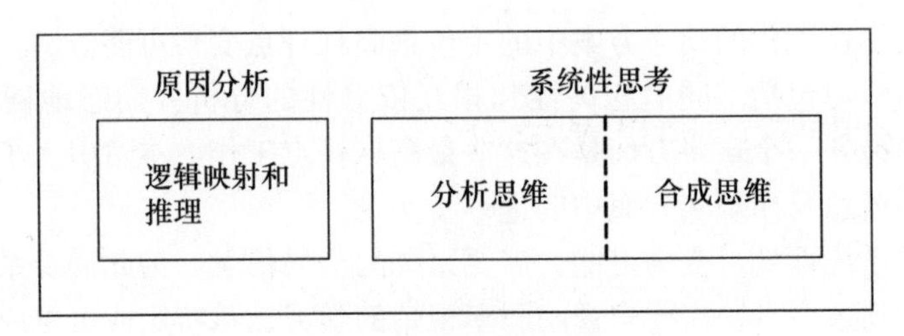

图 2.1　系统性学习概念

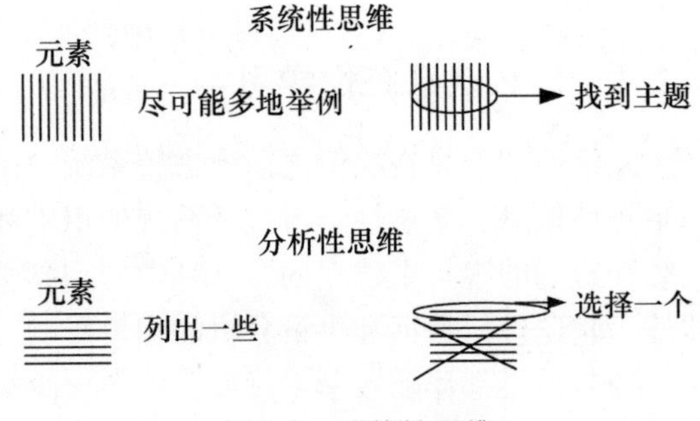

图 2.2　系统性思维

在现实生活中，一直仅仅拥有有限的信息、有限的观点以及某个事件或一系列事件的支离破碎的画面。这些可用的信息是有自己思维的偏见或观察视角的偏见，总之，收集、解释、挖掘可用信息或来自一个特定的视角。因此，这些信息使人们的视野受到限制，以至于由这些信息形成的决策未能考虑到超出有效视野后决策的影响。因此这是一个不全面的观点，这些决策的影响总是从一个特定的视角和那些可见范围内研究。没有可用性综合信息，系统性决策是不可能的。简言之，缺乏系统性学习系统性决策是不可能的，因此系统性决策要求系统性或综合性信息构建。

系统性学习是关于学习能力的建立并使系统决策成为可能。现实问题是复杂的，所有的动作都是相互依赖的。此外，决策和行动影响的可预见性受到系统视野和时间视野的限制。系统性学习的目的是通过学习和推理扩展时间视野和系统视野的边界。系统性学习工作就像是一个比别人地位更高的专家，就在自己的领域做决策而论，比没有正确推理技能和所需知识超过了自己能力范围的人要强。

2.1.2　历史

系统性思维并不新鲜，研究人员研究这个领域已有一个世纪。在印度、中国及埃及的哲学中可以发现提及系统性思维和使用这种模式的哲学家。系统性思维从管理视角提出和发展而来，由 Peter Senge 所著的《第五项修炼》（Fifth Discipline）使其变得普及，并成为一个行之有效的管理技术[1]。这是进一步用于开发诸多管理和决策的工具，系统性学习是关于使用系统性思维的，而学习和系统性机器学习是关于系统性学习用于机器学习的。系统性学习并不是一个新领域，本章提供了各种系统性学习的发展历史和使机器系统学习成为可能的传统机器学习方法。

2.2　什么是系统性机器学习?

定义系统性机器学习的最好方法如下:

系统性机器学习是使机器能够智能地做系统性决策的学习（基于经验的学习）这里的机器学习是使机器人具有从经验中学习的能力，使之能够在复杂或不是很复杂或新的环境中做决策。机器学习活动是使机器人从经验中学习，这些经验的形式包括历史数据、数据集中的历史例子和特征向量。在机器学习中历史信息和未来趋势是用于学习并做决策的。

在系统性机器学习中，理解和定义决策问题的系统空间是必不可少的。用于学习的数据需要描述整个系统的特征。系统性机器学习用历史信息、数据和推论使机器人能够做决策。因为来自全局系统的数据经常是无效的，并且对系统的分析和不同部分的相互作用是不可见的。所以在这些信息缺失的情况下要开发获得这些信息的能力并基于可用的信息来构建知识网络。机器也需要不断地升级它们的知识库从而能更好地做决策。这是超出使用信息和推断影响的整体机器学习方法。

决策者的视觉图如图 2.3 所示，决策者仅仅可以看到总体系统的一部分。依然有某些子系统或子系统的某些部分是决策者看不到的。类似的，如图中虚线所描述的一些决策的影响是决策者看不到的。视野受时空的限制，推断和使在视野之外的时空不可见的影响显现是系统学习面临的挑战。

图 2.4 描述了汽车系统决策的影响图表，汽车的各部分有依赖关系，有的是明显可见的，而有的则不明显。从这个例子中可以看出各部分间的依赖关系。

为了学习汽车，修理或解决问题，机修工必须具有系统性视野，因为一个部分的改变将会对其他部分造成影响。例如，当我在我的车上安装中央锁，我的车开始出现起动问题，机修工要花费 2 天的时间来识别问题。典型的中央锁控系统的依赖关系如图 2.4 所示。这类问题是由于缺乏系统性视野、缺乏机械知识以及不能把原因和结果在时空中分开来所导致的。系统空间的概念非常重要，它是最优系统性学习需要考虑的活跃区域。在上面的例子中它可以是整个车或车上的某些电路系统。

2.2.1　基于事件的学习

基于事件的学习是学习中的一种基本形式，这是学习空间为一个事件的特殊情况，所有的模型和推理都是基于单一事件。在有监督学习中特定事件的发生有时作为一个决策参数，在构建决策预案中该事件扮演一个很重要的角色。用一些重要的事件达到学习的目标并在后期做出决策。为了避免基于事件的学习可能导

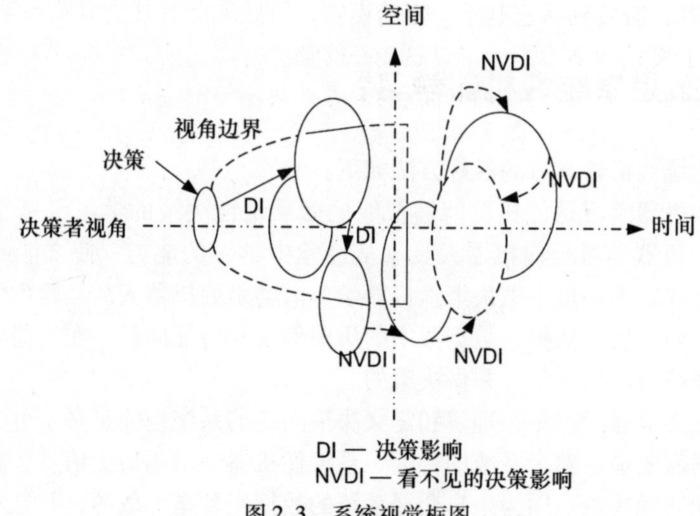

图 2.3 系统视觉框图

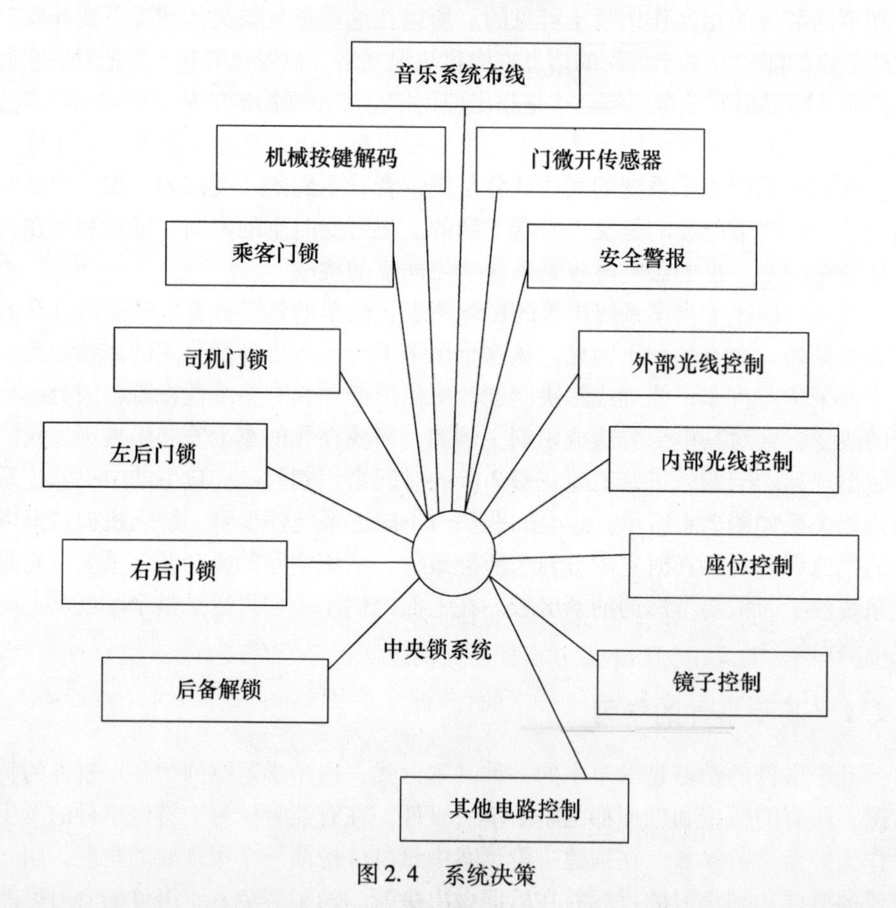

图 2.4 系统决策

致的错误决策，需要确保它基于一定的模式，虽然如此，基于事件的学习不能丢弃，并且基于模式的学习不一定总是最好的解决方法。所以系统性学习并不是强加一个决策机制，而是容许按照问题的利弊来选择做出决策。

如图 2.5 所示的基于事件的学习系统是从事件中学习，并且输出学习的决策，当事件不能反映决策空间的真实问题或行为的时候这种学习容易产生错误。

用模式学习替代事件学习，这种源于一系列事件结果的模式是推动决策。基于模式的学习克服了基于事件学习容易受单事件影响的缺点。重复发生的类似事件或统计模式被用于学习。在这种情况下，假定模式代表了决策空间的行为。典型的基于模式的学习如图 2.6 所示。

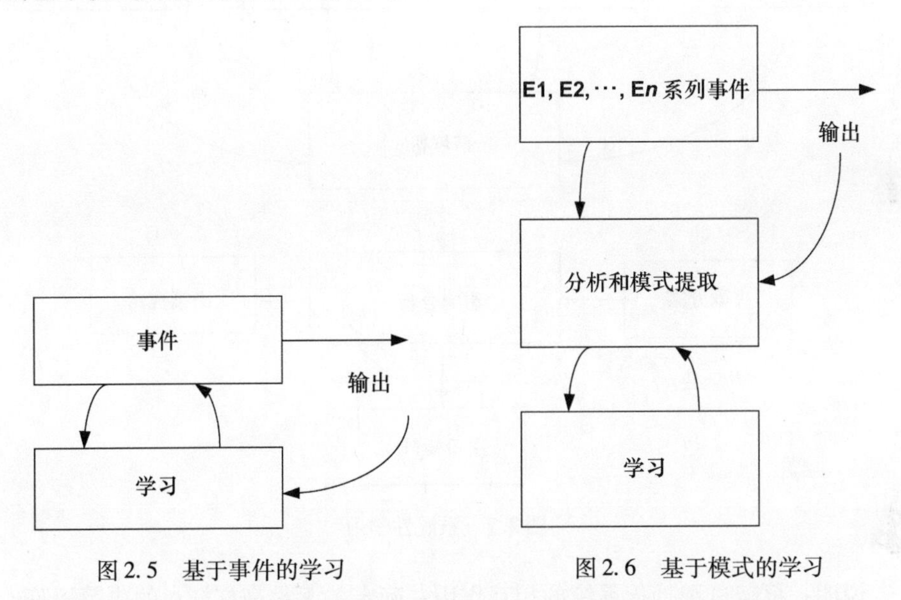

图 2.5　基于事件的学习　　图 2.6　基于模式的学习

结构学习：结构学习使用信息模式，但这种学习是基于系统结构框架的。在系统性学习中，基于模式、基于事件和基于结构的学习都会用到。所有与结构匹配的事件和模式信息的输入都会用于学习中。

系统性机器学习充分利用历史信息来识别模式，用它来识别系统和不同子系统的交互作用及系统的结构。新事件产生的映射用于强化决策。系统性学习使用关于系统的知识和基于先验学习的推断学习的系统性影响。推断包括基于时间的推测。系统性学习在系统空间中起作用，而决策是理论性的。

2.3　广义系统性机器学习框架

图 2.7 提供了一个系统性机器学习的框架。系统结构是指各种内置假设，及

对这些系统学习重要假设的学习和理解。框架中系统性学习用历史数据、系统识别及结构、交互学习及视角理解作为输入。用这些输入的信息来识别系统中最高杠杆点。推理机用以上的分析来提供影响分析，系统利用决策方案和决策视角及影响分析来构建决策矩阵，这就是学习的输出。决策矩阵用于提供解决方案，在系统性决策中，学习的过程是连续的，决策的过程是相互作用的。在系统性学习过程中不断地探索系统结构及影响来产生决策矩阵。交互式的学习允许学习系统识别最好的决策及找到最高杠杆点。

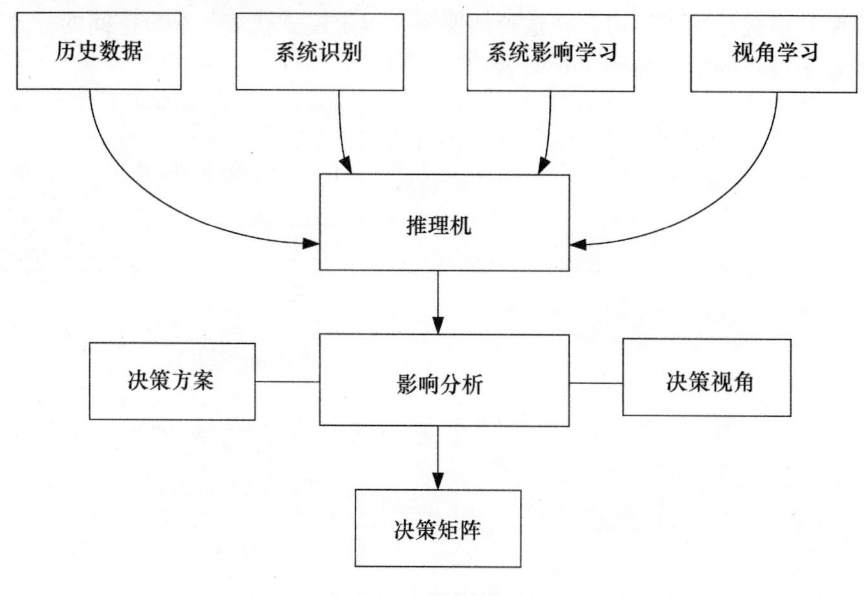

图 2.7　系统性学习

说明：框架试图捕捉系统的相互作用并确定关于最高杠杆点的决策矩阵。有趣的是最高杠杆点有位置和时间两方面，它是关于什么时候做决策和在哪个系统点上实施。决策矩阵代表并考虑了所有的决策视角和方案，从而有助于框架做最优的决策。影响分析模块是环境与系统交互影响和产生决策矩阵的原因。

推断的系统空间是否是固定的及是否针对具体的问题成立依然是一个问题，在 2.3.1 节中，将讨论系统及相关系统空间的内容。

2.3.1　系统定义

在现实生活中大多时候似乎定义一个系统是很清晰的。但其实要比看上去的复杂得多。系统的目标是使它所有的部分共同工作。简言之，一个完整的系统是为了目标共同工作。一个巨大的系统包括宇宙中的每一个物体。系统是各组成部分共同工作而实现特定的功能，没有各部分的共同工作功能无法实现，即使任意一个组成部分的缺失系统都不能有效工作。

为了减少分析决策影响的复杂度，系统可以定义如下：

由相互作用和相互依赖的资源和程序单元并可实现一定功能的任意组织。或者由人员、装备、方法组成去实现一定功能的集合。

任意两元素之间的相关性大于属于子系统 S_ s 的方案 S 的 d 时，所有的这些子集集合形成了一个子系统。所有的子系统是基于显著依赖和整体决策方案的系统的子集。在特定子系统与其他子系统有非常低的依赖关系的情况下，该子系统就形成了它自己的系统，系统的边界由与其他系统的交互作用和依赖关系所决定。在现实环境中整个世界本身就是一个系统，这在所有的情况下都是对的。但为了系统的数学表示和简化成为可能，需要排除其中一部分较低相关性的区域。这不仅使系统性学习成为可能，而且使其变得有效率。

如果依赖率 $>d$，则方案或物体 S 属于子系统/系统 S_ s

在这里相关性代表物体与系统之间的关系。相关性可以帮助确定系统空间。感知序列的另一个方面是它是与时间有关的。大多时候，在认知层面影响和结果是可见的，且是在时间上是分离的。

因果关系在一定情况下在时间上可能是分离的。当处理因果关系是分离的情况时，不同时间的实例的结果容许进行推论。图 2.8 描述的是子系统影响和结果在时间 $T_{\_0} \sim T_{\_n}$ 之间的输出。$T_0 \sim T_n$ 的感知序列有助于提供系统空间的视角，它可以帮助推断系统的行为。

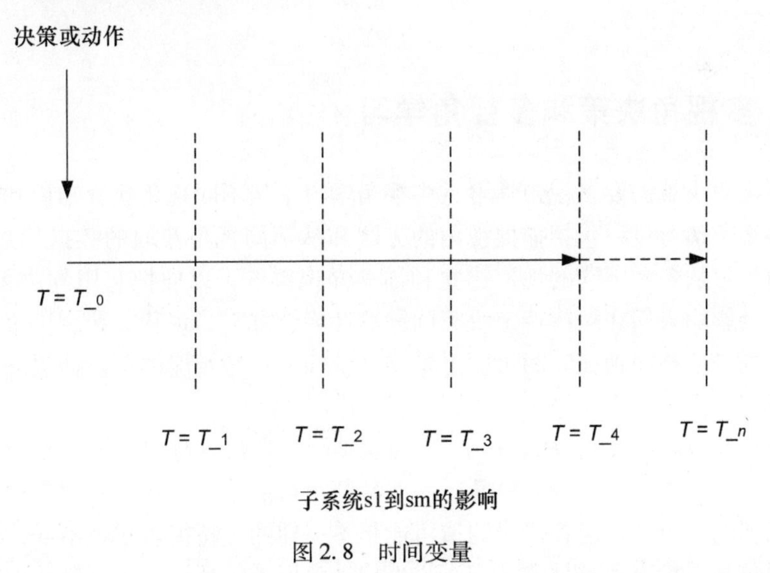

图 2.8　时间变量

这些模式和依赖关系逐渐形成或者已经实现了一段时间。这就是模式一直在变化的原因。再者，此时各种影响关系、因果关系的可见性是分离的，且这些指标需要被跟踪。系统性学习系统需要捕捉这些信息。

这里需要映射因果关系。不了解视图边界之外的影响时，孤立的决策可能不会产生预期的结果。图 2.9 描述了一个典型的时域因果的例子。在这个例子中，由于苹果的短缺需要提高苹果的产量，从而导致市场上出现过量的苹果，导致农民以很低价出售苹果而使他们的金钱流失。接下来几年农民就不再愿意种苹果，最终本想增加苹果产量的决策却导致了苹果的短缺。

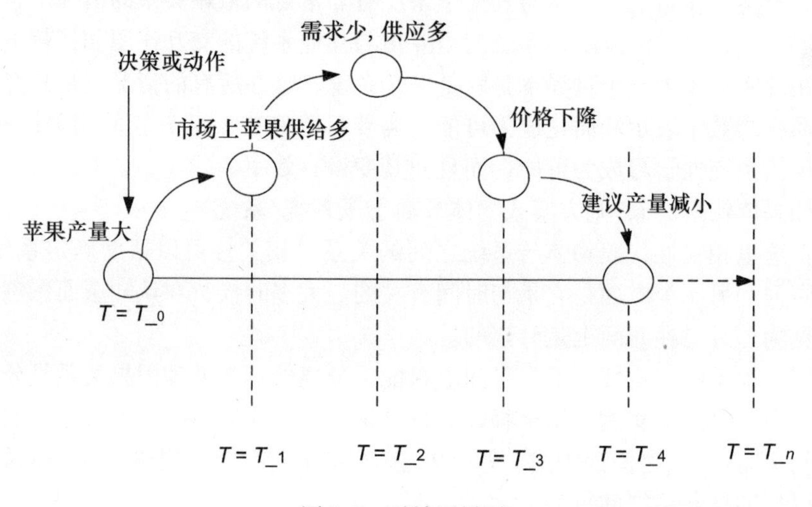

图 2.9　时域因果图

2.4　多视角决策和多视角学习

多视角决策需要多视角学习，多视角学习是从不同视角获取知识和信息来学习，多视角学习过程包括捕捉视角的方法和从不同视角获取的数据信息与知识。多视角学习从各种不同的视角建立和描绘知识系统，以便把它用到决策过程中。视角涉及影响人们在对待特定决策问题的环境、方案、现状。智能决策者够捕捉感知序列，这些序列在时间尺度上是相互分离的，多智能体可以捕捉分离特征空间的感知。

在图 2.10 中，P_1，P_2，…，P_n 代表不同的视角。每一个视角被表示为一个特征函数，这些视角可能有重叠，一些特征也可能重叠。在一些案例中特征有可能是相同的，但总权值和代表的值可能是不一样的。特征表现也不同，比如在特定的视角某个特征是可见的，而在另外的视角里该特征却是不可见的。典型的特征集应该包括所有可能的特征。

按照定义，视角是人的一些思维的状态，是个人已知的事实等，他们之间有一些有趣的联系。这是从可用的视窗中观察到以一种有意义的关联的特定问题空间的所有相关数据。

基于视角的信息可以被表示成影响图，这种影响图的表示方法有助于获得做正确决策的背景。设定背景、决策目标结构化及重复迭代将会带来更好的系统性学习和对系统空间更好的理解。影响图是决策（方案）情况的图形表示方法，可能其他方法表示决策情况和系统关系。选择影响图是因为它可以帮助人们最适当地表示系统关系并且他比较简单，从而降低了表示的复杂程度。

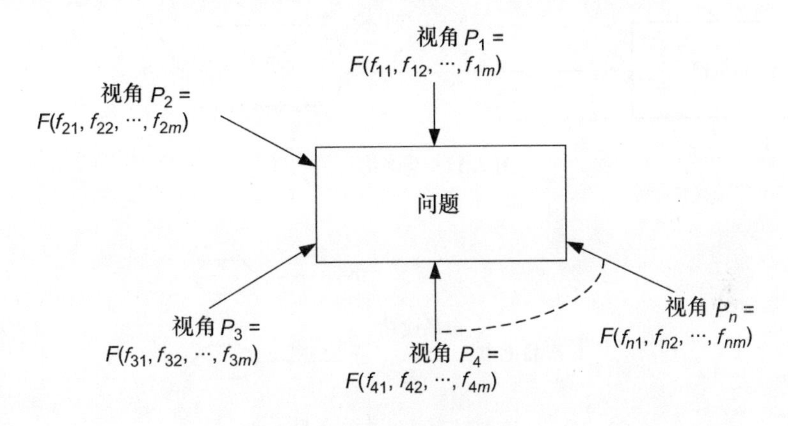

图2.10　多视角学习

在学习中，信息通常可从特定的视角来表示，但实际生活中，一个简单的问题可能有多个视角。一些视角可以直接来自目标，他们在分析思维和分析决策中占主要的地位。多视角学习包括捕捉来自不同视角的信息，从决策和学习视角来看有很大的不同。虽然在某些视角它们是匹配的，但从另一个角度产生的数据缺失可能导致决策出现问题。多视角学习的基本思想是从所有可能的视角捕捉信息，来自各种视角的信息用于建立知识结构，再把知识结构用于有效的决策中。

从一个视角看最相关的信息可能从另一个视角看不是如此相关或者根本不相关。在这种情况下，学到的是什么、应该学到什么和什么是显然正确的决策三者存在巨大的差距，这可能导致不会生成合适的结果。

图2.11用影响图（ID）表示市场环境和市场营销、产品价格、成本、盈利之间的关系。形状，甚至在某些情况下，颜色也可以用于表示影响图的一个对象。影响图显示了目标和行动之间的关系。这些关系可以映射到概率上，这将在后面提及。

同样的关系可以用决策树完整地表示，决策树提供了基于一些参数的测量的转换或决策路径，在进入下一个阶段时需要处理层次决策。决策树很好地描述了决策规则，图2.12描述了决策树，图2.13描述了影响图。

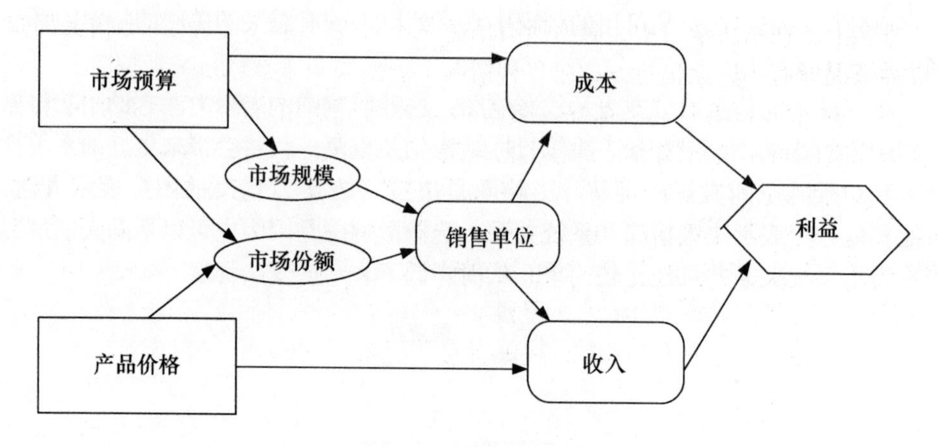

图 2.11 影响图（一）

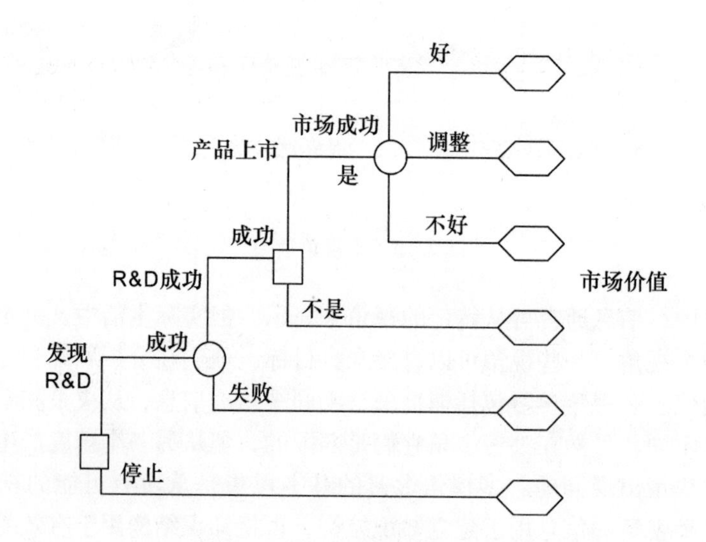

图 2.12 决策树

决策树和影响图用来表示不同种类的信息，影响图可以很清楚地显示变量间的相关性。在半约束影响图中显示了相关性的概率。图 2.14 ~ 图 2.16 显示了一些有完整的信息和不完全信息及没有任何信息的影响图案例。

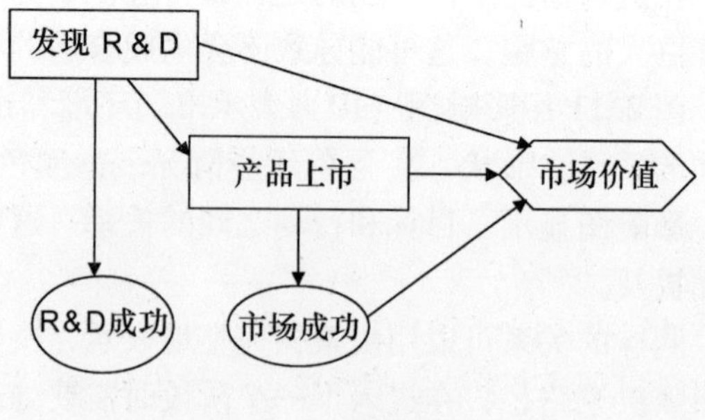

图 2.13 影响图（二）

事实上，在系统学习中，具有所有信息是不可能的，时域中大部分情况都如第2种情况即有不完全信息，在第2种情况下需要模板来获取系统性信息。

图2.14表示没有信息的情况，图2.15表示有完整信息的情况。在实际生活中具有完整的可用信息的情况，因此它只是假设情形。

典型的影响图如图2.16所示。当问题具有高度的条件独立性时，当需要紧凑表示一个极其庞大模型时，概率关系的交流很重要时，或当分析需要扩展贝叶斯更新时，影像图是特别有用的。在决策问题中条件独立允许人们用更有用的方式表示条件概率，所以这对机器学习很重要。影响图表示变量间的关系，这些关系很重要，因为它反映了分析者或决策者对系统的观点。

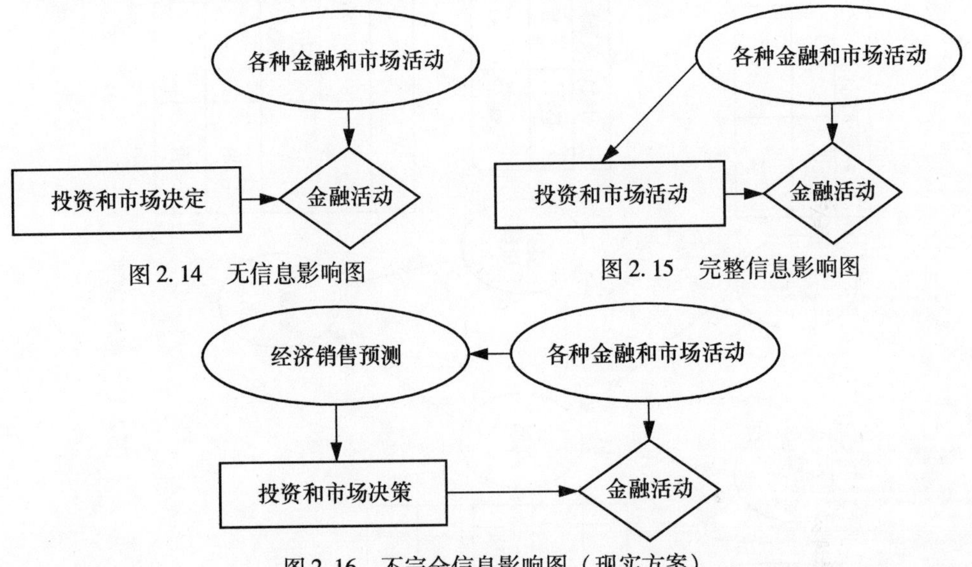

图2.14　无信息影响图

图2.15　完整信息影响图

图2.16　不完全信息影响图（现实方案）

简言之，概率影响图是一个没有受控周期的受控图网络。后面将关注各种表现形式及其在建模上的应用和在现实问题中代表的各种决策方案——即有缺陷的和不完整的信息。

基于视角的信息可以用一个影响图表示，正如本章前面所解释的那样，“贝叶斯决策”影响图是不同输入的影响导致状态转换的表示，也表示转换概率。

影响图与事件发生的可能性有关（见图2.17）。

这个特征也有助于知识的获取。它表示所有的决策方案。例如，相比评估疾病的后验概率，临床专家评估疾病的患病率、敏感性和诊断测试的特异性要容易得多。画出影响图后有利于概率估计，所有的更新和贝叶斯推断都由评估算法自动处理。虽然决策树中有方法可以执行贝叶斯更新，但依然有大量的贝叶斯更新问题，比如连续测试决策，影响图通过在树中减少贝叶斯更新所需的复杂方程来减轻分析人员的负担。影响图也能减少发现提出特定方程时所带来的错误所需要的时间。

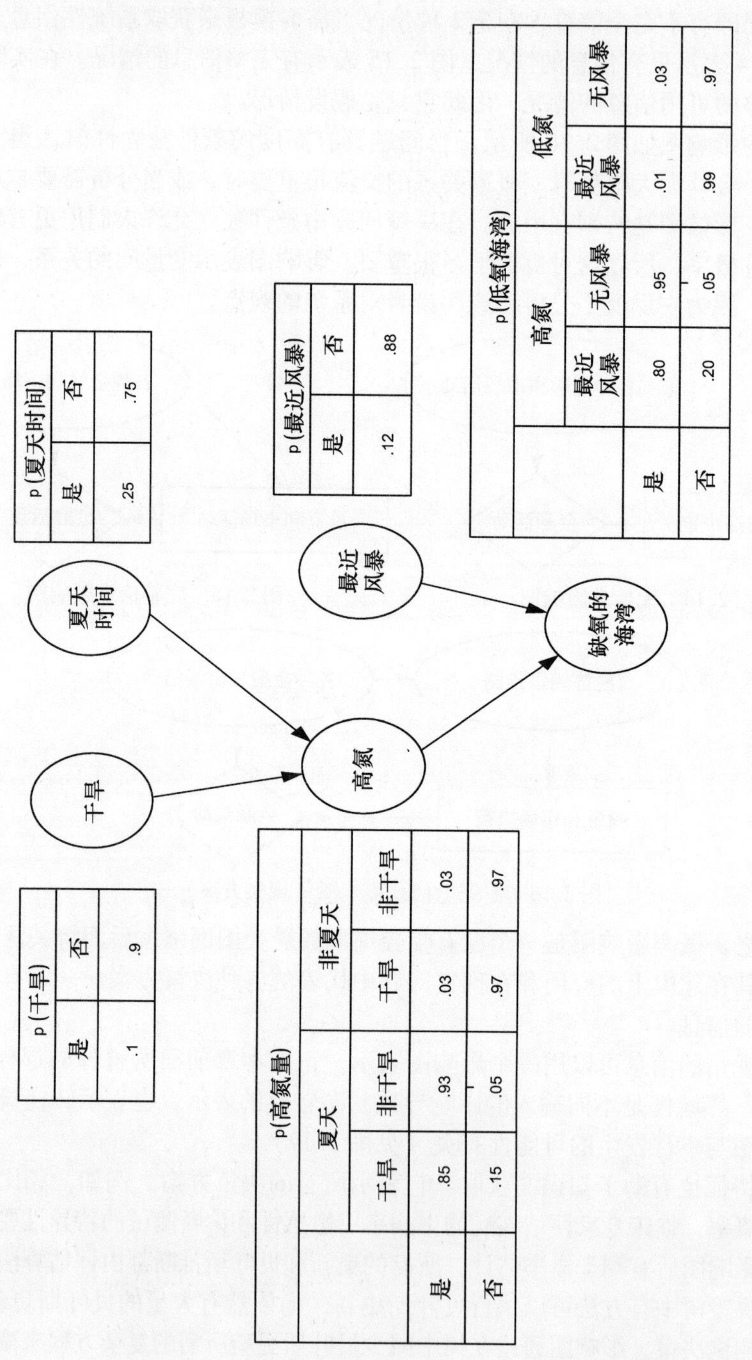
干旱
夏天时间
高氮
最近风暴
缺氧的海湾
p(干旱)
是 .1
否 .9
p(夏天时间)
是 .25
否 .75
p(最近风暴)
是 .12
否 .88
p(高氮量)
夏天 干旱 是 .85 否 .15
夏天 非干旱 是 .93 否 .05
非夏天 干旱 是 .03 否 .97
非夏天 非干旱 是 .03 否 .97
p(低氧海湾)
高氮 最近风暴 是 .80 否 .20
高氮 无风暴 是 .95 否 .05
低氮 最近风暴 是 .01 否 .99
低氮 无风暴 是 .03 否 .97

图 2.17　概率举例

接下来将用影响图表示决策方案，在实际方案中影响图对决策者来说是系统中显而易见部分的表示。可以参考它确定感知决策的边界。它也可以是一个来自特定角度的系统表示。在现实生活中很可能来自很明显视角或决策者视角的完整信息在做决定的时候也是无效的。这些用于决策的受限信息是关于相关性和缺失信息的，这会让人们以一种稍微不同的方式来表示决策方案，称之为半约束影响图（SCID），也称为部分决策方案表示图（PDSRD）。

PDSRD 表示以模糊的方式表示关系。当结合越来越多的观点和这段时间系统性信息的启发时，这些 PDSRD 模糊关系变得具体化（见图 2.18）。

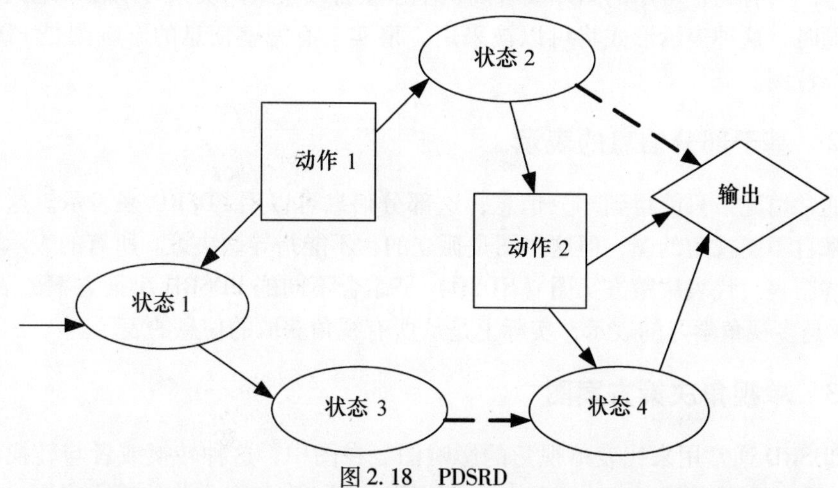

图 2.18　PDSRD

可用的受限信息包括决策方案、相关性以及特别是从特定的视角得到的支离破碎的信息或图片，将其呈现为局部决策方案表示图。PDSRD 也可以被看作受约束和受限制的影响图，图 2.19 描述了一个典型的 PDSRD。

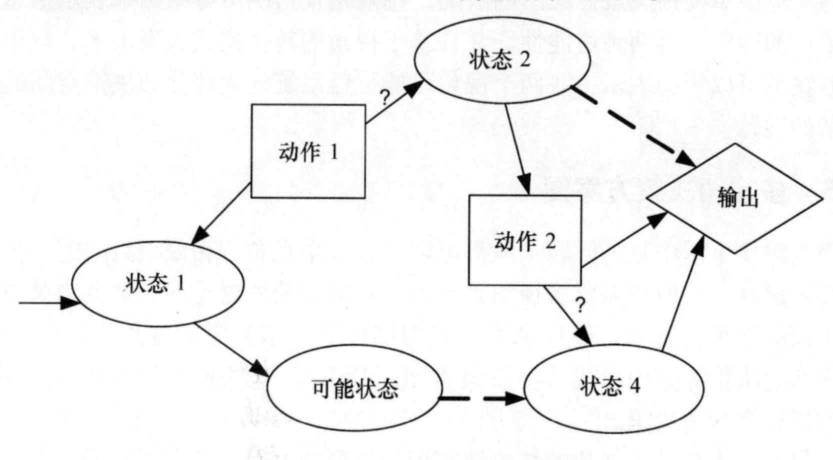

图 2.19　PDSRD—部分信息图

图中的虚线表明可能存在的关系，在 PDSRD 中有一些不确定的关系，这些模糊的关系在图中线上标问号。对于少数几个关系来说这些传递概率是知道的，但对其他的来说就不知道了。这有助于用模糊值形成一种局部填充的决策矩阵。

2.4.1 基于完整信息的表示

这些完整的信息意味着可以得到系统性参数，这将帮助人们决定所有的传递概率，因此决策会变得容易一些。但是在现实生活中任意一个时间点都得不到完整信息。当有完整可用的图片或者确认基于项目或模式的决策可以较好地用于解决问题时，这种表示形式将可以被采用。事实上有完整信息的影响图是 PDSRD 的一个特例。

2.4.2 基于部分信息的表示

通常情况下只能得到部分信息，这部分信息可以用 PDSRD 来表示。这里有许多来自不同视角的图，但这些图是孤立的，不能指导做决策。所有的表示都需要这些图表。代表决策方案图（RDSD）是结合不同的 PDSRD 决策方案的表示。RDSD 是多视角学习的表示，实际上是从所有视角获取的信息的表示。

2.4.3 单视角决策方案图

PDSRD 通常用来代表单视角的影响图。在图中，这种转换或者与转换相关的概率代表了决策者的观点。即使是概率影响图也可以被看作决策方案图。

2.4.4 双重视角决策方案图

为了克服单视角决策方案图的缺陷，用双重视角决策方案图来表示信息。这里在单一的图中，有两种可能性，并且基于视角的转换模式表现出来。双重视角决策方案图可以帮助表示一些两个视角可能覆盖系统的大部分和决策空间的不是很复杂的问题。

2.4.5 多视角决策方案图

因为现实生活中复杂问题一般都可能存在多个视角，在做决策时需要把这些视角都考虑在内，所以需要多视角影响图。正如先前所讨论的，部分决策方案图表示不同的视角，而单一部分决策方案图则代表一个特定的视角。这些 PDSRD 用于为特定决策方案中形成典型决策方案（DSD）。这些典型的 DSD 用于决策，且容许进行多视角决策。

如果没有来自某一视角的相关性知识，典型的决策方案图将不能代表特定的视角。有关视角的越来越多的信息被合并到了典型决策方案图中。

2.4.6　定性信念网络和影响图

处理现实中复杂、动态的问题时贝叶斯信念网络和影响图是很有效的。在形成概率关系时大量的依赖关系被表示。在任何时候用于决策的逻辑事件是以条件概率的形式表示的。通常在应用它们解决问题时需要大量的概率、关系表示和有用特征。无论如何，要映射和表示这些相关性都很困难。信念网络构架本身并不提供不确定性条件下的决策，做决策不仅需要不确定问题的研究知识还需要了解决策者的安排及在处理不确定序列时的期望，甚至视角和环境都不明确，这就使得在做决策时有合理且近乎完全的信息非常必要。影响图构架会被调整去适应做决策[2]。结合信念网络，影响图可以选择去加强信念网络。它能提供知识捕捉和知识积累的机制。

M. P. Wellman 介绍定性信念网络为信念网络的定性抽象，信念网络与定性信念网络在很多方面具有相似性[3]，定性的信念网络包含了一组统计变量之间的独立性的图形表示，再一次采取了非循环有向图的形式。无论如何，不是条件概率，一个定性信念网络与其有向图定性概率关系联系在一起，这种相关性会进一步扩展为系统性关系。

定性影响图是影响图的定性抽象。定性的影响图，如定量的人和物，包含在其相互作用关系中涉及的决策问题的变量的表述形式，再次采用非循环有向图。然而，不是条件概率，而是定性影响图编码定性影响并协同随机变量。且不是实用程序，它明确指定定性优先关系。这些优先关系捕捉决策者选择的参数从而适合图的节点值。当谈到 PDSRD 时可以用这些优先关系来表示部分信息。

2.5　动态和交互式决策

每一个决定和动作都会产生更多的出乎意料的情况，随着时间的推移，将得到越来越多的关于系统的可用信息。新的信息甚至为决策建立一个新的角度。为了提供最好的决策或更系统的决策，需要动态和交互式的学习和决策。新信息改变决策方案，系统需要差动的学习能力。系统性学习需要动态和交互，动态意味着它可以适应由系统性交互和交互学习导致的新的决策方案，可以与系统交互并建立更新知识。产生的新信息和建立的新知识是用于学习的。动态的决策要求能够不断地适应持续变化的决策方案，甚至是其特征变化。

2.5.1　交互决策图

交互决策图被用于表示交互学习方案。交互决策图允许递归嵌套的决策方案。

交互动态决策图是动态决策图的一般化，有助于计算有限的先行逼近。这些交互决策图可以用于系统性学习和交互决策，这里表示决策方案与环境和系统的交互。

2.5.2 决策图和影响图中时间的角色

时间值或者时间序列至少在三种特定情况中扮演着很重要的角色。时间没有被明确声明，如果存在决策问题，并通过影响图建模，没有明确的时间声明，影响图会按顺序构建：首先，引入变量及之间的依存弧，然后加入与信息相关的决策变量，接下来定义功能节点及与其他节点之间的连接关系。已经准备好影响图，但在使用之前必须实现与合适变量间的函数连接。这意味着随机节点与变量以一定的条件概率函数（或是先验概率）相关，实用节点与变量之间以实用函数的方式连接。决策节点相当于外部决策者采取行动，影响图定义每个决策需要的信息，有时定义的是决策的顺序。决策的顺序依赖于影响图的结构和它的解释。

影响图被假设为静态的类型和属性，影响图可以以不同的方式被切分成时间段。时间段影响图可以被用来寻找决策的最佳时机，也就是识别决策的最高杠杆点和时刻。人们希望通过时间段影响图来找到信息增强的时刻和描绘在系统性学习中不想错失的动态方案。这些“时间片段的影像图”允许选择增强，同时可以在决策时形成典型影响图。

2.5.3 系统性视角的建立

在系统思考中定义的系统规则被 Peter Senge 认为当今一个错误的决策（有可能不知道错误的原因是在这个时刻得到的信息和视角是受限的），这可能在以后产生一个更大的问题[1]。在一些情况下决策的影响可能在未来的一段时间都是看不见的（即因果在时间上总是分开的）。现在重新定义系统方案，参数和与信息的交互能力可以帮助人们做更好的决策。这是持续学习和理解系统。

图 2.20 描述决策分析的流程，尽管系统视图已经建立，但依然需要分析决策。决策是基于决策的系统性影响进行分析的，决策影响在将来需要被分析，因为许多影响现在看不到。另外一件重要的事是涉及系统中的其他决策的决策分析：

- 系统空间边界分析；
- 系统时间边界分析；
- 兼容性分析。

这些分析允许验证决策和采取纠正措施，学习的时候依然会用到这些分析。

2.5.4　信息整合

来自不同视角的分散信息可以被 PDSRD 表示。当建立典型的决策方案图（DSD）时需要整合信息。因为信息的绝对集成可能是不相关的，需要根据特定的决策方案来整合信息。整合方法的细节被包含在后续的内容中。在整合的过程中由于应用不同角度而产生 SCID，在这个过程中用到了其他机器学习技术的推论。信息的整合是自下而上进行的，信息整合的目的是建立一个系统性的视图。

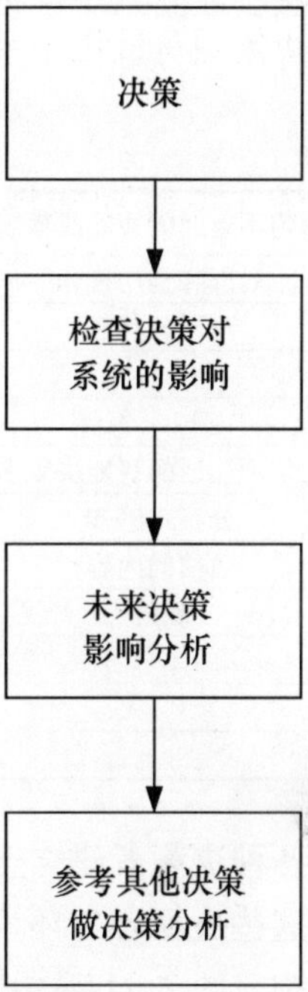

决策

检查决策对系统的影响

未来决策影响分析

参考其他决策做决策分析

图 2.20　决策分析

2.5.5　建立典型决策方案图

PDSRD 组合起来形成典型 DSD：

$$\text{PDSRD}_{\_1} = F(f_{11}, f_{21}, f_{31}, \cdots, f_{n1})$$
$$\text{PDSRD}_{\_2} = F(f_{11}, f_{21}, f_{31}, \cdots, f_{n2})$$
$$\vdots$$
$$\text{PDSRD}_{\_m} = F(f_{11}, f_{21}, f_{31}, \cdots, f_{nm})$$

决策方案决定与不同 PDSRD 对应的各种特征的权重：

$$\text{RDSD} = (w_1 w_2 w_3 \cdots w_n) \times (\text{特征矩阵})$$

这些可选择的特征可以被计算。

典型的 DSD 是为特定方案所做，对于新的决策方案将会有新的代表性的 DSD。

2.5.6　受限信息

受限信息和不完整信息是机器学习主要挑战之一，基于视角的构思和整体视角的整合允许推断一些缺失数据点使受限和不完整信息可以用于做决策和学习。在现实问题中得到的信息总是有缺失，但整合和推论允许人们构建所需的信息方案。此外，学习是一个持续的过程且随着可得数据越来越多，推断的事实也得到进一步改善。

2.5.7　多决策者系统在系统性学习中的角色

各种决策者的应用倒不如说是多决策者可以帮助收集系统性信息。表 2.1 描述了同质不连通决策、异构不连通决策、同质连通决策及异构连通决策。同质不连通智能体被用于构建全局与分布环境中的局部信息。连通智能体有助于以更好的方法去建立系统性视角。

表 2.1 智能决策者和协同学习

均匀不连通的智能决策者	异构不连通的智能决策者
局部和全局视角	友善对竞争
不同的状态	社会习俗
	角色
	建模目标
均匀不连通的智能决策者	异构不连通的智能决策者
分布式感知	互相理解
通信的内容	协商
映射	规划通信法案
团体学习	友善对竞争
	改变形状尺寸
	团体学习

各种决策者建立全局视角，这些信息列在表 2.1 中。

这些决策者与环境及系统的感知状态交互影响。自适应决策者可以动态地探测系统。图 2.21 显示了代表性决策者与环境相互作用来构建知识领域并负责各种行为。

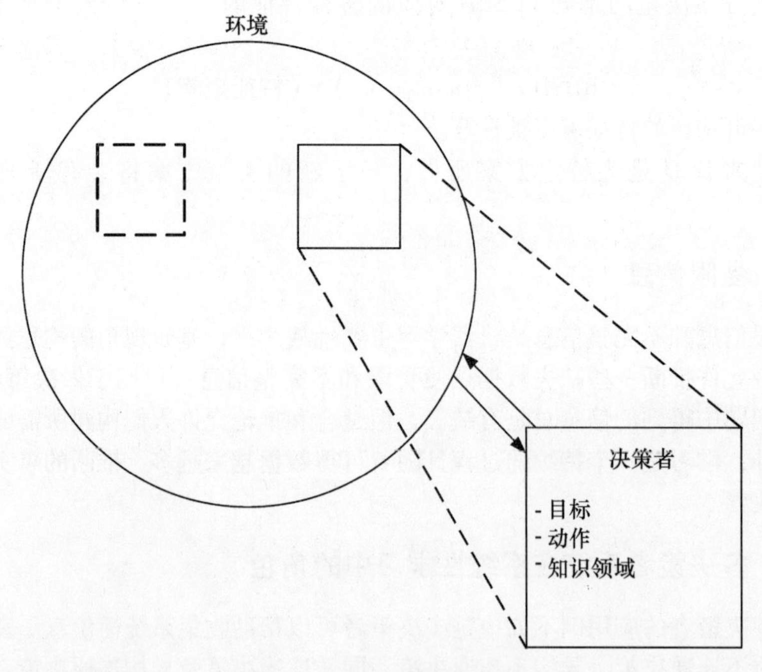

图 2.21 基于决策者的系统

图2.22描述了多决策者系统。这些决策者也相互影响，并有助于构建更好的系统性视角。决策者应用领域知识和来自环境的反馈方面进行学习。

图2.23描述了学习步骤的一般模式。训练函数使用在一些假设的基础上，并基于性能评估和求解质量进一步强化了学习参数。与系统性依赖的交互及环境参数帮助系统进行系统化学习，本章探索的不同系统性概念可用于构建学习模型和框架。

图2.24描述文档分类方案中不同的系统性组成部分。随着决策范围的明确及所寻求视角的确定，产生了系统性的观点。在定义的系统边界内使用各种系统部分，但实际方案中决策边界由决策方案来定义。

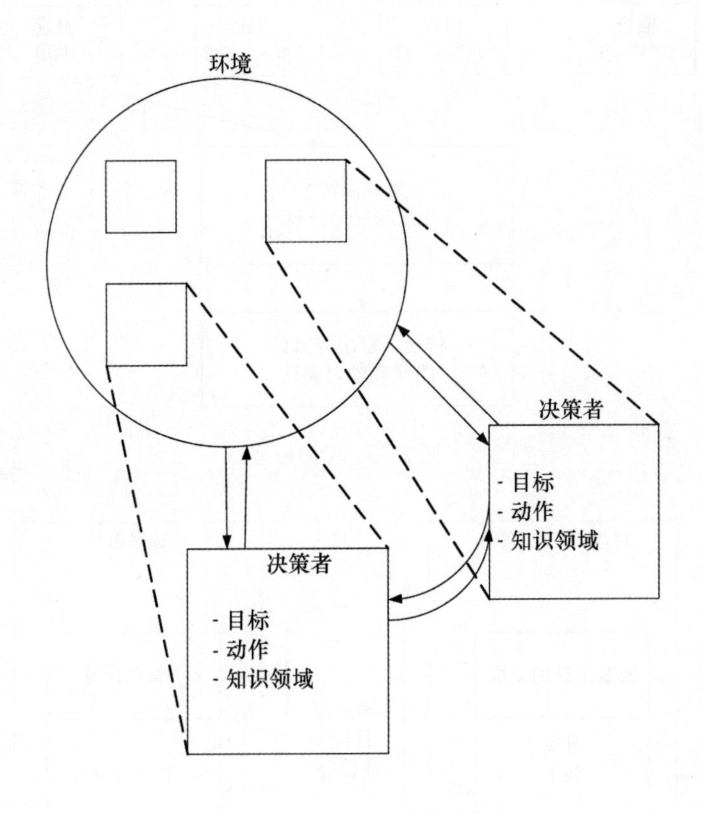

图2.22　用多决策者系统捕捉视角

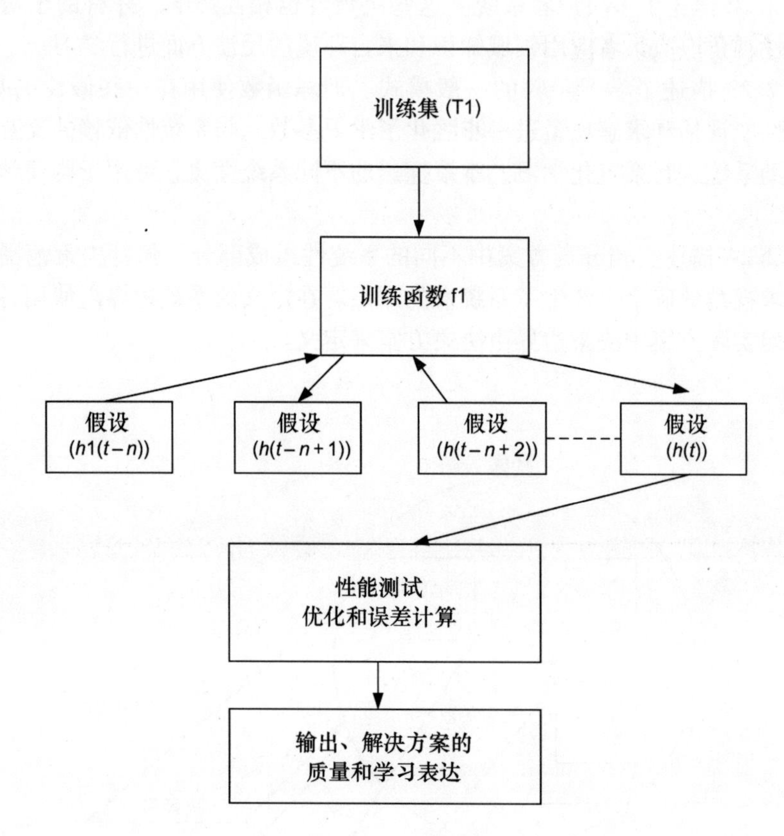

图 2.23　学习模型

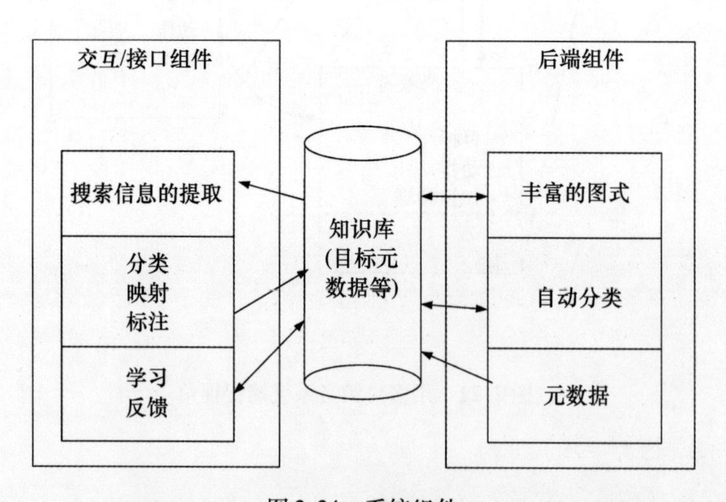

图 2.24　系统组件

2.6 系统性学习框架

系统性学习框架应该能完成的活动包括：①决定系统的边界；②根据不同的交互输出结果和决策的影响来更新系统的边界。系统性学习应该能够实现动态地学习以适应连续变化的方案，且可以为给定的决策方案提供关于系统空间的最优决策。框架被期望有如下的功能：

系统检测：系统检测是指确定系统边界和不同的组成部分及子系统，子系统是系统的一部分，系统检测同样受决策方案的影响。

映射系统：基于影响和依赖关系映射系统组件，这有助于做决策和决策验证。

系统分析：这里指的是系统的分析，并且应该是连续的。系统需要根据新信息或决策的新结果进行分析，系统分析为系统性学习创造学习参数。

确定子系统间的相互作用：系统性分析的另一部分是确定子系统间的相互作用。这些作用有助于在特定的决策方案中构建一个决策矩阵。

学习决策影响：决策对系统有影响并且在某些情况下需要推断这些影响。为了得到正确的决策对系统性决策影响的学习是必要的。

基于角度的系统影响分析：信息通常是不完整的并且这些分析是基于特定的视角的。在特定的决策方案中，有必要在视角影响分析的基础上在决策视角中选择正确的平衡点。

2.6.1 数学模型

接下来的内容将讨论系统性学习的广义数学模型。数学模型是基于系统和子系统被定义成不同特征集函数的基础上的。这些子系统在特定的决策背景下相互作用，他们之间基于视角的相互影响是被定义在影响因素（$i1$，$i2$，…，in）上的。这些影响因子来自于特定视角的 PDSRD，PDSRD 被定义成一个矩阵（$d1$，$d2$，…，dn）。每一个 PDSRD 都有一个决策矩阵，这个决策矩阵包含决策方案的权重。对于特定的决策方案，所有的 PDSRD 被组合成一个典型的 DSD，每个 PDSRD 决策矩阵是基于决策方案的权重和代表性 DSD 的决策矩阵而定义的。通过特定的分析决定代表性 DSD，这些决策矩阵和决定权重的推理机制是学习的核心。

2.6.2 系统性学习的方法

系统性学习是学习决定系统影响和学习使系统尽可能做出最好的决策的方法。为此有必要超出界限进行推断，可以用各种方法并且这些方法可以被优化。

如下列出了一些方法：

基于对象的学习：这里的对象是指带有数据的决策方案，并且学习是基于这些对象发生的。

碎片和学习：这里的信息是破碎的，为了得到更加清楚的信息，信息再次被整合，信息的分割和合并是视情况而定的。

多视角学习：如上所述，为了多视角学习，学习首先要基于各种视角，基于多视角的学习结合形成一个多视角决策矩阵。多视角矩阵有助于做决策。

各级聚类：各层级学习可以被看作半监督学习。各种视图层级所形成的聚类可以被执行。各种视图层级所形成的聚类用于形成决策矩阵。

子空间聚类：子空间是基于决策空间和视角形成的，子空间聚类是基于有限的显著位置而形成的，并且可以使用更深层次的集成聚类。

基于视角的增量聚类：另外一个重要的方面就是增量学习；随着可获得的信息越来越多，甚至基于视角的决策参数都可能不同。基于视角的增量聚类可以用于动态和增量决策。

2.6.3 自适应系统性学习

自适应系统性学习是指从总体学习视角看是系统性的选择系统性学习，但他允许基于某问题以不同的方式学习。图 2.25 描述自适应系统性学习发生的方式，自适应学习另外一个重要的方面是多种方法的选择性结合并同时使用学习到的数据。

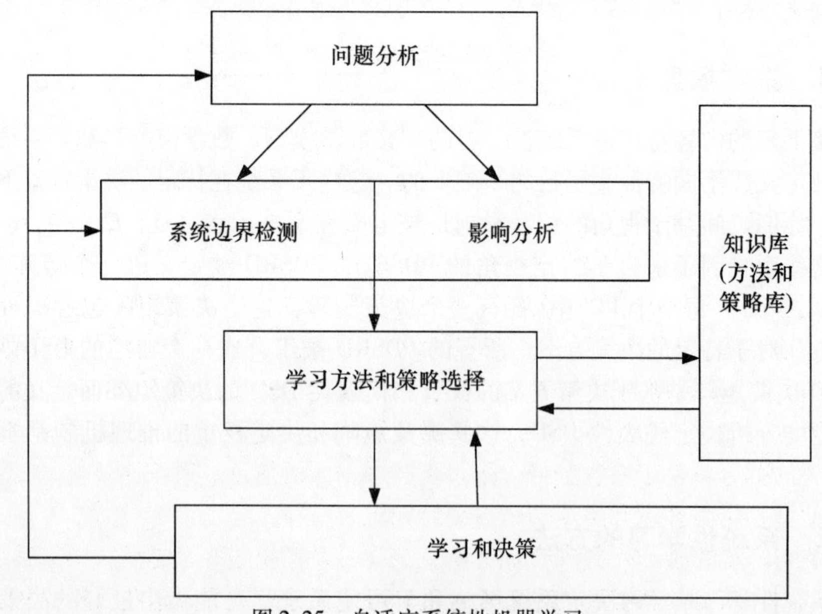

图 2.25　自适应系统性机器学习

机器学习理论也与经济学问题有着密切的关系。机器学习方法可以用于竞拍的设计及其他履约担保的定价机制。自适应机器学习算法可以被看作个体如何能够适应环境变化的模型，而且尤其是快速自适应算法的发展使系统能够快速达到近乎平衡的状态，甚至是在每个个体都有许多不同选择的时候。另一方面，经济事件中产生的机器学习问题不仅出现在计算机算法适应其环境时，也出现在其对环境的及其他个体的行为影响时。近几年来两个领域的联系越来越密切，因为两个领域的共同目标是发展建模工具和促进电子商务。

自适应学习中应考虑到如下重要的部分：

- 系统相互影响；
- 系统的信息和知识；
- 学习算法的自适应及基于可用数据和系统方法选择；
- 方法的选择性使用和形成优先级权重的特征向量；
- 依照每个系统状态和学习条件改变学习参数；
- 随着更多数据和方案的披露提高学习能力；
- 知识的增强和选择性使用及知识映射。

2.6.4　系统性学习框架

系统性学习框架的重要组成部分如下：

- 系统定义单元；
- 理解子系统；
- 系统的相互作用；
- 决策的系统性影响分析；
- 基于多视角分析的决策选择。

2.7　系统分析

系统性机器学习最重要的部分是理解和分析系统。当学习是基于局限于系统的小部分信息或特定的子系统时，决策和学习必然带有一种特定的视角。而且，获得的信息也根据系统的这一部分聚集，因而获得的信息是片段化的。因此在系统性决策时可能会产生很多风险。为了避免这些风险，信息的聚集和系统分析是两个重要的部分。基于系统分析，聚集了越来越多的信息。系统性学习试图基于零散的信息、历史知识和推论构建系统性知识。

系统与环境相互作用并产生反馈信息。学习在系统边界里是活跃的。系统分析总是试图在获得的新信息的基础上定义和重定义系统边界，这些分析揭露了系统的结构。图 2.26 描述了学习与系统典型的相互影响，图 2.27 描述了一个典型的系统结构。结构的典型部分包括系统边界、输入参数、输出参数、各种子系统和环境。结构也描述了系统各组成部分间的关系。

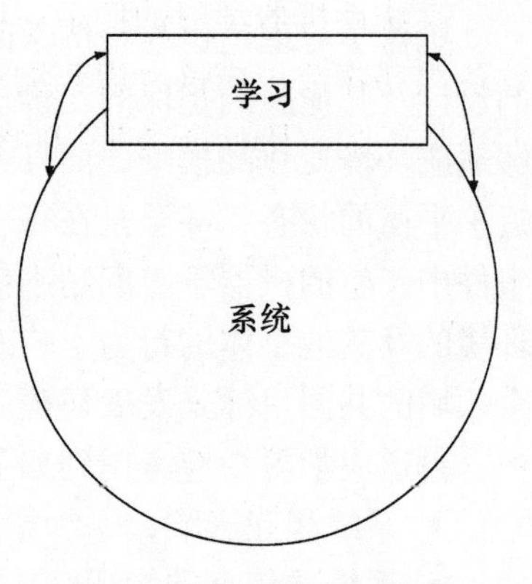

图 2.26　学习系统的组成

图 2.27 描述了有很多子系统的系统。系统有各种不同的输入并且环境得到各种各样的输出。箭头表示系统组件间的相互影响。

自上而下的系统学习：在自上而下的系统学习中，高层系统视角决定初始决策矩阵的权重。随着决策的进行，将转至决策视角。

基于子系统的系统学习：在这种学习中每个子系统被独立用于学习并且在决策时整合。系统学习需要持续改进。

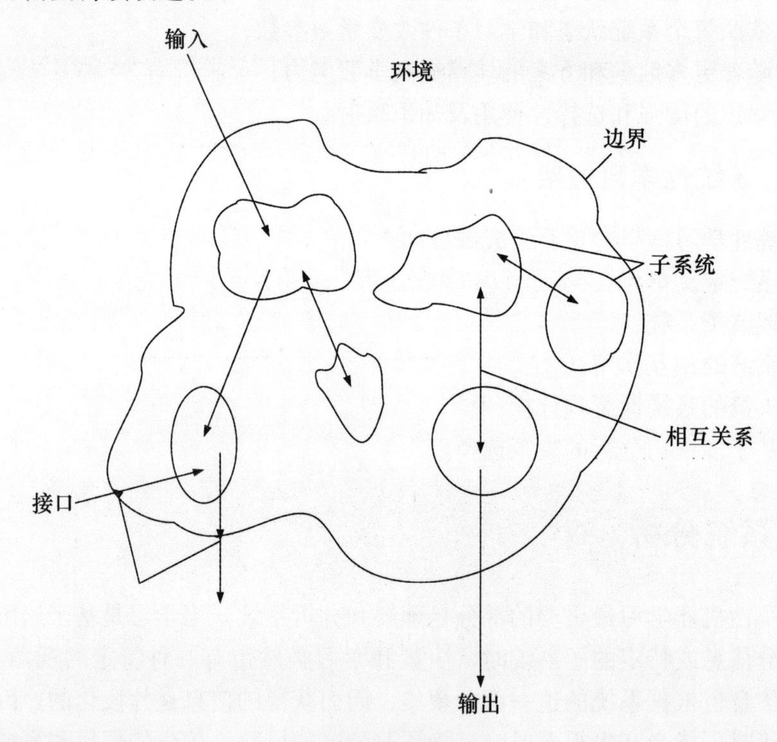

图 2.27　系统结构

基于期望行为的学习：有监督的学习使用有标记的数据，这种学习大部分情况下是基于目标值的。目标值不能描述系统的行为。目标值可能最大化效益，且决策可能会倾向于此，但系统行为可能会引向不同的方向。系统学习是基于期望的系统行为的，因此目标函数是基于期望系统行为形成的。

系统性机器学习的例子：在典型的医疗决策中，整个身体是一个系统，因此在给人药物前，应该考虑药物对于身体其他部分的副作用，因此，决策在本质上是系统性的。因而所有智能医疗系统都需要系统性机器学习。

2.8　案例学习：在酒店行业中需要系统性学习

在酒店行业中各种高档酒店根据需求预测来设定价格，可以根据如下各种模式来计算需求预测：

1）占用模式；

2）一周中某一天的占用模式；

3）取消模式；

4）失约模式；

5）预定速度。

当需求下降时，价格下降或使用低利率来吸引顾客；当需求增加时，停止低价格，绩效上升。基于这种方法，需求增加或预定速度变化时价格也在变化。有趣的是，在这个决策时只是考虑眼前利益，而没有考虑价格变化所带来的系统性影响。

在特殊情况下可能会产生效益，但对利润的长期影响可能是或可能不是积极的。需要做的是获得可持续利润的增长及所有子系统获利。图2.28描述了学习和决策的过程。

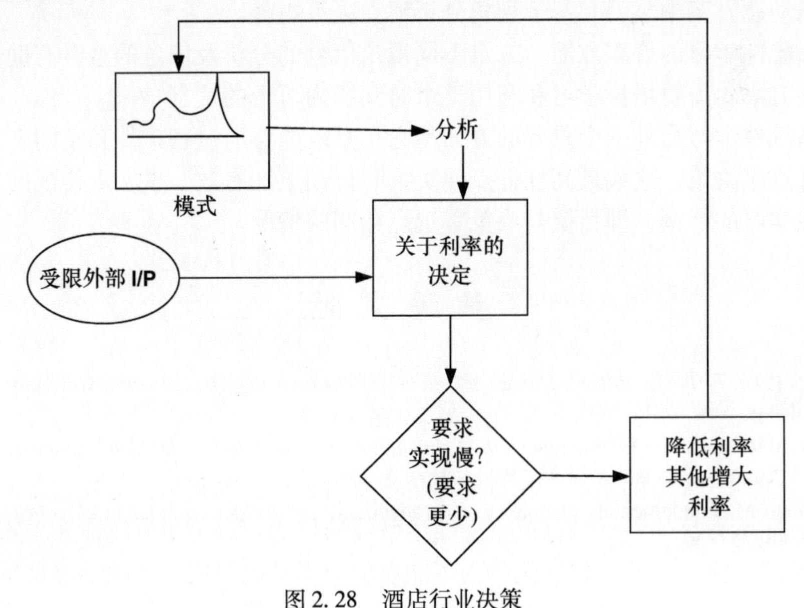

图2.28　酒店行业决策

在一些城市会议或活动的案例中，当整个城市的价格上升时，这些系统形式会影响未来目的地的选择，即使是那些城市的常客也可能选择另外的目的地。有时一个特定的链或酒店是看不到这些影响的，但因为有这样的决策方案会对旅游业有系统性影响。这些短期的基于模式的决策技术可能导致一些立竿见影的收益，但从长远来看，这些事件和基于模式学习技巧可能导致灾难。有必要考虑整个系统和一段时间的长期模式。

通过观察，特定方案的学习是基于目标函数的，即目标函数效益最大化。学习不是基于目标和期望的系统行为。无论因为理解和定义系统行为的期望还是因为未能基于期望系统行为学习都可能导致决策问题。

2.9 小结

为了证实要比传统机器学习更优越，智能系统的需求日益明确。用户的要求更加苛刻。学习的典型限制是根据有限信息构建系统性视角和推理的能力。系统性学习是关于理解决策的系统性影响和学习系统与子系统间的不同相互作用，从而促使决策算法能够做出系统性决策。

系统性机器学习对于特定的决策方案建立基于可得的片段和部分信息需要整体的决策矩阵。半自主影响图可以用来表示特定视角和部分信息。典型影响图和源于其中的决策矩阵可以在多视角学习中得到帮助。系统检测、系统映射及系统分析需要理解系统相互影响和决策对系统各部分的影响。自适应系统性学习允许系统从动态方案中学习和基于视角分析建立决策矩阵。

系统性学习的许多方面、来自不同视角信息的分析及信息的整合有助于构建系统性方案。需要增量学习和利用整个时间段内可得的信息学习。

系统性学习另外一个重要的方面是它是系统能够通过在事件和空间上定位最高杠杆点来决策。这些最高杠杆点使决策和行动更加有效，事实上传统的学习是系统性学习的特例，即系统与决策者观点相同的情况。

参考文献

1. Senge P. *The Fifth Discipline—The Art & Practice of The Learning Organization*. Currency Doubleday, New York, 1990.
2. Howard R, Matheson J. *Readings on the Principles and Applications of Decision Analysis*, Vol. 2. Strategic Decisions Group, Palo Alto, CA, 1981.
3. Wellman M. Fundamentals of qualitative probabilistic networks. *Artificial Intelligence*, 1990, **40**, 257–303.

第3章 强化学习

3.1 简介

在本章中，将从一个广泛的、系统的学习角度来介绍强化学习及其应用和基本原理。智能决策者（IA）或任何智能系统都是基于接收到的输入来执行动作。这里有许多智能应用，此处历史信息或者基于历史模式的学习可以表现出所需求的智能行为。不幸的是，对于动态环境下应用的其他类型不是这样的，知识需要在已学习的基础上连续建立。并且这个决定的结果不是基于一个单一的决定或措施。例如，在打篮球的时候，篮筐和一系列的好的动作都影响比赛结果。这不仅仅是一个正确或错误的动作，而是关于对手位置的一系列好的动作可以影响比赛结果。更确切地说，在这个方案中措施的好处和其对最后结果的可能影响有助于学习和决策的制定。在这里，所有的决策都不是不独立的动作，它们的形式是参照环境下定义。这些应用类型的关键方面——无论是否是篮球、足球，或者甚至一些商业过程——是环境的作用、优良回报的测量以及反馈。

在上述所有应用中，都有一个决策者和环境的作用。在任何时刻，环境都在一个确定的状态中。在强化学习时，学习者或决策者做的决策和行为都是与环境相关的。就像一个智能决策者，它会感官环境然后参照目标做出最有可能的最佳行动。一系列行动都是为了实现最终的目标。为解决问题而采取的任何行动，决策者都会相应地获得环境给予的奖励或惩罚。反复这样的试验和错误后，决策者就会学习最有可能的政策来解决问题。

当试图去解决任何一个问题时，会得到一些可用于性能测量的结果，人们会采取很多动作来达到这个结果。一个自动化的决策者会感知在环境中的行为，并选择最佳的行动通过强化学习去达到目标。决策者应该能够从所有直接、间接或延迟的奖励中选择最佳的动作。各种东西、实体决策者与包括一切和外部相关的决策者相互作用，所有这些事物的集合被称为环境。

以足球为例，球员的一系列动作导致得分或者犯规或者角球，最终的奖励或者得到的价值可能会是赢或输，但是每个阶段的行动都获得了一个奖励。假设球员 A 把球传给了球员 B，球员 B 接到了球并把球踢向了对手的球门，这就是一种积极的激励。但是如果对手球队里的球员 C 在球员 A 之前抢到了球，并把球传给了靠近敌方球门的队友，结果会是一个消极的激励或者惩罚。当动作执行后基于认知的序列和环境知觉状态的感知序列就会输入。

决策者是任何通过传感器和执行器与环境进行相互作用的。通常情况下，它通过传感器感知环境。执行器允许决策者与参考环境采取行动或通过执行器作用于环境。所有人类都是决策者，并通过他们的感知器官如耳朵、鼻子、皮肤、眼睛和舌头感知身边的环境。他们能通过手、腿或身体的其他部分作用于环境。一辆智能汽车会拥有如摄像头、超声波和各种其他设备的传感器来测量距离、确定对象、计算光线和天气条件。它能用一些基于感知道路和天气条件的机制应用于气体或者制动来作为一个执行器作用于环境。事实上决策者和环境之间持续不断地相互影响着。为方便起见，假定每个离散时间段决策者会收到的一些环境状态的表达信息。

IA 是一个自主实体，它的观察和动作作用于环境并指导其行为以实现目标。IA 或许也会学习或应用知识来达到它们的目标。它们可能非常简单或非常复杂。一个反射机例如温度调节器是 IA，像一个人和团体一起为了一个目标而努力。在任何时候都可能有决策者可以执行的合法动作。决策者的政策只不过是实现从状态中选择每个可能行动概率的映射。决策者和环境之间的典型关系如图 3.1 所示。

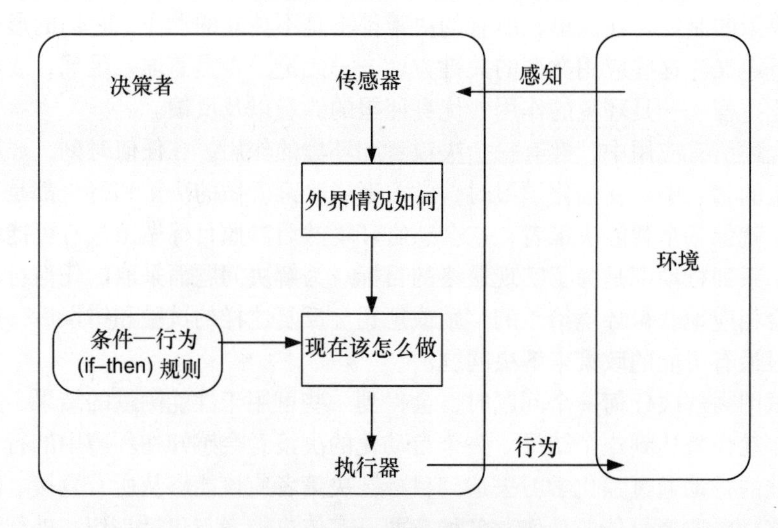

图 3.1 智能决策者和环境

在这里的感知指的是在给定状态下决策者的感知输入，这些输入都通过传感器获得。这些输入实际上为决策者建立了系统、环境或世界的观点。决策者可以获得多样的传感器和多种认知。在一场篮球比赛的情况下，认知通常是建立一个观点，包括一个队伍里成员的站位、对手队伍里成员的站位、剩余的时间、离篮筐的距离、目前的比分、篮球的位置等。由于位置是不断变化的，因此有对变化的感知到状态转变。这可能会因为球员的移动、传球、裁判的吹哨等发挥作用。当环境是动态的和决策需要不断学习时，静态决策者就是有限的资源。决策者可以保持不断学习的学习决策者的概念，更适用于强化学习的情况。

决策者能适应多样的和变化的环境，并且可以处理复杂的任务。它可以成功应用在各种环境中。它有一个学习的元件和一个执行元件。总之，一个合理的决策者应具备以下特性：

1）它应该能够收集信息—连续的或者以一定的时间间隔，也即周期性的；

2）它应该能够从经验中学习；

3）它应该具有不断学习的能力；

4）应增加所知；

5）它应具备自主性。

此外，决策者还在参考环境方面存在许多复杂问题。环境一般是动态的、不断变化的，并且在实际应用中，环境是不确定的。取得可用的环境信息的一个主要限制因素是，它是不完全可观测的，或者说，它是部分可观测的。这就需要决策者灵活地智能运行，在正确的情境下有效地运用这部分信息。智能处理包括对未知事实的推理和在部分已知的环境中正确地动作。

正如人们所看到的，智能需要灵活性。灵活性使得决策者能处理动态预测。为了实现要求的智能性，需要与IA的灵活性相关的一些具体的特性。

谈到灵活性，指的是系统应该能够在变化的预测条件下进行调整，并且在变化的环境下表现出合理的行为。为了实现这个目标，它需具有：

1. 响应性

及时响应感知环境。它应该能够适当地察觉到变化并应对变化。

2. 积极主动性

应该表现出机会主义、目标导向的行为，在适当的时候采取主动。

3. 社会性

为了解决问题，能够与人类互动（他们认为合适的人工决策者）。

智能决策者应有的其他特性如下：

1. 流动性

它不应该只是一个静态对象，应该具有可移动性。

2. 准确性

智能决策者应该是可信的。真理和环境真实现状应该可以被智能决策者感知。

3. 善意

该做的就是避免冲突。

4. 合理性

它应该表现出理性的行为。更像是合乎逻辑的行为。

5. 学习

可以从变化的方案、状态转变和行为变化中学习。

正如前面提到的，智能系统需要有学习能力。了解已经学到的以及随着新情境下探索式的学习都是必需的。为了处理动态方案，决策者还需要学会处理勘探和开发，这就需要拥有自适应控制和学习能力。探讨自适应控制之前，先来说一下学习决策者。

3.2 学习决策者

决策者需要在独立未知的甚至是变化的环境中工作许多次。已经提供的知识可能不足以应对新的和不断变化的方案。同时，已经建立的知识库是不允许决策者在未知或新形势的情况下操作的。这就使得决策者必须学会应对新的和不断变化的环境的能力，必要时进行协调。这种学习能力可以使决策者以一种合乎逻辑的形式应对新的或未知的情况。此外，学习可以通过其遇到的越来越多的情景来帮助改善行为。最重要的是，决策者可以从经验中学习。决策者有三个重要元素：

1）性能元素；

2）评价元素；

3）学习元素。

学习元素负责改进，而性能元素负责选择外部动作。这里性能元素是没有学习元素的决策者。这里正试着将既定的外部动作和评价标准相互配合以建立一个学习平台。简言之，不论简单还是复杂，带有学习程序的决策者组成一个学习机制。而学习程序则基于对不同行为表现的评价，即决策者是如何运转的。这种反馈推动了学习动作。评论可以提供学习所需求的反馈，评论可以感知决策者的成功并提供反馈。学习机制通过性能元素的设计变得有可能。

另一个重要部分是问题发生器，它提出了一些建设性的意见，可以带来一些新的丰富的体验。然后用奖惩的模式反馈回来。这些奖惩有助于提高团队的整体表现，并建立一个知识库。根据行为表现的好坏来确定奖惩规则（见图 3.2）。

尽管学习可以采取不同的方式，但强化学习这个概念试着解决了不同方案下对试验性学习模式的开发利用及强化等问题。本章就是在这一问题方案下来探讨强化学习，采取的策略是选择一系列初始状态的动作，使奖赏最大化。

在现实的方案中，跟着老师学习是一种监督学习法，这种学习法不是在任何情况下都适用。而决策者可以提前对环境做出预估，比如说这个方案是什么样的，它在特定的行为条件下会变成什么，面对对手又会有什么样的反应。于是，决策者可以处理简单逻辑背景下的一些随机动作。探究这些动作的同时，一个决策者需要知道这个动作所代表的意义、所产生的全部影响，而这恰恰要通过奖励或强化来实现（见图3.3）。

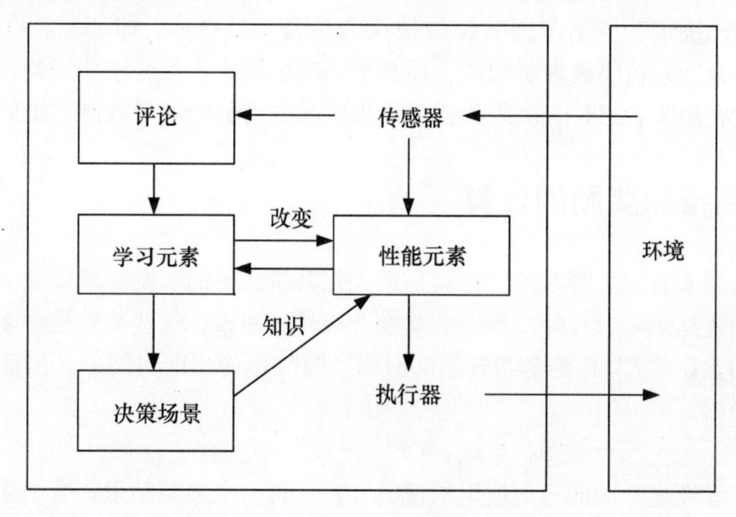

图3.2　决策者

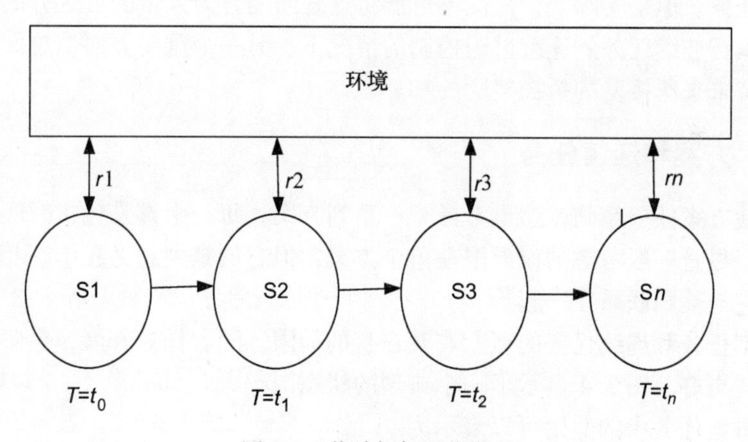

图3.3　奖励如何强化学习

奖励总是在游戏结束时获得——在一些游戏比赛中奖励发放得很是频繁，如篮球、拳击等。输入认知序列可以用来理解环境——奖励是感知的一部分。该机制需要在决策者与环境耦合的地方了解及时的奖励。当可以利用这些相当频繁的奖励时在学习上就取得了优势。最优策略的选择需要基于序列的认知，奖励也基于此——最优策略就是要最大化的总预期回报。强化学习的目的是要了解所观察到的奖励，并确定最大化累积报酬的最优策略。

正如上述所讨论的，强化学习是关于提出关于决策者应当如何在通过探索获得的经验基础上改变所制定的策略的规范和准则。强化学习的一个重要方面是了解决策者和环境之间的边界。这个边界的一般定义是基于决策者可以任意控制的领域。超出决策者控制范围的领域被认为是自身外在——即环境。在这个环境下，一些地区是被决策者所知的，而其他一些区域决策者或许不清楚。奖励源通常是放置在决策者之外。决策者仍然可以定义内部奖励或者内部奖励的序列。

3.3 回报和奖励的计算

从长期来看，决策者的目标就是最大化其所获得的奖励。选择最大化预期收益的行为就是学习的目标。累积的奖励可以代表回报，这些奖励是在多个时间段中获得的。让“T”作为学习开始的时间，“t”作为当前时间点。因而总奖励就由下式给出：

$$R_T = r_{t-1} + r_{t-2} + r_{t-3} + \cdots + r_T$$

决策者环境互动插入到这里所说的方案。每一个方案结束都有一个特殊的状态叫终止状态，假设决策者环境互动被分成若干可识别的方案，相应的任务被称作方案任务。但是实际上，往往不可能将这些间隔分为大量的可区分的方案，尤其是在执行连续任务的连续过程控制的情况下。另一个重要方面是总回报可表示为决策者未来所接受的折扣奖励的和。

3.3.1 方案和连续任务

为使方案任务精确，这里考虑了一系列方案，每一个都是包含时间步长的有限序列。尽管一般考虑的仅局限在单个方案，但它的重大意义在于在相邻的方案间，把它与奖励联系在一起。

方案任务和连续任务的概念有其自身的局限。随着任务开展，会尝试让两个方面变得更好。图 3.4 显示了一个典型的状态图。

在方案任务中的奖励可以表示为

$$R_t = \sum_{k=0}^{T} \gamma^k r_{t+k+1}$$

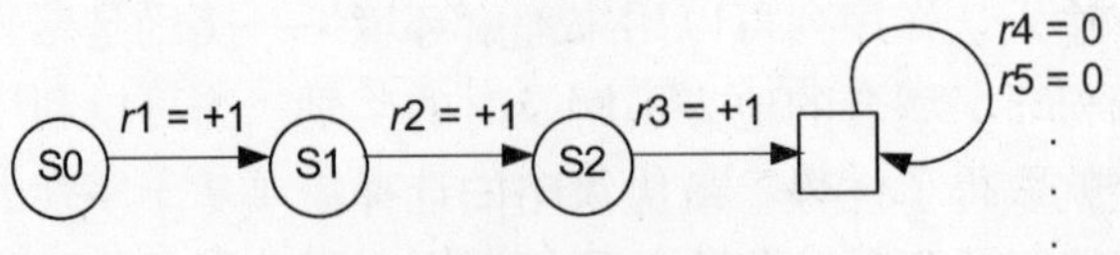

S0 → r1 = +1 → S1 → r2 = +1 → S2 → r3 = +1 → □ (r4 = 0, r5 = 0)

图 3.4 状态图

3.4　强化学习和自适应控制

强化学习（RL）更像一种与环境联系的试错学习。所有控制问题都需要处理动态系统输入，判断这样的行为是否符合技术要求。在使用强化学习时，未来奖励的总和大小是所谓的值函数。它代表了强化学习的主要目标函数。通常，在每个实例中，可以获得估计值函数和最大化值函数的动作。值函数表示创建的总价值，而不是它与单个感知的关系。下面将对数值函数评估的问题进行一个简单的回顾。回报是由某些操作通过决策者参照环境产生的结果。对一个决策者来说回报计算是外部的而不是内部的。这是因为回报是参考环境的而不是被一个决策者所控制的——只有系统的学习才能使一个决策者自我提升。从下面的例子中来看，这是非常显而易见的——如果有一系列正确的操作，玩家就可以赢得比赛——但是这个奖励来自外部而不完全被玩家所控制。总之，决策环境边界代表着决策者绝对控制的极限。确定决策环境边界是最棘手的部分之一，它通常取决于参照的特定状态、操作和反馈。甚至这些边界条件对于决定方案都是敏感的。后面将会详细讨论这部分，甚至可以将强化学习看作一个从各种交互作用来进行目标导向学习的抽象概念。用目的引导的行为所需的学习的问题以决策者、环境及其相互作用而产生的动作、奖励和状态的形式来表示。通过决策者做出的选择就代表着其动作，同时当时的状态是做出选择的基础。

决策者的目标是在它的接收中最大化得到的总回报。自适应评论员的概念是在不确定环境下给予反馈的评论，这也是近似动态规划（DP）的算法的名字。

适应意味着“改变（自己）使自己的行为符合新的或改变的环境”。强化学习就是尝试去达到这样的目标。一个自适应控制器是通过与一个参数在线辨识而形成的，而这个参数在线辨识可以通过激活已知参数从而来估计每一瞬间的未知参数。此方法的参数辨识（在文学中又称为自适应法）与相结合的控制法产生了两种不同的方法。第一种方法指间接自适应控制，参数系统先被在线辨识，然后用于计算控制器参数。在现实生活中，环境的变化和基于条件控制的简单规则并不能适应动态环境。

自适应控制有三个必要的组成：

- 环境传感器；
- 参考模型；
- 有自适应功能的控制器（见图3.5）。

自适应控制系统需要不断地感知并响应环境，基于参考一系列行为的奖励，得出适应新的环境方案的学习结果。结合强化学习的自适应控制器的一个简化的模型，如图3.6所示。

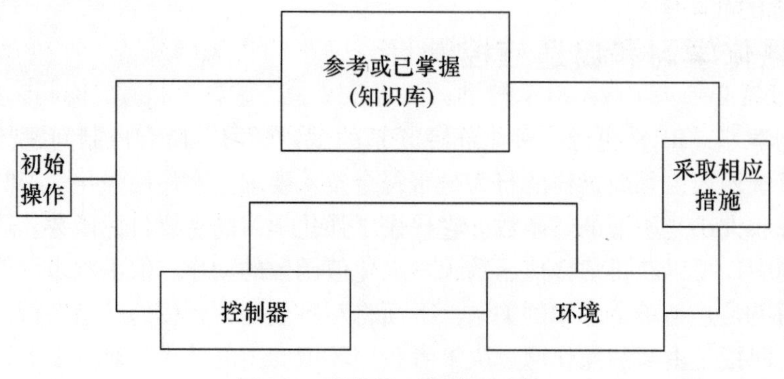

图 3.5 强化学习的自适应性

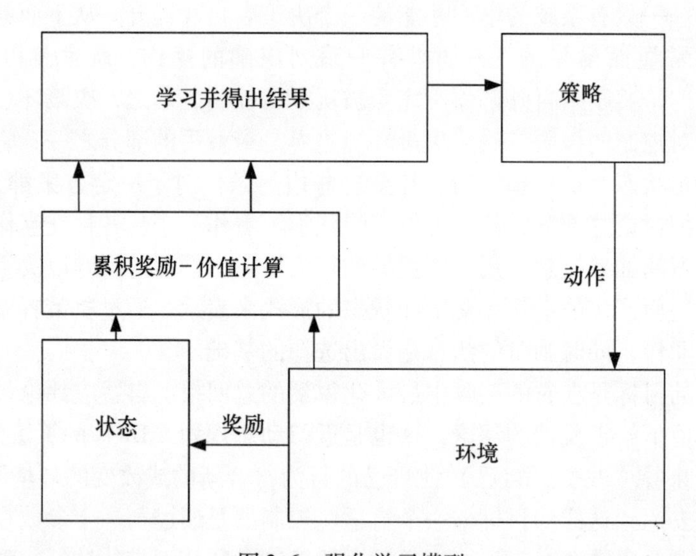

图 3.6 强化学习模型

在现实生活中问题是，人工智能或任何智能系统将不可能协商反对静态的简单环境或脚本，而是反对动态（复杂变化的）环境，甚至在某些情况下，会反对聪慧的人类并改变策略。人类将采用更多的挑战并改变策略（即前所未有），因此整体环境的反应不能完全根据以往的经验预测。在一个有环境的游戏类型中，对手们可以可能会一直使用一种策略直到他失败，然后才会换一个新的、不同的策略或者在每场比赛中切换策略。在某些情况下，对手们可能会一直切换策略直到出现最后结果。这将导致传统的学习系统无法使用它们刚学到的知识或做出简单模糊的规则选择。因此，对是否能够看到系统能够适应不同变化的方案和响应策略本身感兴趣，而不是学习一个固定的策略。这就需要在静态的和变化的策略之间转换来响应环境变化。这里的智能不能仅仅依据规则或已知的事实，而是基于动态的战略响应。

有主动和被动的强化学习。被动强化学习有一个静态的策略，而主动强化学习主动决策者必须决定采取什么行动。决策者必须了解各个状态之间的联系并了解它们是如何联系的。在自适应动态程序中，决策者通过学习环境的转换模式和使用 DP 方法来解决相应的马尔科夫决策过程来工作。

确定的控制过程中，存在一种状态变量都是可识别和观察到的假设。这个假设进一步延伸，说明可能的决定都是已知的，充分说明是有因果关系的。这实际上并不是存在于现实生活中的方案。这个虚拟空间有以下部分：

1）系统；

2）环境；

3）决策者。

决策者是系统的一部分，也与环境之间互动频繁。图 3.7 所示是一个典型的学习框架，这里的决策者有学习系统、传感器和决策系统，决策者和学习系统持续进行相互作用。

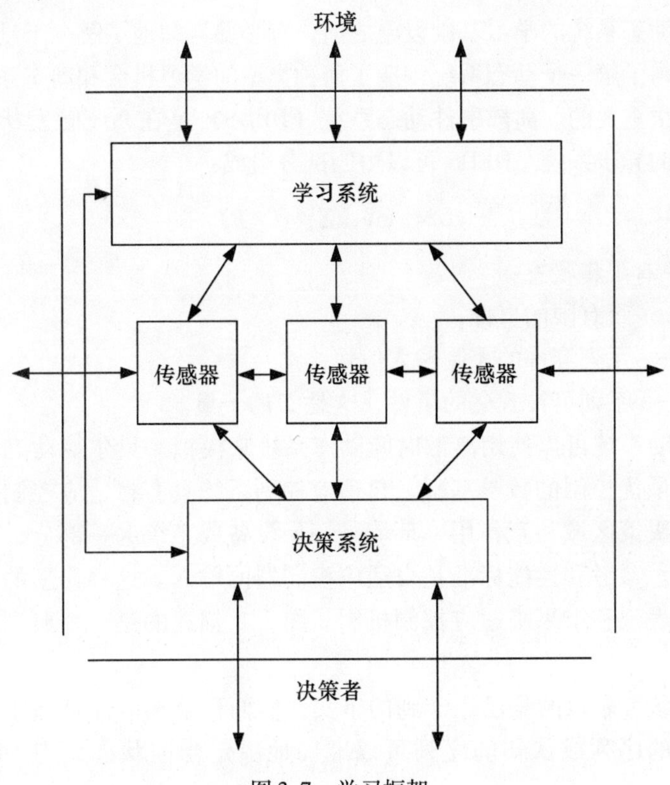

图 3.7　学习框架

3.5　动态系统

动态系统表示在环绕空间的时间依赖性。在动态系统决策时，是需要探索学习的。在本节中，将阐述在动态系统中强化学习的作用，将详细讨论主动强化学习。主动强化学习是与主动决策者相联系的。主动决策者是一个有能力作出决定采取相应行动的决策者。尤其在动态系统中，贪婪的决策者无法学习最优策略，且了解其他状态的真正的实用价值。无信息或无模型的真实环境中，一个状态的最佳选择会导致不理想的结果。在实际问题中，决策者并不了解真实的环境，因此是不可能采取最优行动的。所以，有必要探索最大限度的奖励。在动态系统下，新的信息加之已有的信息应该被有效地使用。在不断变化的情况下，新的信息变得可用。

3.5.1　离散事件动态系统

在建立动态系统的学习基础设施之前，有必要详细地了解一下动态系统及其行为。同时，了解一个动态系统创造了何种类型的学习机会和动态系统的预期学习行为也是很重要的。离散事件动态系统（DEDS）是在系统触发状态转换中发生离散事件的异步系统。DEDS 可以由四部分组成：

$$G=(X,\ \Sigma,\ U,\ \Gamma)$$

式中　X——有限集状态；

Σ——一组有限的事件；

U——一系列容许的控制输入信号；

Γ——一系列可被观察的事件，这是 Σ 的子集。

事件驱动系统可以使用离散时间动态系统来模拟。贝尔曼动态规划算法可以作为系统最优控制的数学基础。自适应控制系统具有自适应控制器。该控制器与环境及决策区域相互作用。环境是一个设备或系统的一部分，会给每个动作一些响应。参考和性能标准是自适应控制器的输入。这种典型的自适应控制器需要基于表现和结果来适应控制机制。图 3.8 描述的是一个典型的自适应控制系统。

这里的参考表示的是已经学到的事实，然而环境响应却是基于探索的。如果观察事件的序列或认知的序列可以准确地决定当前状态，则 DESD 是可观测的。

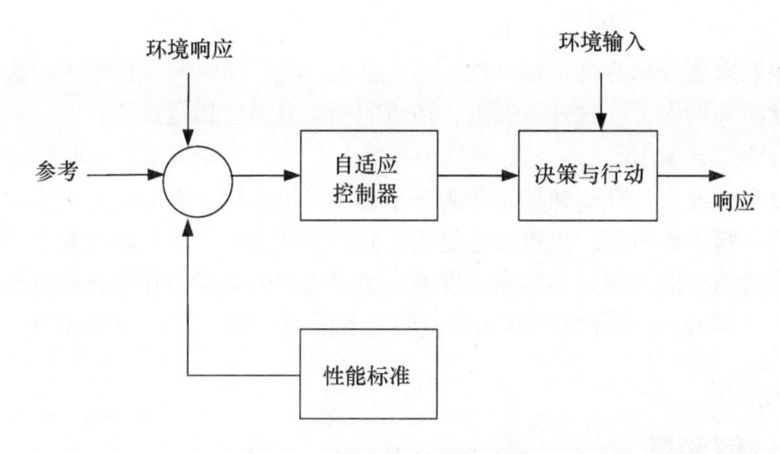

图 3.8 强化学习的自适应控制

3.6 强化学习和控制

强化学习和数字优化技术工作联系密切。价值函数的形成和最优使用是强化学习中的关键概念。强化学习在与环境相互作用时学习了价值函数。此价值函数可以直接用于实施一项政策。决策者必须在强化学习中切实发挥重要组成作用，它应该执行如存储或操纵价值函数的行动。这通常是通过评估政策和工作的政策改善来完成的。此外，决策者必须给给定的状态提供适当控制作用。所以，强化学习决策者的两个最重要的功能如下：

- 作为一个强化学习者；
- 作为一个控制器。

3.7 马尔科夫性质和决策过程

正如在之前章节中讨论的，决策是由环境状态决定的。在后面将讨论 Q 学习并参考政策控制来学习 Q 学习的各个方面。本节将讨论马尔科夫性质和价值函数。

环境和系统的状态都会影响决策和结果。在任何情况下的状态表示的是可用的决策者。一种可以保留所有相关信息的状态信号（该状态信号完整地总结了过去的情形）被称为马尔科夫或具有马尔科夫性。总之，这不是一个序列的状态，相反的，而是关于目前的状态的能力或保留和总结目前状态决定未来的能力。它过去是独立的路径或序列。如果环境响应对应于时间 $t+1$ 的状态只取决于在时间 t 时的状态和行动，就说明该状态信号具有马尔科夫性：

$$P(X_t \in A|F_s) = P(X_t \in A|\sigma(X)_s)$$

如果状态信号具有马尔科夫性，另一方面，在任何时间点的响应取决于那个状态的状态和动作，在这种情况下，环境的动态只通过指定定义：

$$P(X_n = x_n|X_{n-1} = x_{n-1}\cdots X_0 = x_0) = P(X_n = x_n|X_{n-1} = x_{n-1})$$

在这种情况下，环境和任务作为一个整体，也说明具有马尔科夫性。

在马尔科夫性质下，决策和值是当前状态下的函数，因此在强化学习的情况下它是非常重要的。满足马尔科夫性的决策过程和强化学习任务被称为马尔科夫决策过程（MDP）。如果状态和动作空间是有限的，则决策过程被称为一个有限的 MDP。

3.8 价值函数

价值函数是一个确定在该状态有多好或者如何有利于特定的动作的状态函数。多好是从预期未来的回报看出来的，如何好一般是基于未来奖励或预期收益决定的。

$$V^{\pi}(s) = E_{\pi}(R_t|s_t = s) = E_{\pi}\left(\sum_{k=0}^{\infty}\gamma^k r_{t+k+1}\middle|s_t = s\right)$$

在 π 政策下，s 状态时，动作值 a 可以通过政策 $\Pi - Q^{\Pi}(s, a)$动作值函数公式求得。动作值函数如下：

$$Q^{\pi}(s,a) = E_{\pi}(R_t|s_t = s,a_t = a) = E_{\pi}\left(\sum_{k=0}^{\infty}\gamma^k r_{t+k+1}\middle|s_t = s,a_t = a\right)$$

强化学习的任务是找到一个能最大限度地提高长期奖励的政策。总有一个政策，总是优于或等于所有其他的政策，该政策被称为最优政策。可能会有不止一个最优政策。最优政策由 Π^* 表示。它们有着同样的状态值函数，被称为最佳状态值函数，用 V^* 表示。有最佳状态值的函数的最优政策称为最优值功能，用 Q^* 表示。

3.8.1 行动和价值

一个动作的选择或者一系列动作中的学习结果。动作选择的决策基于行动价值，采取任何行动的真正价值是行动选择时获得的平均报酬。决定价值的一个简单的方式是当选择动作行为时，通过对获得的实际回报平均化处理：

$$Q_t(a) = \frac{(r_1 + r_2 + \cdots + r_n)}{n}$$

当 n 值较小时，这些值可能会有所不同，但随着 n 值的增加，Q 的值会收敛到行动的实际价值，用 $Q^*(a)$表示。

除了这个简单的方法，还可以用不同的方法来估计值，这些方法可以更快速收敛到实际价值，并且更准确，所以被优先考虑。

3.9 学习最优策略（有模型和无模型法）

3.8 节中，讨论的是有模型获得最优策略的 MDP 假设的方法。该模型中表示的关于状态转换的知识，可以用数学形式表示。提前了解模型，对于强化学习的目标是很有用的。可以有直接或间接的自适应控制，自适应控制有两个可能的策略：

- 无模型策略：只有控制器，无模型；
- 有模型策略：模型是后天慢慢形成的，用于导出控制器。

强化学习的基本问题是判断最近做的选择或采取的行动是好的还是坏的。一种至今被讨论的策略是只能等待直到出现最后的结果：如果结果是好的，它会给予奖励；如果结果是坏的，它会给予惩罚。Sutton 提出的时间差分方法是通过洞察力采用值迭代法来调整估计值的状态，这种方法是基于即时奖励和下一个估计值的状态[1]。将在 3.10 节中讨论时间差学习策略。

3.10 动态规划

动态规划（DP）更多的是集中在通过划分成子效率的方法来提高计算的问题。DP 试图分阶段性的来解决问题。它是通过收集计算、在 MDP 形式中有完善环境模型的方法来确定最佳政策的算法。而由于强化学习中需要完美的环境模型，所以 DP 算法是有局限性的。但是由于后面内容中可能会需要参考，所以在本节中还是会对 DP 做一个简要介绍。在这之前，需要先了解一下动态系统的重要性以及什么是动态系统的部分可观测性。DP 适用于离散和连续时间的情况。DP 的目标是可以处理不同的结果而得到最优解。

3.10.1 动态系统性质

动态系统的核心是变化。虽然在数学上，系统在一个特定的状态、任何时间点，都可以用实数表示。但是这里指的动态系统，只有有限的观点可用。随着时间推移，观点也在改变。而决策和行动的影响都是取决于时间的：

$$T = t_0 \cdots T = t_n$$

这里的影响可以通过时间 T 来观察。

图 3.9 表示的是参考时间的动态系统的概念。这里包含连续的变化、每个变化和决策者为学习所用的事件。此外，还包括决策者采取的行动导致的一系列的事件和变化。

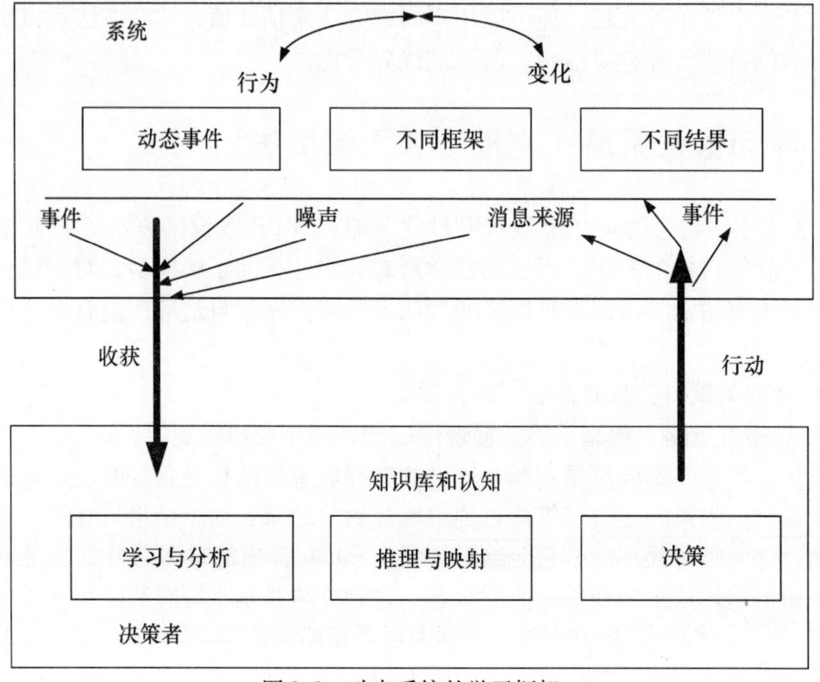

图 3.9 动态系统的学习框架

3.11 自适应动态规划

自适应 DP 综合了 DP 和强化学习的概念。此种情况下，自适应评价控制会提供奖励或处罚的形式进行反馈。自适应评价控制总能预期完成，它提供了最优控制方法。图 3.10 表示的是一个典型的 DP 为基础的自适应结构的学习框架。

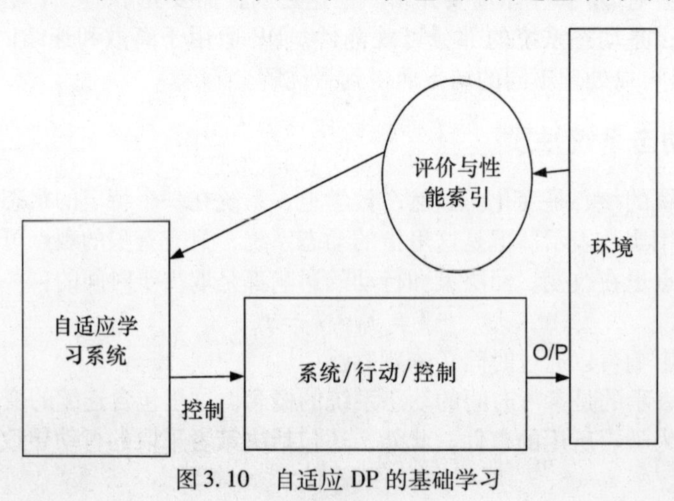

图 3.10 自适应 DP 的基础学习

自适应值的计算基于与环境相互作用的评价控制。策略会通过评价控制反馈而及时更新。自适应评价控制学习可以处理动态环境。由此可知，自适应 DP 综合了 DP 和强化学习的概念。

3.11.1 时间差分学习

DP 可以用来解决学习问题以及确定最优策略。而 DP 以及其他类似的用来确定最优策略的方法代价是极高的，很少有一整套的环境知识。时间差分（TD）学习是结合的蒙特卡罗模拟思想以及 DP 方法。TD 方法还可以从如无需环境建模的类似蒙特卡罗法直接经验中学到，像 DP 方法那样，更新基于其他已经学到的估计方法并且无需等待估计的最终结果。

蒙特卡洛方法需要等到结束的时候，而 TD 方法只需要等到下一个时间。每一个时间之后，即从 t 到 $t+1$，它会立即形成一个目标，给有用的更新可以观察到的奖励和估计值。

最简单的 TD 方法称为 TD（0），可以用如下形式表示：

$$V^{\Pi} \leftarrow V(s_t) + \alpha[r_{t+1} + \gamma V(s_{t+1}) - V(s_t)]$$

最简单的 TD 方法是基于一个未来的奖励，而蒙特卡罗方法则是基于一整套可观测序列的奖励，直到整个序列的结束。两种方法各有优缺点。用一种取中庸的方法即使用中间数奖励。蒙特卡罗方法的目标是估算—而这里的预期回报率却是不知道的。

在中间奖励方法中，有基于使用过的备份的数量步骤方法，其中包括一步备份、两步备份、三步备份以及 n 步备份。n 步备份仍然是 TD 方法，因为它是在如何改变后来的状态的基础上来改变早先估计的。唯一的不同在于，它不是只有一个步骤，而是在 n 步以后，这就是为什么被称为 n 阶 TD 法。

例如，当每天工作在一个软件项目中时，就会想要预测多久才能完成项目。一个简单的方法就是通过在最后期限即将结束的时候的反馈。甚至可以分成在不同阶段几种类型的反馈，如开发模块后的反馈。它可以通过每天过后的进展或日常项目建设的反馈被进一步延伸。完成项目所需的预期工时的值就是价值。Scrum 方法论中的一个典型的燃烧计算可用于 TD 学习。在每一阶段结束的时候，预期项目完成时间都会被验算一遍。

3.11.1.1 TD 预测的优势

与蒙特卡罗法相比，TD 方法有很多优点。最重要的一个优势是它的奖励不需要环境模型，而且它也不需要下一步的概率分布。另一个在实时性系统中更为显著的重要优势是，它可以以完全增量的方式在线实现。因此，它对于动态系统非常有用。TD 方法每次只需等待一个时间步。这个特性在许多现实生活问题中是非常有用的，因为每个阶段会很久。通过每个过渡学习有助于快速学习，因此

TD 方法一般比蒙特卡罗法收敛得快。

3.11.2 Q 学习

Q 学习不是估计一个系统模型，而是基于估计实值函数 Q 的状态和行为，其中 $Q(x, a)$ 是执行行动的状态 x 和优化之后的预期的综合折扣。Q 学习机更像是学会了像在前面讨论到的动作值功能的功能。这个动作值功能也被称为在给定一个特定状态的特定行为的 Q 功能。Q 学习是一种通过学习动作值功能工作的技术。由于环境是动态的，所以了解决策者如何可以在任意环境下学习最优政策是很重要的。Q 学习算法的性能如下所示：

- 它是一个增强算法，在该意义上是在每个转变上的增量权重；
- 它具有直接性；
- 它保证了在有限数量状态下和离散情况下的收敛性；
- 它可以学习任何序列的经验。

Q 学习不存储行动和值，但是它存储 Q 值。对于一个给定的状态，假设 s 和行为 a，最优 Q 值表示为 $Q^*(s, a)$。这里的 $Q^*(s, a)$ 表示的是预期强化总和从第一步行动 a 开始到开始状态 s，之后进行最优行动。得到的值是此状态下的最大 Q 值。所以显然与此最大 Q 值有关的行动一简称为此策略状态下的状态 Q 值。

用 P^* 表示最优策略。

状态动作结合质量表示为

$$Q: S \times A \rightarrow R$$

$$Q(x, a) = E\{r_k + \gamma_b^{\max} Q(x_{k+1}, b \mid x_k = x, a_k = a\}$$

Q 学习保持估计的 Q 值。Q 函数结合状态转换和不依赖于状态转换概率的估计未来的奖励的信息，减少了计算量和显式状态转换概率的独立性，使 Q 学习更有吸引力。

3.11.3 统一的视图

到目前为止讨论的所有强化学习方法有许多共同之处：

1）使用它们的目的是评估价值函数。价值函数是强化学习中的关键概念，它们决定了整个学习的轨道。

2）到目前为止讨论的方法通过在实际或可能状态轨迹的备份值进行操作。它是基于实际或期望的回报。

3）这些方法遵循广义政策迭代（GPI）的策略，这意味着他们保持一个近似值函数和一个近似的政策，并且不断尝试着在其他的基础上改进每一个。

作为一个统一的视图，这些价值函数、备份和 GPI 在智能建模中发挥着重要作用，并因此决定了学习的轨迹。最后，强化学习的目的是产生一个基于现有的知识和环境产生学习指针响应的统一视图。

3.12 范例——拳击训练器的强化学习

强化学习可以应用于一个自动化的拳击训练器的情况。对手可能会有新的举措，只根据过去的信息或知识可能行不通。

拳击手有一些内部的状态，随着对外部世界的感知，有必要了解对手的意图。拳击手拥有给自己和对手之间的相对角度和距离的感知系统，推理机制会推断出可能的意图、可能的动作、每个动作带来的影响。现在，基于这些行动的训练器会了解对手的能力，并且能根据帮助对方应对之后的比赛做出相应的反应。

学习系统将根据目前实行的奖励和惩罚机制决定下一步的动作。当这种情况发生时，训练器可能会稍微远离拳击手。在正常条件下，它会观察对手的一些特征。

在许多应用中系统的行为模式是动态的，知识基础需要在每一个探索基础上改进。强化学习提供了动态学习的能力来处理这些情况。

3.13 小结

学习并不是孤立地进行。学习一般通过相互作用和响应来发挥作用。强化学习尝试着克服一些传统教学的局限性。强化学习使用已学过的事实，基于新的行动和方案勘探开发新的知识。它尝试着通过参考环境学习，学习进行在与真实环境联系之中。

强化学习尝试使用学习中最重要的一部分，也就是说，它通常作用在与真实环境的联系之中。探索活动通过感知周围环境的回应进而行动。人们执行的每个操作都会得到一定的奖励，这些奖励反映操作的实用性和相关性，这些奖励建立了学习指南。在探索过程中，知识是基于决策者从环境中得到的响应建立。强化机器学习构建新一代机器学习的基础，学习不再是一个孤立的活动。经过接下来的几章，这些想法会扩展成协作的和系统的学习，并使全面学习成为可能。

参考文献

1. Sutton R. Learning to predict by the method of temporal differences. *Machine Learning*, 1988, **3**(1), 9–44.

第4章　系统性机器学习和模型

4.1　简介

在第3章中已经研究了强化学习。在本章中，将从系统性的角度详细阐述决策和学习模型。系统模型中最重要的方面是加深对系统的理解，包括它的参数以及决策边界。学习是提供正确决策所必需的，这也与决策方案密切相关。学习不可能是绝对的，它随着环境的变化而变化。每一个决策方案需要不同的参数，决策必须是依据背景而定的。重要的是要明白对一个特定决策的期望是什么。

学习是一个合作的过程。这种合作需要集成不同来源的数据，从不同的视角解释信息，并依据不同的背景来推断。系统性机器学习模型确定系统、决定参数，并参照背景提供最佳的信息。在这个模型中，决策不只是关于行动和结果，它是在时间、决策和系统空间上的一系列行动和一系列成果。机器学习在动态方案中需要持续不断地确定这些参数。该模型应该依据决策情景选择最可能的一组参数和系统的最佳界限，并演绎该决定背景。学习的强度取决于决策背景的精确性。这可以利用半监督的推理机制推断未知的事实并建立系统观点。

数据输入来自各种来源。这些输入可以来自系统和子系统，并且可以是数据、行为、短期效果、判断结果甚至是模型等形式。这些来自不同来源的输入或者说数据构建起了决策背景的平台。系统模型是基于情境、基于时间和基于对长期结果的推理的。在本章中，将讨论系统学习（SL）和决策框架。该模型的学习是数据驱动的，因此它总是试图确定最合适的可能性。该模型不断参照环境来进行学习，这里的环境是依照决策情景决定的，并不同于在前面的内容中提到的环境。信息的来源、整合多传感器的数据和基于背景的决策是系统决策的重要因素。

知识获取、知识构建和知识应用是整个学习过程中的重要方面。知识在本质上是需要系统化的。知识构建和收集的区别是很微小的。就系统而言，系统性知识构建在持续进行，而且不是在孤立状态中构建。为了不断学习，本章还将试图探讨决策影响的分析。对于任何行动都会导致许多能被观察到的可能结果，有些是直接和明显的，有些是微小的，但在另外的方面的影响更大，有些可能会来得晚一些，有些可能超越了可见的范围，而另一些则难以映射到行动。任何行动都会产生结果，但是重要的是要知道在特定情况下这些行动和结果间的相关性。

学习是基于学习引擎从系统行为获取的反馈的。得到正确的反馈并解释它来建立正确的学习背景是本章要解决的一些其他方面的问题。在本章中，将研究框架和模型，它可以帮助建立一个系统观点，并为一个给定的决策背景提供最佳的决策。

4.2　系统学习的框架

一个 SL（系统学习）框架指的是为了支持系统机器学习和决策制定的框架结构。决策模型以决策制定的现有选择为基础。理性的决策模型通常会分解决策问题的要素，这有助于深入了解各种选择、不确定性和结果。描述性模型更多的是基于启发式的，并且决策的制定是基于事物实际是怎样工作的。下一个层级是理解情景，我们将称之为“情景意识”，情景意识是关于行动、系统和关系的意识，它为随后的决策制定和动态系统操作的执行提供了主要依据。情景意识发展了视角。它需要一种机制来快速收集环境数据，甄别、整合并解释这些数据，最终才能建立系统知识。

情景意识包括检测相关元素，感知其状态、属性，以及相关元素在环境中和有关环境的动态。汽车驾驶员需要感知关于他的车的车速、道路状况、道路类型、邻近车道车辆的车速、方向、里程碑等。当前状态的理解是另一重要部分，这包括根据决策情景和系统目标理解每个参数的意义。整体系统的构建也正是基于对这些信息的理解。整体系统的观点被推断，并且基于系统观点每个可能的动作的影响也被确定下来。

问题空间中元素的观点有关决策空间和时间，以及在环境中对它们的意义的理解，在做系统决策制定时都需要被考虑在内。非系统性模型更倾向于抽象的合理性而忽略系统的复杂性。方案与“情景意识”有一些共同点。

本节介绍了系统学习的框架，涉及学习的六个重要方面：

1. 信息开发

它是识别相关信息的来源和利用这些来源的信息并产生结果的过程。变化和模型是可以被感知的。信息的利用需要基于背景。例如基于背景的数据挖掘技术，可用于获得以背景为基础的数据。

2. 知识构建

知识构建包括数据挖掘的使用、整合信息以及利用参考程序进行信息映射。基于推断的可能性、可行性、影响和效益的一体化集成被用来构建知识。知识库为决策制定和学习搭建了平台。这里有两个层级的学习——基于数据和模式的学习和基于情景的学习。知识库主要集中于基于数据的学习。

3. 分析决策方案

决策方案是一个比较特殊的情况，这种情况是需要利用学习来获得有效的决策或结果。该决策方案从系统的视角进行分析。决策方案是决策状态表示、决策目标以及与决策制定相关的参数。对决策方案的一个清晰认识有助于更好地学习决策方案。决策方案也有助于理解重要元素并赋予参数以合适的权重。

4. 关于决策系统边界

系统边界定义了决策制定和可能影响的区域。这些边界限定了受决定影响的有效面积。系统分析和决策方案被用于检测系统的边界。这些边界并不是通用的而只限于决策情景中。

5. 背景创建

信息通常是零零星星被获取的。特定的决策方案的整体决策背景是决策制定的关键。边界检测和系统参数被用来建立背景。

6. 行为空间与影响空间的分析

行为空间与影响空间是不同的，因此，分析该空间，并且学习行动空间和决策空间是必需的。基于背景，行动空间和决策空间被确定下来。环境、决策空间和行动空间被用于系统性学习和制定决策。

这里行为空间是一个智能决策者实施和“决策系统”为寻求理想的结果而做出决定的区域——例如，自动开关门：行为空间是门及其框架。影响空间可以大大超出行为空间——例如，如果门在一个错误的刷卡情况下打开，也就是说，一个错误的决定可能会影响整个店铺。即使当时不能立即看见，这也可能会影响到商店以外的地区。如果门一直保持打开状态，则可能会影响到空调器及其压缩机。

决策空间是决策者可利用的一系列有效并合法的选择。决策空间限定了决策区域及可供选择的点，并且规划了决策制定的区域。

复杂的决策问题往往有很多参数。在某些情况下，这些参数之间的关系并不是很明确。这些关系在解决问题的不同阶段中被揭示。这些问题需要被分析并且对问题中参数间的关系的清晰认识会引导做出一个问题恰当的解决方法。在许多决策问题中会感知到行为空间和影响空间是相同的。在理想情况下，行为空间和决策空间在大多数情况下并不是相同的。正如上面所讨论的，动作空间是指决策解决方案实施的空间，做出决策，并采取行动。在进入该框架细节之前，参照系统机器学习来定义影响空间。

4.2.1 影响空间

影响空间指的是行为空间中因采取行动而产生影响的区域或空间，这包括直接和间接的影响。由于整个世界是相连接的，影响空间可以是整个世界。但为了方便和实际应用，影响空间被定义为动作影响超过可以被感知和测量的某一阈值的空间，该阈值是由系统决策方案定义的。

图 4.1 描述了一个系统学习模型，该信息是从所有可获得的信息源收集的。这些信息是不完全的信息，因为它可能仅仅是局部的，可能含有噪声，并且还可能包含和决策方案不相关的信息。这是原始信息的采集。这些信息连同系统的输入、模型、可行性、影响和可能性一起用于建立知识。这方面的知识更加丰富，并且包含关于模式和可行性的信息假象的映射。这些知识和决策分析有助于建立综合的决策方案。决策方案和系统信息有助于检测边界。系统边界帮助人们完善知识并且可以帮助人们做出正确的决策。在所有可用信息的帮助下，形成决策制定的背景，并且这个背景也用于系统性机器学习和决策制定。行为空间和决策空间以及情景资讯使系统性机器学习成为可能。

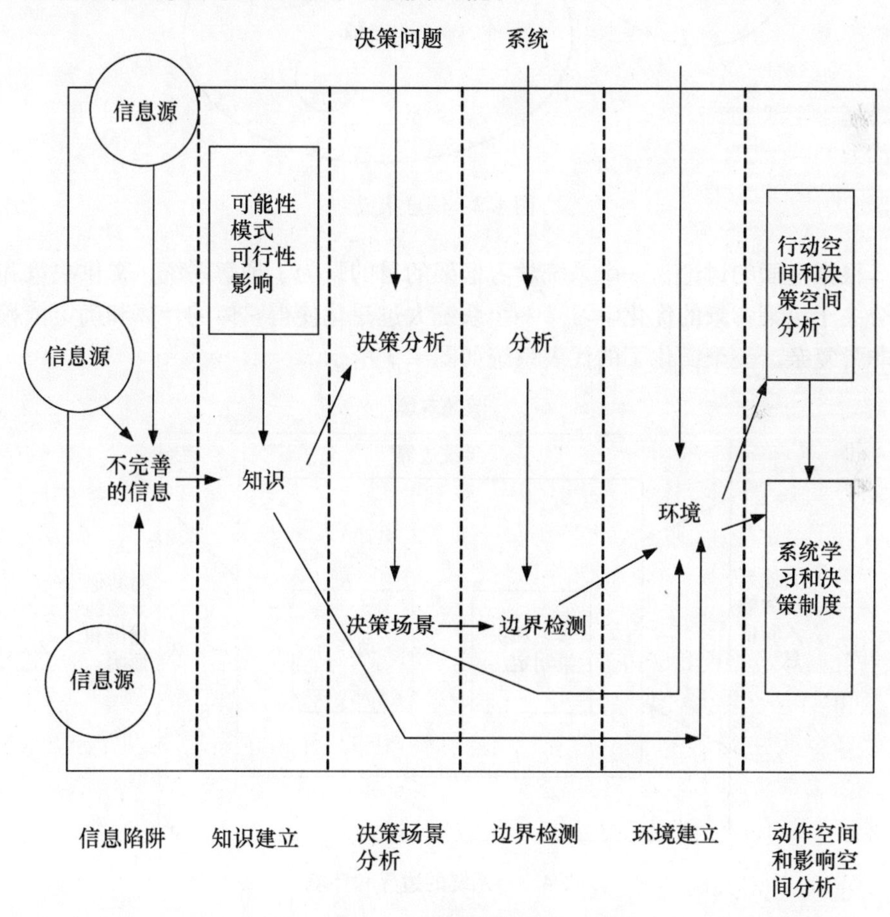

图 4.1　系统学习模型

图 4.2 描述了系统决策制定典型的信息集成方案。这里的信息来自于各类子系统——或者说，来自于不同子系统的信息源。

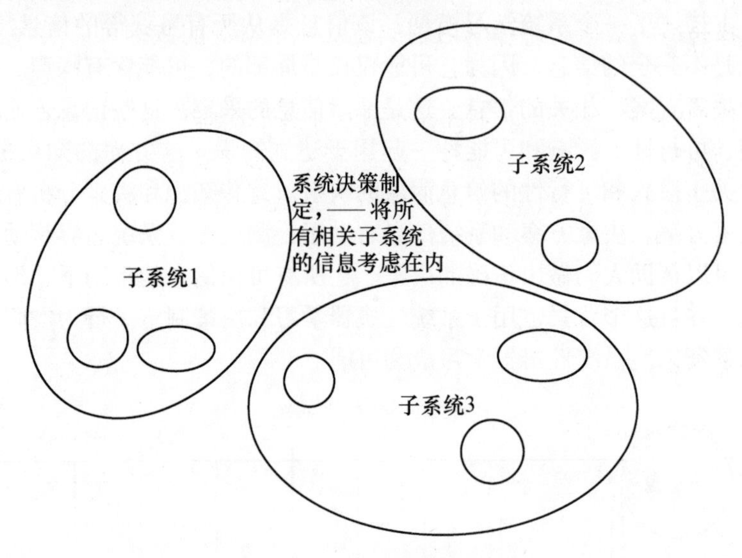

图 4.2　信息集成

根据上面的讨论，一个系统学习框架的目的是为了理解系统、提供决策和为整个关于决策背景的优化学习。一个系统太过泛化使得整体的计算和确定依赖关系非常复杂。一个简化了的代表系统如图 4.3 所示。

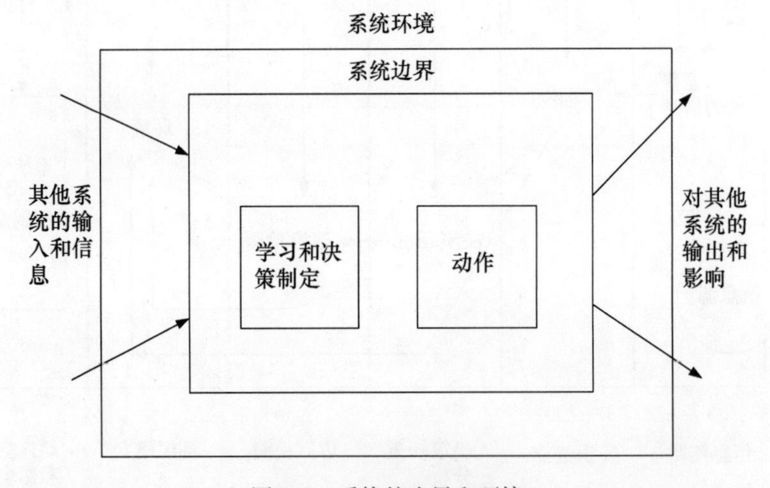

图 4.3　系统的边界和环境

多个信息源可能带来异构信息。这些信息可能是不完整的，并且充满噪声。来自某一源的信息也许可以补充其他源的信息。协作学习可以从多个信息源有效地学习。在协作学习中，不同的信息源和决策者彼此交互作用。在这种情况下，结论或整体学习不会直接采用一个信息源来的数据，或者仅仅整合不同信息源的数据。选择合适的数据和协作学习框架使从多个来源的数据可以学习正是挑战所在。

一个典型的协作学习系统如图 4.4 所示。这里传播介质为不同信息源间提供了一个互动的平台。这些信息来源一般都是智能决策者或数据存储。评价学习、决策参数、评论输入以及自主学习都被学习控制器所采用。假如有任何试探性动作，合作学习都将会从环境中得到反馈。

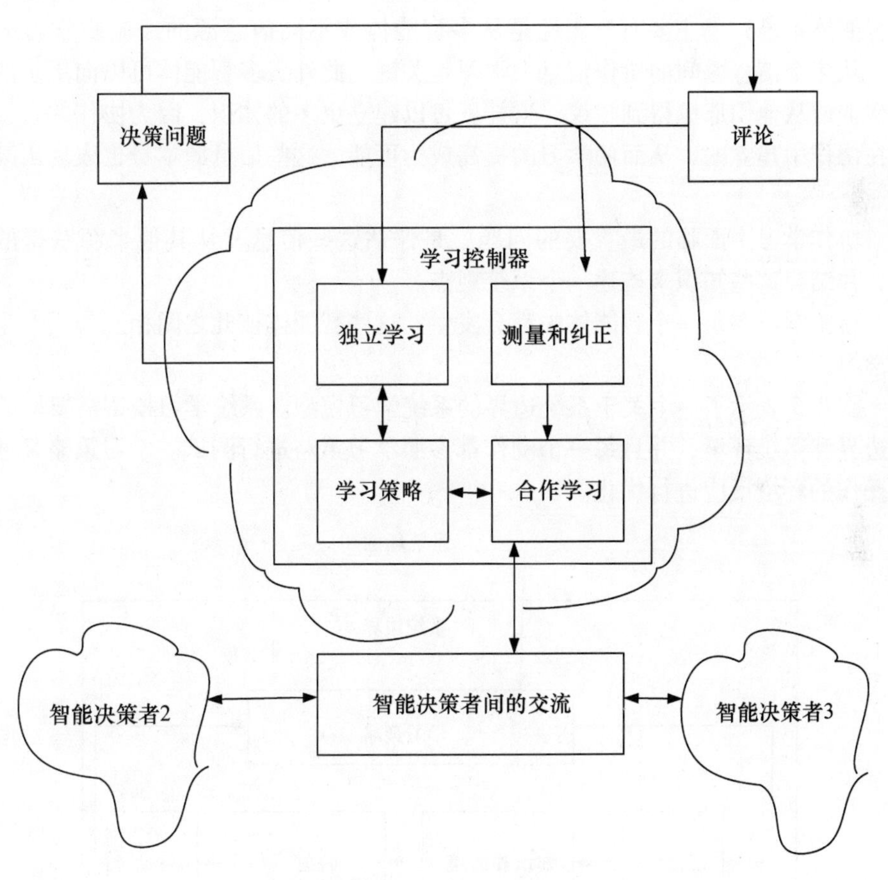

图 4.4　协作学习模型

结果间的相互作用贯穿多个智能体，更确切地说是复合源被用于学习。学习是多智能体或这些结果的解释之间相互合作的结果。这是关于理解在系统和决策空间中多种行动和其产生的复合响应。学习的第一层级是在系统行为中映射行动和变化。由于系统通常是一个比决策空间更广泛的理念，因此需要采用合作和并行机器学习。面临的挑战仍然是如何适应背景，并提出决策的整体背景。这里有一些单独的更小的决策和行为空间例子。虽然对于这些行为，决策空间可能会有所不同，但是对于这些不同的行动空间，影响空间可以是相同的。与不同的、较小的但是目标明确的决策空间相比，影响空间也许会更大而且可能会相同。学习者在做这些动作时，会探索它的影响空间。在协作学习中，整体学习随着多个学习者而变化，并且当环境发展时和对系统性方面认识逐渐清晰后，学习者改变其行为，而整体学习也构建起其背景。

大约所有的学习系统中，决策者都是独立学习的。但实时系统（其通常是多智能体系统）的主要有利属性是从多智能体或不同信息源的经验中学习的能力。从多个信息源间的协作信息中学习是关键。此外，多智能体可以向更多的专家咨询或从他们那里得到建议。这样就可以建立更多的知识，因为协作并且知识是在协作中建立的，从而使学习的提高成为可能。这些信息源本身也表现出某种智能。

协作学习中面临的最重要的问题就是评估这些信息及从其他来源获得的知识，并结合这些知识来构建一个系统观点。

自主学习在每一个智能体中都会发生。这些智能体彼此之间相互作用产生协作学习。

图 4.5 表示了一个关于系统边界的系统学习模型。系统学习模型需要输入有关边界和系统环境，并且每一个动作都参照学习策略进行测试。学习策略又通过该操作的环境反应进行优化。

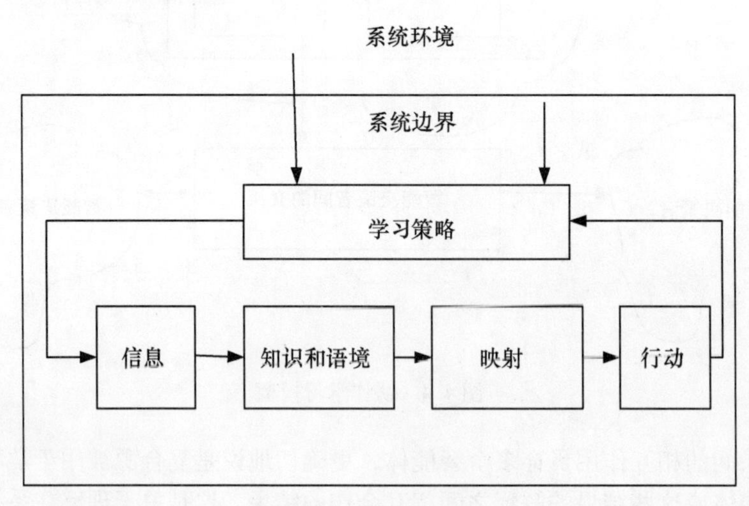

图 4.5　系统学习模型

多重验证和重新评估在数据用于学习之前就已经完成。

系统性机器学习模型。系统学习模型有两种类型：

1）以交互作用为中心的模型；

2）以结果为中心的模型。

4.2.2　交互作用为中心的模型

在交互作用为中心的模型中，学习基于小型交互作用的结果产生，而不仅仅基于随之而来的结果。而以结果为中心的模型是基于结果来进行学习，这可能和强化学习中的时间差分方法有一点相似。其主要的区别在于交互作用和结果的测量。相互为中心的学习也被称为协作学习，协作学习指的是在一起学习，这使得学习以观察和由多智能体收集的资料为基础来进行。在多智能体的协作学习中，几个智能体通过他们之间的交互作用使学习效果最大化。系统性机器学习本质上就是一种多智能体系统。因为系统学习模型期望理解各子系统和系统的不同部分之间的交互和行为，所以它也是一种多智能体协作学习。图 4.6 描述了以交互作用为中心的模型。一些子系统彼此相互作用，这些相互作用被用于系统性机器学习。

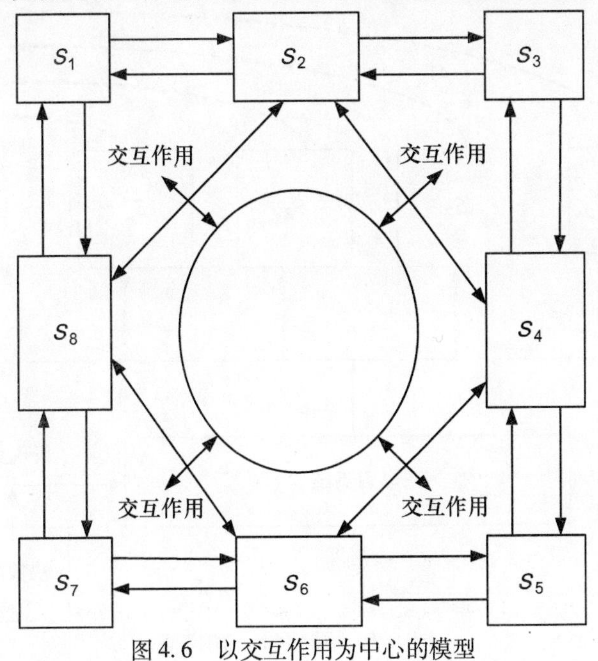

图 4.6　以交互作用为中心的模型

4.2.3　以结果为中心的模型

以结果为中心的模型基本上都是基于结果的模型。这些模型并不基于中间的交互。任何过渡阶段的结果都用来推断系统的参数，结果在各子系统中被使用。

在这种特殊情况下，影响空间被预定义。子系统之间的关系是用来削弱影响空间中对各种子系统的影响的。这种学习更多的是基于成果、被弱化的影响及推测出来的系统的决策参数。它更像是强化学习中使用的回报学习。但是回报被打折扣。在这种情况下，回报在影响空间中被估量并且通过影响空间进行折现来确定背景和代表性回报。

以结果为中心的学习对结果进行了简化。对于动作或一组动作，用 $[a_1, a_2, \cdots, a_n]$ 表示，子系统的结果为 $[s_1, s_2, \cdots, s_m]$，例如 $[a_{11}, a_{12}, \cdots, a_{mn}]$。

结果的表示：对于任何动作 a_1 让 s_1 充当其结果。将这些结果映射到动作用于学习。

回报计算：对于每一个动作结果都可以根据决策方案进行映射。奖励参照决策方案进行计算，这些奖励都用于学习。

折算回报：这些回报不可能是统一的，需要参照时间和相关性进行折算。

图 4.7 描述了一个以结果为中心的学习模型。这里的学习结果不是基于子系统之间的关系，而是基于结果。

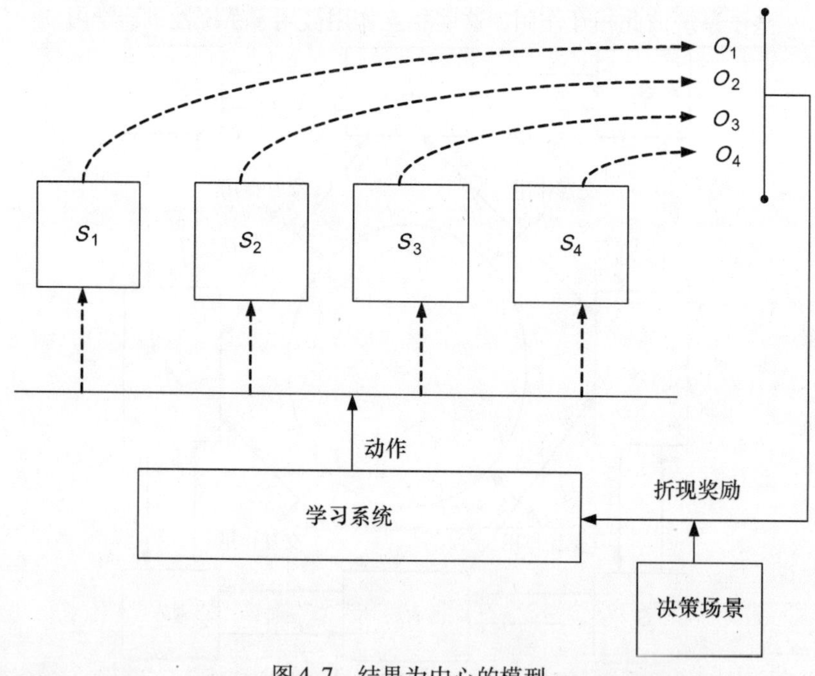

图 4.7　结果为中心的模型

4.3　捕捉系统视图

系统视图是关于系统的视图，它代表了系统不同部分的、子系统间的关系及它们之间的依赖性，并且给出了系统的全局关系及决策中心图。

系统一般是支离破碎的。为决策制定确定系统边界和构建系统视图是两个最重要的任务。系统的视图零散地被收集，然后被集成构建一个全局的系统视图。系统视图包括水平和垂直视角。因为系统的边界是不知道，因此构建系统视图是一个艰巨的任务。智能决策者或其他数据采集源从系统的不同部分和不同的角度收集信息。系统视图是基于所获取的数据构建的。这里是一些使用该信息来建立最佳系统视图的各种方法。重要模型讨论如下：

- 以预定义边界为基础的系统视图构建：在这种情况下，数据是在预定的或已定义的系统视图边界内获取的。对于动作空间内的每一个动作，关于定义参数在数据和行为方面的变化在预定义的边界内被研究。一个典型的预定义的以边界为基础的系统视图构建如图 4.8 所示。在这种情况下，一个系统的边界是预定义的，所以学习是以预定义的系统边界内的子系统结果为基础的。

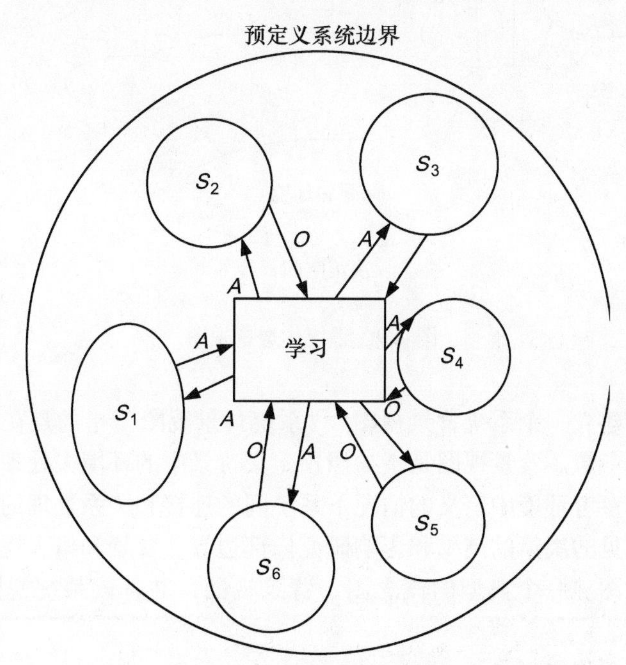

图 4.8　基于预定义系统边界的系统视图建立

- 以动态边界为基础的系统视图构建：在这种模型中，通过重复分析来完成动态边界确定。数据在各层级中获取。

在这种情况下，可以使用两种方法：第一种是以参数为基础的方法，在这里参数间的相关性用于代表它们之间的关系；第二种方法是，对于每一个动作追踪其影响结果以确定有效的系统界限。

例如，在一个公司有很多部门：财务部、工程部、研发部和生产部门。对于SL，有必要了解这些部门之间的关系。要了解这些关系，需要知道合理的系统边界。一个典型的根据合理的系统边界建立系统视图的例子如图4.9所示。这里S_1、S_2、S_3为子系统，而p_1和p_2是子系统S_1的特定问题视角；p_3和p_4是子系统S_2的特定问题视角。同样，p_5和p_6是子系统S_3的特定问题视角。整体背景建立如图4.9所示的。

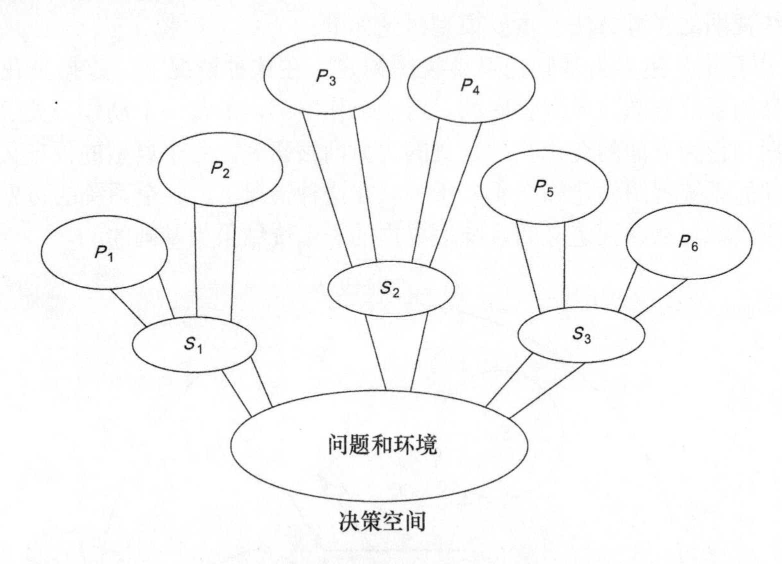

图4.9　系统的透视视图

这有助于建立一个系统背景视图。“系统背景视图”指的是在系统背景中理解所有的系统参数。背景视图是指参照预定义背景中的环境去处理系统间的联系和关系，以及参考环境中定义的情况下系统间的连接和关系处理的意见。这个概念视图根据可见的决策的结果和影响研究内部边界。背景和概念视图一起构建起全局的系统视图。一个典型的概念图、背景视图，并且该系统视图的关系如图4.10所示。

该系统视图将定义：

参数集 $\{p_1, p_2, \cdots, p_n\}$

主要参数列表：$(q_1, q_2, \cdots, q_m)$

主要参数集是参数集的一个子集。

不同参数之间的关系从亲密性和影响力两方面进行定义，参数的重要性和优先级根据其影响而定，影响因子被用于定义影响。

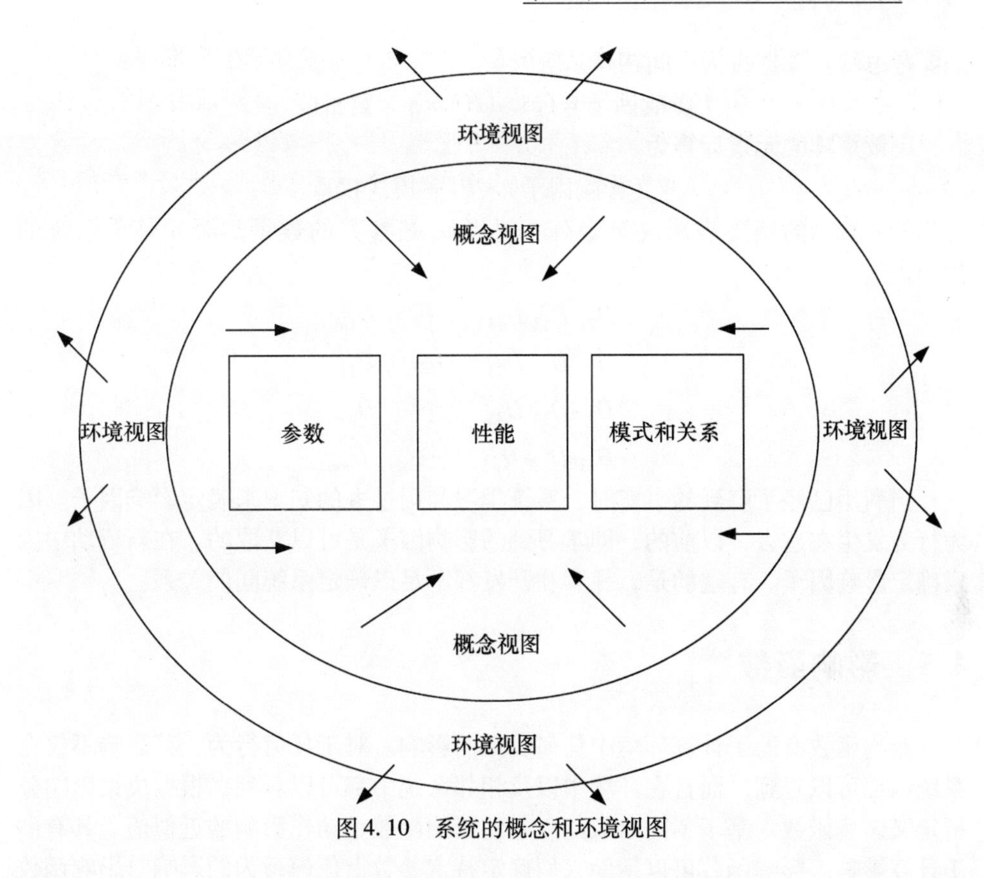

图 4.10　系统的概念和环境视图

4.4　系统交互的数学表达

需要用到输入和结果的历史数据及关于其交互作用的背景知识。从系统的观点来说，系统交互知识的表述是非常重要。归纳学习是用例子来进行学习。基于知识的归纳学习试图基于先验知识来推断关系。一个系统包括不同的元素、不同的层以及这些层和元素之间的关系。这些关系是未知的，但可以基于先验知识来推断或确定。

下面考虑一个系统 S。基于先验知识，系统 S 由 n 个子系统 S_1，S_2，…，S_n 组成。在这些子系统中，假设 S_A 是特定决策制定情景的行为空间的子系统。

现在，对于一些子系统，结果参数可表示为 $t=t_0$。

对于其他一些子系统，结果参数可表示为 $t=t_1$，依此类推。

对于另外的一些子系统，没有任何结果参数可用。

依赖关系最初表示为直接连接，历史上看得到的影响（知识）以及紧密度。超出行为空间的依赖性会打折扣。在决策制定时，参数之间的相关性和依赖性也是要考虑的。根据行为空间构建系统矢量。

$$影响因子 = (p1/da1) \times \gamma \times 紧密度$$

决策矩阵的元素计算为

$$W_{ij}(影响因子) * P1 + 模式权重$$

下面给出的矩阵表示决策矩阵。这里 m 是参数的数量，而 n 是子系统的数量。

$$\begin{matrix} D_{11} & D_{12} & D_{13} & \cdots & D_{1m} \\ D_{21} & D_{22} & D_{23} & \cdots & D_{2m} \\ D_{31} & D_{32} & D_{33} & \cdots & D_{3m} \\ D_{n1} & D_{n2} & D_{n3} & \cdots & D_{nm} \end{matrix}$$

当利用已经了解到的事实时，系统学习利用过去的知识来确定影响因子。因为行为发生在过去，以前的，即学习到的影响因子是可以获取的。在新行动中探索确定影响因子。有趣的是，探索和开发都不足以确定系统间的关系。

4.5 影响函数

影响函数有助于计算环境中任何决策的影响。对于任何行为，其影响不仅在系统内部可以看到，而且在环境中以及相邻系统中都可以看到。根据决策影响分析定义影响函数。基于不同参数建立起的影响函数是动作影响的近似值，其有助于计算影响。影响函数可以帮助人们确定特定参数上任何行为的影响。影响函数一般来自于影响模型。

4.6 决策影响分析

基于决策的任何行为的影响需要根据每一个子系统确定下来。行为空间是执行动作的空间。行为空间中的参数其折扣因子 γ 等于 1。对于行为空间中的每个可能的行为，所有参数的影响因子都会被计算。这些参数用矩阵来表示。

$$AS_1 = f(Ps_{11}, Ps_{12}, Ps_{13}, \cdots, Ps_{1n})$$

$$AS_2 = f(Ps_{21}, Ps_{22}, Ps_{23}, \cdots, Ps_{2n})$$

关于行为 A，所有有关影响的参数都被划分了优先级。这里有多种方法来分析决策的影响，如上述所定义的，该组参数内的任何行为的影响都可以被观察、推断或基于影响函数计算出来。影响分析是持续的，因为相同行为的影响可能更晚些时候才会被观察到。这一分析的有趣部分是行为和影响的映射。由于在决策空间有许多行为发生，一般情况下参数的测量对行为到影响间的映射有持续的帮助。可以需要知道有关每一个行为的影响矩阵。

例如，在所观察的时间和空间中，行为$\{a_1, a_2, a_3\}$发生。因为参数在空间和时间边界内得到一个决策矩阵。这一系列的行为和矩阵帮助人们确定特定的行为和其影响间的关系。这些都有助于为行为建立决策矩阵。决策矩阵有助于将数据转化为系统性机器学习所需要的信息。在需要的信息和产生或可获取的数据间存在着信息断层。在某些情况下，可用的数据可以包括所需要的所有信息，但分离有用的信息是一个相当复杂的任务。决策影响分析有助于从可获取数据中分离所需信息。图 4.11 描述了这种典型方案。

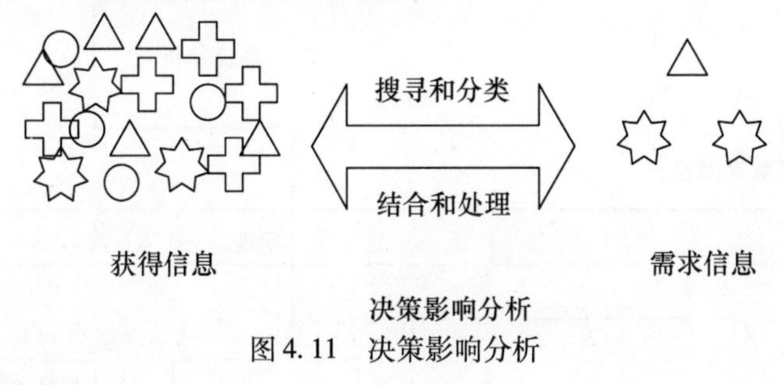

图 4.11 决策影响分析

4.6.1 时空界限

正如前面所讨论的，当在为行为做影响分析时，时空界限是需要被考虑的。这些边界定义了学习的相关极限。在学习中，考虑受时间和空间所限的所有相关参数。任何动作在这些参数上的影响都不一致，并且这要由系统视图和影响分析确定。图 4.12 描述了利用影响分析检测时空界限的过程。

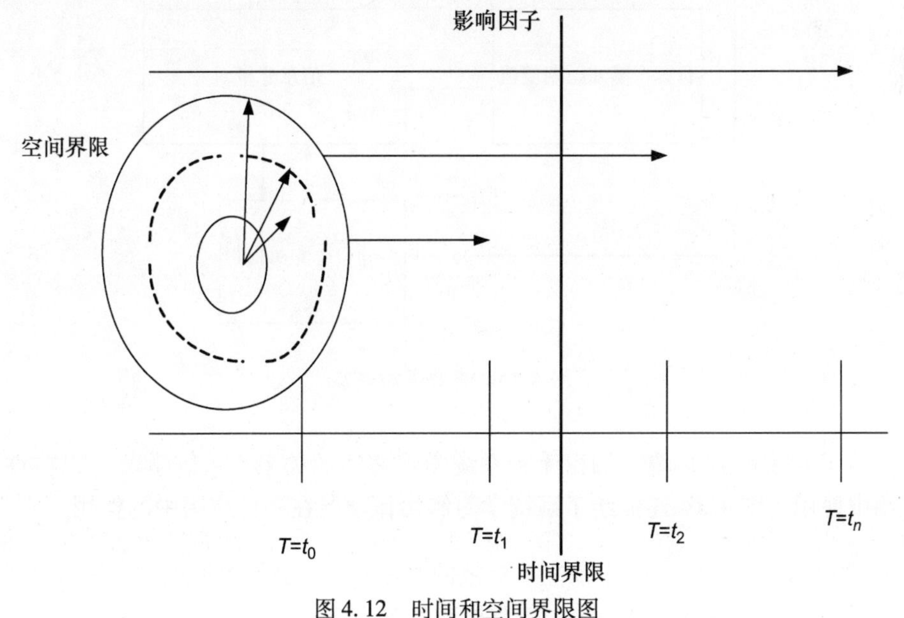

图 4.12 时间和空间界限图

图 4.12 描述了时空界限。最大似然能够帮助人们决定影响。时间和决策空间上的递增有助于为决策方案识别边界。一个系统学习的特殊情况是空间界限和决策界限是相同的，时空界限为人们建立一个系统视图提供了帮助，这可以更广泛地应用于各种决策制定中。图 4.13 描绘了一个基于系统界限的全局的系统学习框架。

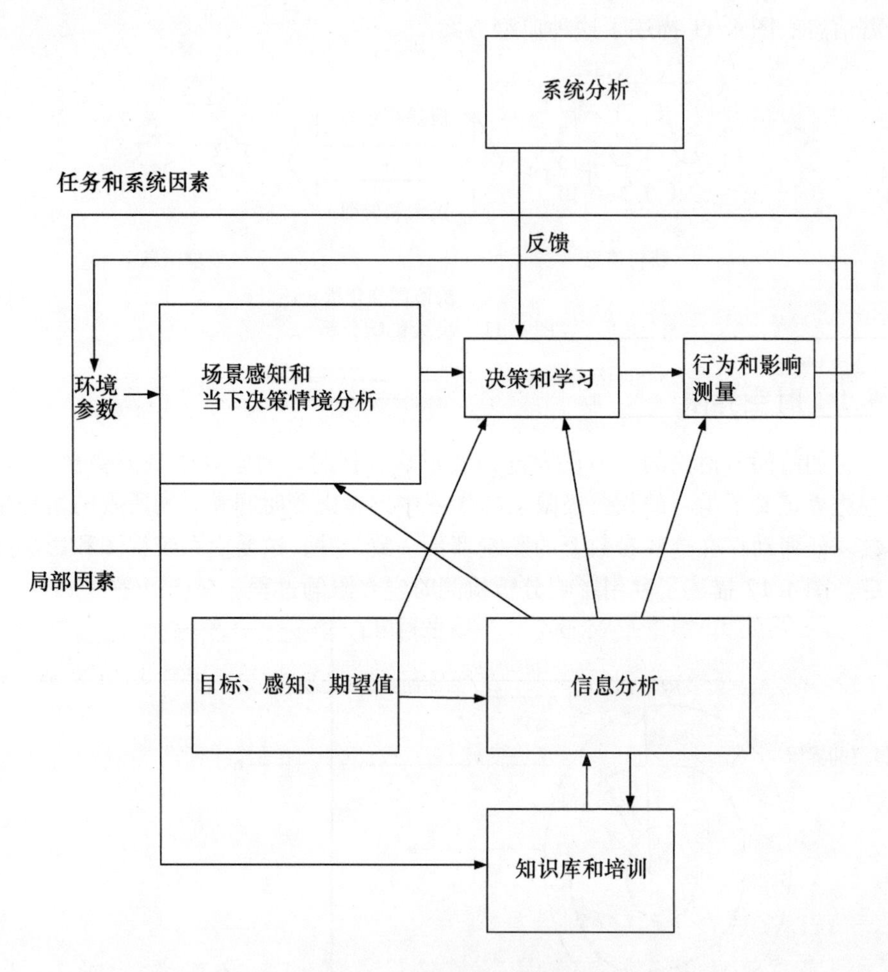

图 4.13　系统学习框架

图 4.14 描绘了环境、知识库和系统学习之间的关系。系统学习可以在许多应用中使用。图 4.14 还描绘了系统学习和协作学习在各种应用中的作用。

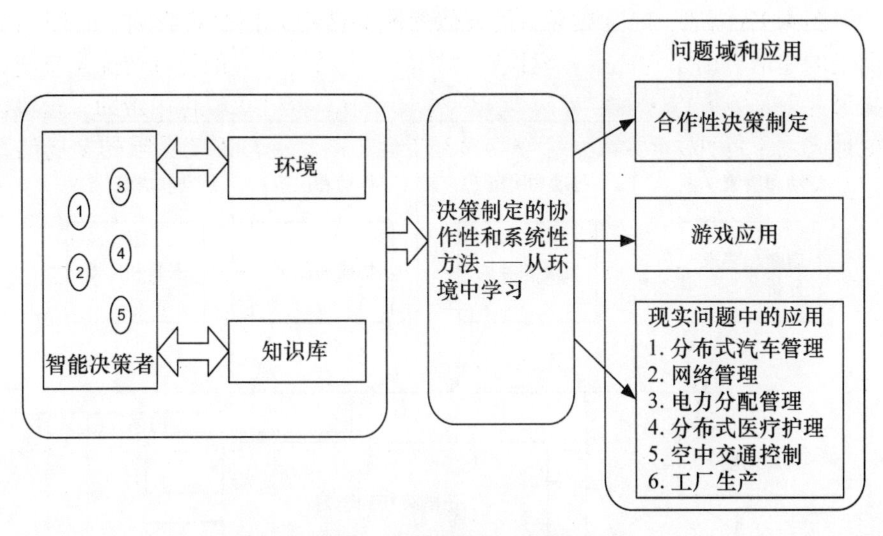

图 4.14　系统学习和应用

4.6.1.1　范例——项目管理和系统视图

系统视图对于学习和决策制定是非常有用，但是它在动态应用并有大量的参数的情况下相关性更大。项目或项目中要素的一部分有任何动作都有可能在其他要素——甚至在全部要素的集成中产生影响——并且它有可能间接地影响到影响的最终传递。因此可以看到，在特定决策空间中行为或决策产生的影响可能超出了这个决策空间和可见的时空。识别项目中不同系统和子系统间的关系和依赖性有助于整体学习。进一步了解在时空上行为可能相当大的影响直到项目结束或者接受下一个任务，这能够帮助人们持续监测决策并保持学习。任何行动的奖励以各种系统参数影响的形式展现，这些影响和时空上的系统视图使系统机器学习成为可能。对于项目管理，图 4.15 描绘了系统学习框架。还有一些信息源，诸如：

想要获取这些产品的顾客；

相关的行业；

先前的经验；

相似产品的反馈。

而且还有一些参数，诸如：

质量；

时间表；

活动；

技能；

开发环境；

工作环境。

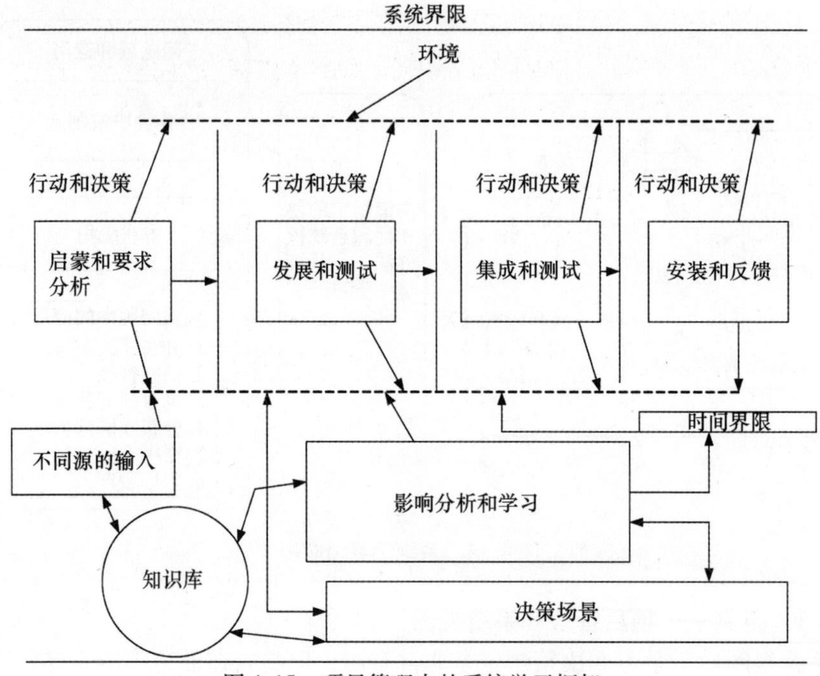

图 4.15　项目管理中的系统学习框架

对于每一个行为，影响分析和关于决策方案的学习以及知识库允许人们使决策更加充实。决策是在参照系统和时间边界的情况下制定的。而时间和系统边界是根据行为影响分析确定的。类似的，一个信息安全学的系统整体模型如图 4.16 所示。

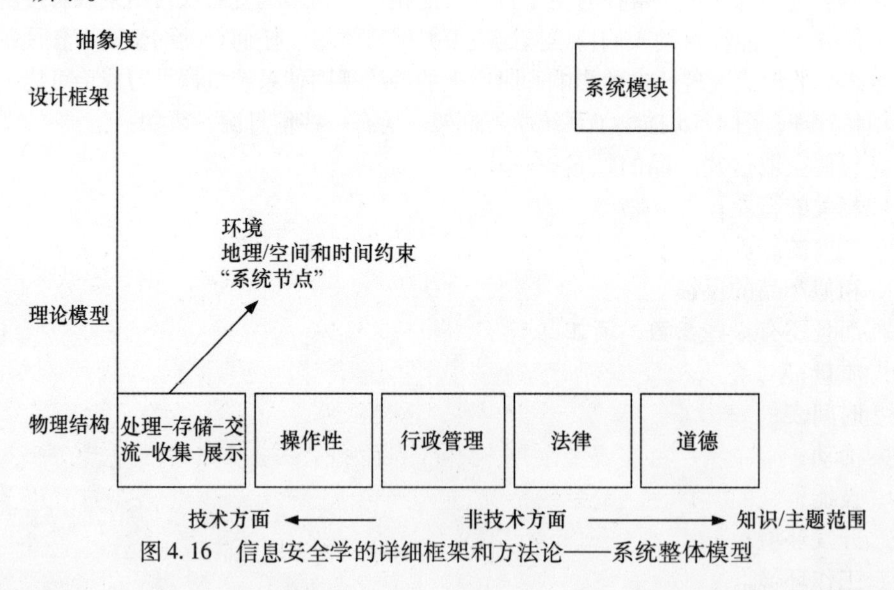

图 4.16　信息安全学的详细框架和方法论——系统整体模型

4.6.1.2　系统模型发展（案例学习）

系统性机器学习和决策制定在复杂的系统和不同子系统之间有依赖关系时是十分有用的。本节讨论一个典型的研究健康诊断系统的案例。诊断结果来自于不同的信息源，这些信息源如下：

实验报告；

心电图报告；

生活方式相关的信息；

遗传倾向；

特定习惯；

既往病史；

住居区域；

居住区域的地理特性；

以往的治疗和药物；

职业。

有很多这样的信息源可以帮助诊断。第一步是信息的积累和优先级的确立。每个信息源带来一个矢量，该矢量代表了相关性和影响。这些矢量伴随着环境结果会有助于建立一个决策矩阵，这一决策矩阵用于学习和决策制定。每追加一次信息输入，该矩阵就会被修改以适应系统的动态变化。最重要的方面是理解这些参数之间的依赖关系。依据单个参数的学习不能得到全局的视图。例如，只根据血压（BP）和血压药品的剂量来进行学习可能导致许多副作用。所有相关参数的统计分析和学习可以共同帮助形成最佳的解决方案，并进一步了解任何决策的影响。在这种情况下，该系统也许是家庭甚或封闭的环境，它可以定义空间边界，但是时间边界却向未来和过去两个方向进行了扩展。系统范围如图 4.17 所示。

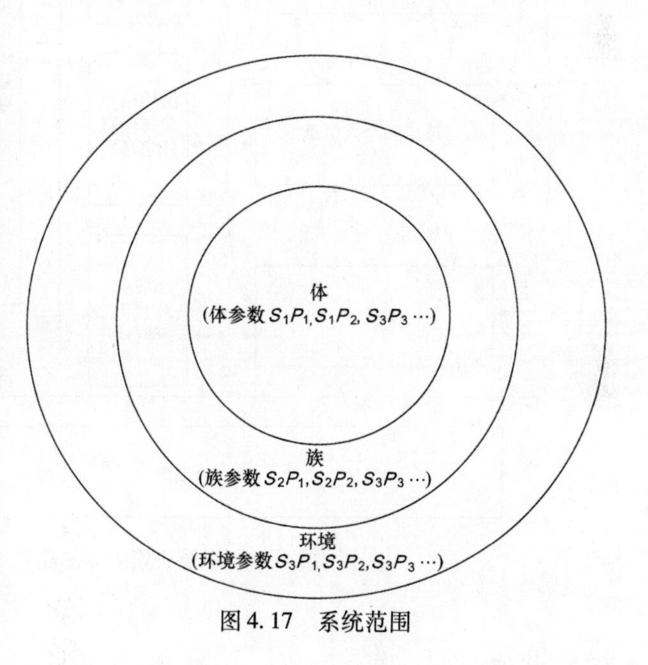

图 4.17　系统范围

图 4.18 描述了为医疗诊断系统建立系统决策矩阵的过程。与决策问题相关

的观察参数去限制系统边界，这是通过连续依赖性分析和决策分析来实现的。所有这些参数都进行了优先级划分，并且这些参数间的关系根据决策问题来表示，从而建立起一个系统决策矩阵，进而寻找最优决策。

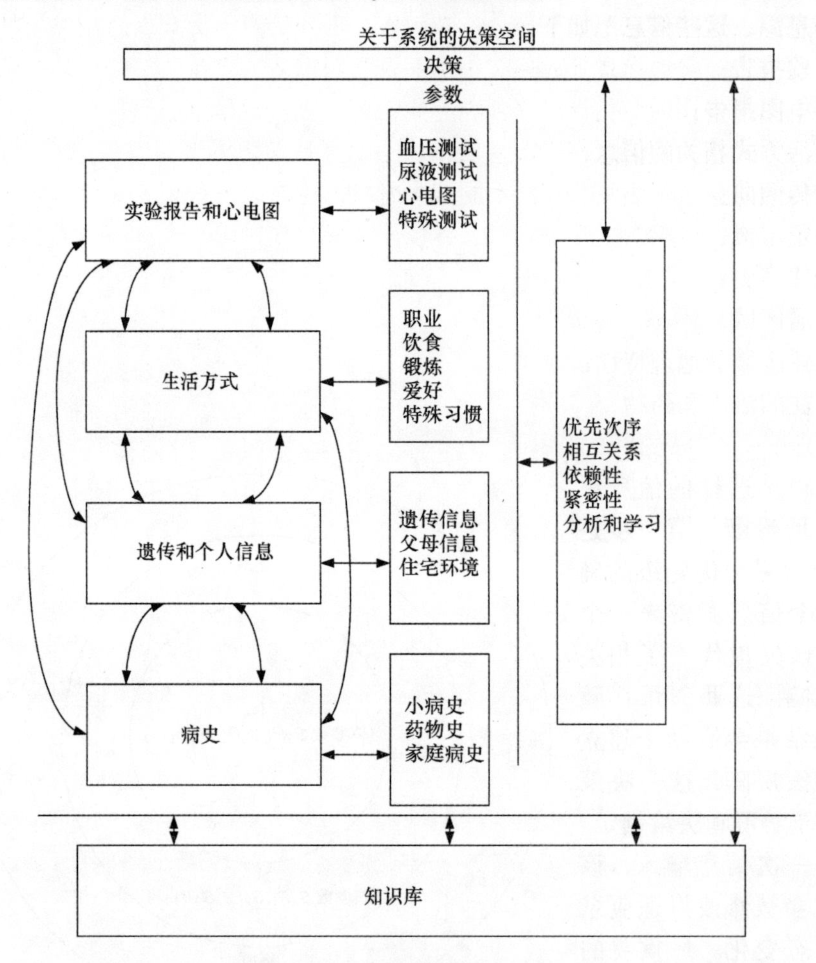

图 4.18　系统决策矩阵的建立

4.7　小结

本章讨论了系统性机器学习最重要的一方面——建立模型。系统性机器学习模型有一些重要的组成部分，包括系统边界、影响分析和整体系统视图。在一个系统学习模型中，信息是从所有可利用的信息源收集的。这个信息是不完善的信息，因为它可能是局部的，可能含有噪声，并且还可能包含和决策方案不相关的信息。这个信息和系统输入、模型、可行性、影响及可能性一并被用于建立知识。这些知识和决策分析有助于建立综合决策方案。决策方案和系统信息有助于检测边界。得益于整个可用信息，决策背景得以形成，并用于系统机器学习和决策制定。该模型有三个重要部分：知识库、系统信息、影响以及相关信息。学习可以用决策矩阵的形式来表述。由于系统学习需要一直持续下去，其结果和参数在每个时间步长的变化都要当作学习的输入。该过程是自适应的。

行为参数的相关性基于影响分析确定。系统学习需要了解任何行为的影响，并且需要了解基于决策方案的不同的参数权重。所有这些概念一起建立起整体系统视图，它可以更好地了解学习，并能产生更好地决策。

第 5 章　推理和信息集成

5.1　简介

学习和决策过程基于正确的选择信息和有效地使用可用的信息。当有完整的相关信息时，学习并没那么困难。但在之前的内容中讨论过，在大多数的实际应用中，只有有限的信息是可用的，而且相关性不确定。在现实生活中，很多时候样本空间是抽象的。当参数空间和样本空间是抽象的时，为了有效学习需要系统推理来构建知识库。本章处理当参数和样本空间是抽象时的学习问题。模式分析和统计推理的结合是用来建立系统视图和可用参数之间的关联。大多数标准的推理和数据构建的方法以概率计算的可能性为基础。最大似然估计和贝叶斯推理可用于以最大似然为基础的推理。从系统性角度来看，传统的推理方法可以扩展到抽象的空间，甚至更适合于抽象空间。

在现实问题的情况中，局部的和异构的信息在试图整合和使用这些信息时带来各种挑战。这些有限的信息通过推理可以用来有效地确定决策的背景。任何决策的制定要有完整的决策方案信息，很少能得到决策方案的所有信息，甚至在很多情况下现实生活中的方案需要处理大量的未知信息。信息有多种来源，可以提供不同的视角，但不幸的是建立这些信息片段之间的关系是一项艰巨的任务。在一个系统的系统边界内有许多子系统，系统的各个部分是不可见的，所以很有必要从系统中提取各种参数以产生最佳结果。数据驱动的推理方法包括简单的方法，例如插值法、外推法，还有许多以统计推理为基础的方法。这些方法都是基于相邻或相近的数据点和感知不同的数据点之间的关系的。对于更大的系统、未知事件和抽象的空间推理变得更加重要。一般情况下，统计推断机制被用于全部以数据为中心和以模式为基础的状况下的问题。推理和可用的数据可以用来确定系统的整体画面并生成一个系统视图，在这个过程中，需要频繁的数据和信息集成。

本章将讨论用于推理和信息集成的各种方法。在本章将尝试讨论决策制定的另外一些方面，即来自多个来源的数据融合和协同推理。协同推理是指基于不同来源数据的推论。此外，协同推理是一种工具，可以通过用数学理想化去逼近在多变量、复杂情境下的明显现象来建立系统视图。

用于推理的各种统计方法、基于规则的技巧和基于模式的技巧也在本章中详细讨论。确定性和非确定性模型被用于推理，推理机制需要考虑数据、实例时间、相关性和背景。此外，这些可以为下一个级别的推理构建背景。连续推理和使用推断的信息可以帮助建立一个更好的系统视图。当底层分布未知时它实际上是非参数的。时间是系统性学习的另一个重要方面。由于因果关系可能在时间和空间上分开，因此在比较久的将来需要推断可能的数据。本章将讨论推理方法和推理机制在系统背景中的使用。

信息集成有时也被称为信息融合，合并来自不同信息源，有不同概念、情景和书面陈述的信息。形式相关性和数据背景可能有所不同。数据融合中出现的主要问题是来自不同背景的各种各样的和不确定的信息，而背景需要与特定决策方案结合。数据融合使用参数模型，以防动态方案中由于参数和未知时间实例突变出现问题。因为在所有的真实系统中，数据来自非结构化或半结构式资源，所以需要某种形式的整合。

可用的集成信息技术包括字符串参数，允许用模糊匹配的方法检测在不同数据源的相似的文本。统计方法如贝叶斯方法和马尔科夫链蒙特卡洛（MCMC）方法可以用于信息集成。

本章的重点是参数和非参数推理技巧、协同推理和数据融合。整个系统视图的建立就像通过可用支离破碎的事实建立全貌。这就像一个联邦调查局特工基于不同来源和目击者的报告和调查情况，借助于以往经验、协同推理和数据融合，试图建立一个完整的案件。每一刻都有新信息出现，新的事实透露。这可以给学习和决策新的维度。

统计学家基于复杂性程度来区分各种建模假设：

- 全参数：描述数据生成的概率分布过程被认为是具有有限个未知参数的一个族概率分布所全面描述。
- 非参数：在这种情况下做出的假设是参数的数量和性质是灵活易变的。
- 半参数：这个术语通常完全地意味着假设介于“全参数”和非参数方法之间。

推理使处理信息断层成为事实，并为决策和学习建立整体情景。

5.2 推理机制和需要

推理是一个基于可用的事实和确定事件发生的概率得出结论的过程，在逻辑上并不能确定能否从假定前提中推导出来。既然在实际生活中有这么多不确定的方案，而且在每一刻都有这么多可用的信息，所以绝对有必要提出一种推理方法来帮助人们做最好的选择。更多的信息和更好的机制来建立环境对形成一个更好的推理是有帮助的。多级推理对慢慢地确定最后的决策是有帮助的。另一个最重要的部分是基于多数据源和推理机制的协同推理。

这里有很多推理方法。其中，许多通用的方法是基于概率推理。在参数统计推理里，数据来自某种类型的概率分布，而且这些数据被用来做一个关于参数的推测。无参数统计推断不依赖属于某个特定的分布的数据。在这种情况下，这种推理是独立于参数化的分布。这种模型的结构是动态的而不是固定的。另外的非常通用的概念是传递性推理。

传递性推理使用之前刺激之间的训练关系来确定未来或在不同时期的实例呈现的刺激之间的关系。传递性推理是对一个新颖的方案产生一个适当的反应，而且是在没有这个方案精确的经验的条件下。它过渡性的有效地利用过去的训练关系。

刺激是指环境中影响行为的事件。单个的刺激可以对不同的方程产生作用。根据参考文献［1－3］，传递性推理是基于演绎推理的，因为有必要推断或确定没有明确提出的刺激间的关系。从单一的观察也可能有很多推论。

推理并不仅仅遵循现有的数据或图像。而是人（或机器）超越现有的可用的证据来形成结论。人类经常使用这个技巧。比如在犯罪调查时，侦探多次超越现有可用的证据。用演绎推理，结论往往遵循规定的前提。即使诊断疾病的病人，医生也能超出测试报告提供的证据而形成诊断结论。演绎是一个更符合逻辑的推理机制，而且从复杂和不完整输入中进行的机器学习是非常重要的。演绎推理跟传递性推理一样，需要建立整体的环境。推理是连续的，在每阶的新参数、信息和数据会被用来推断，而且会被用到下一级的推断和迭代。在很多情况下使用迭代推理。迭代推理一般是间接的，因此依赖于不同来源的信息。因此最重要的一个方面是协同推理。协同推理是以协作为基础的，即高效和合理地利用不同来源的可用信息。

最常见的一种推理机制是统计推理。统计推理是从数据及其变化做出决定或者得出结论的过程。这里有随机变化的数据。这些数据可以是系统的异常现象、系统性能及行为的变化。统计推断和基础程序可以被用来得出结论，并依据受随机变量影响的系统产生的数据集推导结论。由于具有多个数据包和不同格式的可用数据，并且还是从不同的角度收集的，所以需要数据推理。在这样的情况下，可以选用统计推理。对于这样的推理和归纳的程序系统的初始条件是当应用于定义明确的方案时系统应产生合理的答案，而且它应该足够通用，以至于可以在一系列的情况下使用。

图 5.1 描述了在一个典型的机器学习的专家系统里推理引擎的重要性。在这里输出是知识的构建和学习。推理引擎接受方案决策形式的外部输入，也与现有的基础知识相互作用，另外它建立并加强了知识库。方案决策和知识基础有利于建立知识和推理出新的信息，使得合理的学习成为可能。

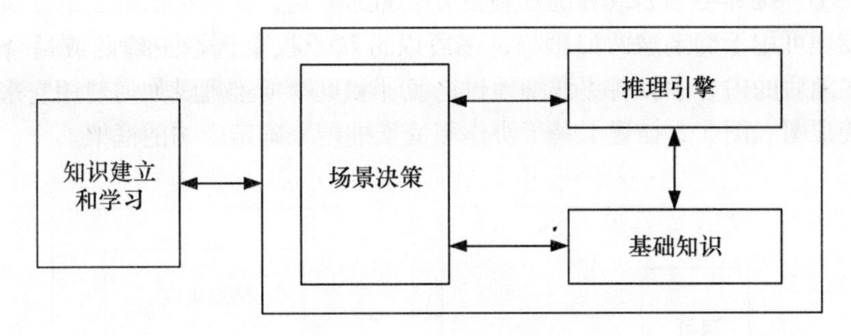

图5.1　推理在学习和知识建立中的角色

5.2.1　情景推理

情景是正在执行行动、决定或关系的方案或环境。要确定决策制定的情景，需要情景推理。在不同的情景中，同样的决策方案可能导致不同的决策。情景推理是指推断系统参数去为决策制定构建情景的过程，因此情景推理是指在基于来自多个输入数据源的数据、现有的知识库和系统信息推断总体决策情景的过程。确定情景层次结构，共享相关信息，并使用合适的算法来推断总体系统情景是需要面临的挑战。

图5.2描述了情景构建的过程。数据推理更具统计性，而情景构建推理使用来自多个来源的信息的协同推理机制。决策数据和可用信息是可预处理的。特征、参数设置以及它们之间的映射有助于优先特征，其中特征、参数、它们之间的映射及优先级可以帮助建立一个推理模型并形成规则，这使得基于情景的学习成为可能。

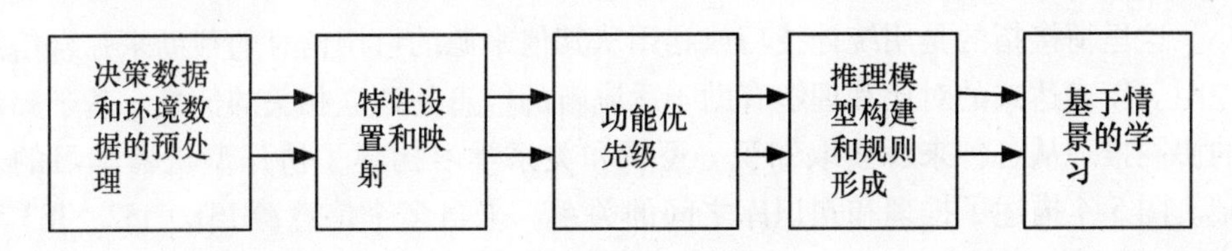

图5.2　情景学习的推理方法

5.2.2　推理确定影响

在前面的内容中已经讨论过，对于系统性机器学习，理解关于一个系统的行为影响是非常重要的。此外，了解系统的边界和相互关系有助于理解这种影响。系统性的学习最重要的一个方面是建立时间与空间分离的因果关系。传统机器学习是依赖直接或根据任意行为可直接推导的相关数据，这并不意味着系统机器学习可以忽视行为的直接和即时的影响。对于任何行为，可以观察到有两种类型的影响：①直接和可见的或者说是直接可推测的影响；②间接的推断的影响。

推理可用于确定这两种影响，也可以被赋予权重选择正确的或最合适的行动。在随后的内容中，将更详细地讨论统计和贝叶斯推理及如何使用它来构建一个系统视图。图5.3描述了基于协作和情景推理来确定影响的框架。

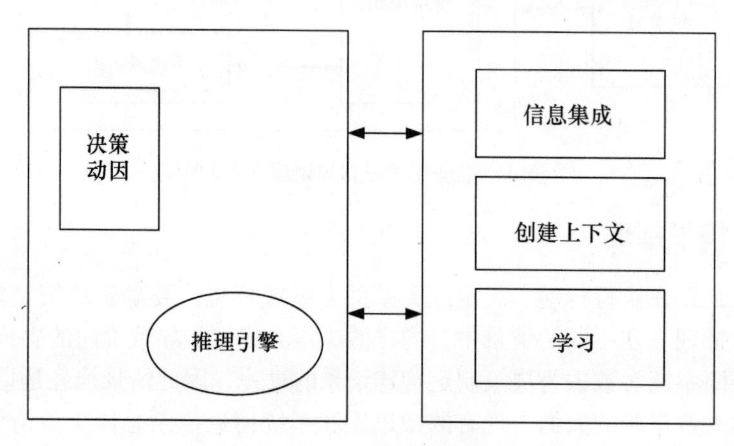

图5.3 学习体系结构

如图5.3所示，基于行为，结果和数据的推理被用来建立一个知识库。信息集成、环境建设和学习与决策者关联。这个知识库与越来越多的输入和传递以及对于任何决定方案的演绎推理构建了背景。其他基于知识的推理包括：

- 衔接；
- 对比；
- 理解新表达。

这里衔接指的是用统计技巧或利用从其他来源的可用信息的帮助来弥合信息差距。新表达式的对比和理解有助于适应新的信息并建立相关的信息。基于知识的协同推理从各种来源获取知识。逻辑和关系学习构建了协作型机器学习的基础。图5.4描述了推理和知识库之间的关系。来自多个信息源IS1、IS2、IS3和IS4的信息通过来自知识库的输入推断事实。推理为构建知识库提供了输入，正如前面所讨论的美国联邦调查局的例子，IS1的信息来自医生和调查，而IS2信息来自目击者，IS3信息来自其他证人，IS4是可以从犯罪现场获得的信息等。可以使用来自所有来源的信息进行协同推理，当这样做时过去构建的和现有的知识被用于构建完整的犯罪情景，这有助于学习和决策制定。

图5.5描述了情景推理框架。输入来自于不同来源的原始数据，这些数据在形式上是异构的也是不完整的。统计推理可以用来把这些数据运行于下一个级别。情景推理需要从决策方案和这些数据获得输入去构建整体背景。

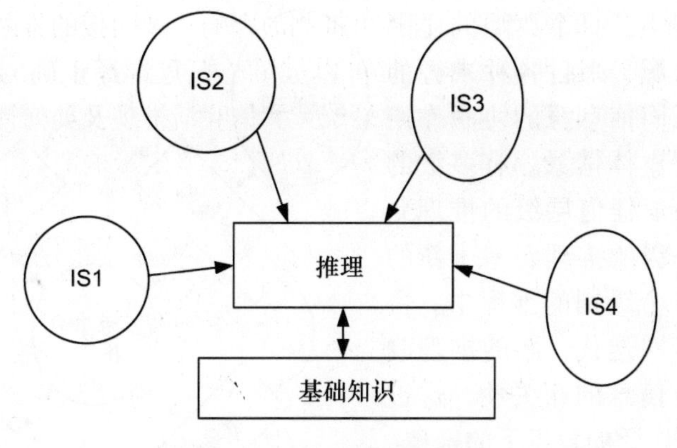

图 5.4　知识和推理的关系

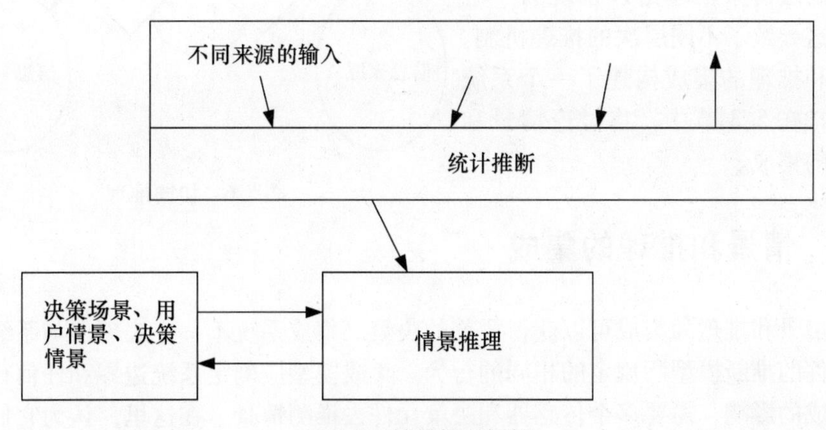

图 5.5　情景推理框架

情景推理和情景的访问控制是确定背景的两个重要方面。情景来源管理试图收集来自情景最相关来源的信息。最初这些来源是基于直接推理的，但随着越来越多的信息可以使用，高级的推理规则便被用来确定情景来源。情景建模反映整个情景数据。一般来说，情景数据有两种类型：静态情景数据和动态情景数据。静态情景数据使用简单的基于规则的推理确定，而动态情景数据通过动态推理确定。对分布式情景管理，需要基于有限的信息的分布式推理。

动态推理是基于时间的，因此考虑将时间作为管理参数。情景来源管理包括发现情景来源。推理也考虑偏好分析和基于历史情景推理及不同参数之间的映射。系统和子系统的行为模式也用于推理。情景推理是从原始局部情景和参数化信息中提取系统性或高标准的情景。情景推理需要动态推理和情景推理规则的学习（CIR），这些推理机制建立一个情景联系的平台。

协同推理和协作情景推理基于各种来源的信息、系统和子系统。它们之间的关系允许协同推理建立系统整体水平或高层情景推理。

图 5.6 描述了一个典型的协同推理。情景来源、来自各种来源的信息以及对不同信息源的协同作用机制允许建立整体情景。有多级的推理可能，一般任何层级的推理允许采用更低一级的推理到基于新的可用信息下一个级别的推理中。协同推理经过多次迭代，新的推理改变信息和现有信息的相关性，这进一步帮助在更广泛的背景下的推理。

高层情景推理是以系统为中心的，这导致了不同层次的推理机制。情景和推理的集成构建了一个系统视图，在 5.3 节中，将讨论情景和推理的集成。

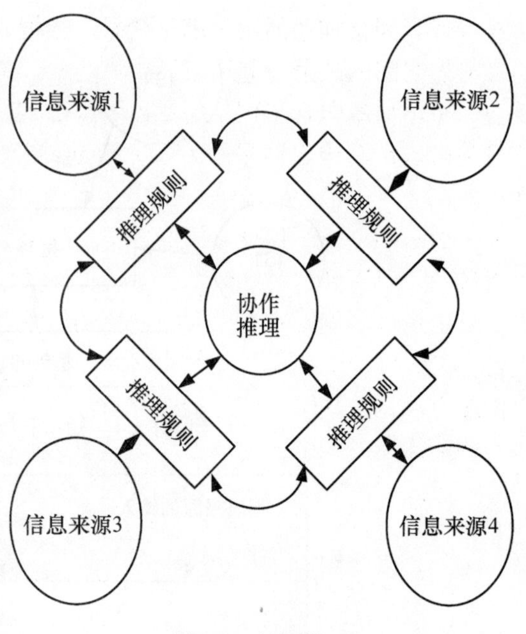

图 5.6　协同推理

5.3　情景和推理的集成

情景和推理的集成可以获得最佳的决策。集成系统不一定表现出与系统中每个组件的推断模型所规定的相同的行为。集成模型应确定系统边界和任何行为可能造成的影响，需要多个传感器和决策元件去推测情景。在这里，认为它们是信息的来源，低水平的直接推断可以转换成较高水平的体系推断，这被称为情景推断。需要用到的技术包括：

- 用户和决策方案驱动的推理；
- 概率和统计推理；
- 基于规则的推理；
- 时序逻辑推理。

总体上的决策矩阵和决策可能会随基于新的情景维度增加的推断而改变。随着每一个新的信息、数据和推断事实的改变，整体情景可能会改变。在动态环境中参数是变化的。新的情景可以基于现有情景按照新信息或者新推断事实推断出来。在一些情况下，也可以使用静态规则。如果一些更高层级的情景是受限的，那么基于规则的方法也可以优先选择，因为它们的复杂性处于一个比较低的水平。

情景涉及不只是可见的特性，例如位置。情景是可以描述周围环境的所有一切，例如员工，他们有他们的爱好、优点、朋友、居住地等。实际上，一切有助于直接或者间接描述的用户都是情景。数据、参数和描述决策方案与决策方案中的参与者之间的映射一起形成了决策情景。许多决策和决策者可以从整体情景中获益，整体情景包含了可见信息以外的信息。每一个额外的参数和新的可用真实信息都可以帮助构建情景。为了有效地使这个信息参与系统，需要推理和情景推理。

下面举一个卫生保健系统的例子，这个系统有许多输入的信息，包括病人的健康参数、经历和各种测试结果。现在，关于健康他有一个特定的控诉。这里有许多可用参数，但是有几个参数遗漏了。基于这些所有的信息，推理被用来为特定的决策方案建立完整的信息，这些完整的信息和决策方案为学习构建了情景。使用所有信息建立情景的过程被称为情景推理。

如前面所讨论的，情景推理是从原始数据内容建立高层级情景信息。情景的建立是基于映射或者基于为构建情景以算法为基础的情景推理规则的学习。这里使用了情景关联和模式提取/匹配等方法，以及源于协作和群体知识中的情景推理规则的学习。

涉及决策方案的情景管理，也就是说，优先级和权重分析，优先级评价和参照环境条件监测的持续优先级评价可以帮助构建情景。情景推理包括基于知识的情景推理和基于历史的情景推理，情景的拓展被用于确定和处理复杂的情况。群体或协作的情景确定可以根据多个可用的情景建立系统情景。

图 5.7 描述了一个学习者利用决策方案建立情景的情景建立过程，而且这个情景也被用于作出决策。

图 5.8 表述了各种层级的推理机制，分别如下：

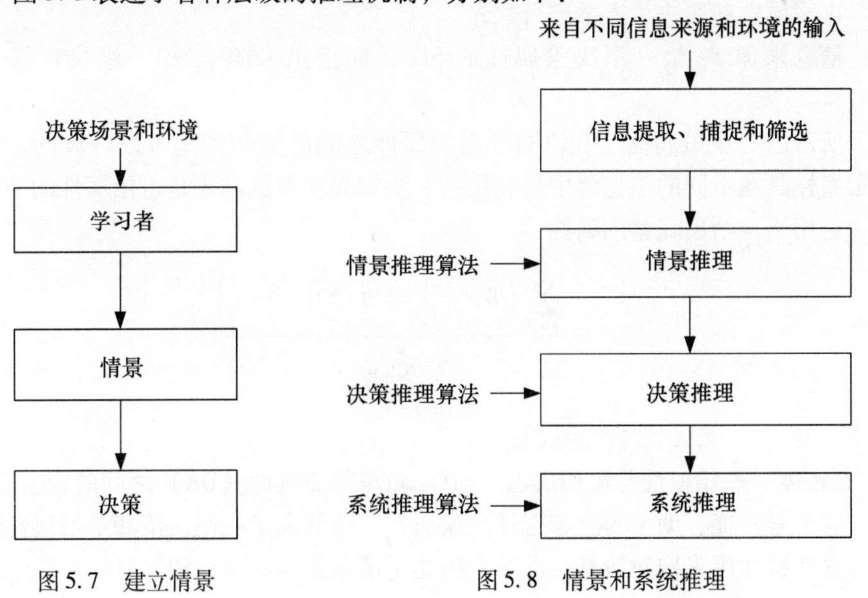

图 5.7　建立情景

图 5.8　情景和系统推理

- 数据推理；
- 情景推理；
- 决策推理；
- 系统推理。

数据推理被直接用于提取推理。情景推理在本质上是更具协作性的，使用从不同来源得到的数据，并以此为基础建立情景。决策推理使用特定决策的信息和与决策方案相关的参数，这里的推理是依据决策方案的。决策情景被用于决策推理，系统推理是根据系统情景做的推理，决策推理和情景推理用于系统推理，简单的静态推理算法被用于数据推理。情景推理使用融合的推理算法，决策推理使用决策推理算法，而且为了系统推理需要使用系统推理算法、协作推理和系统参数。系统推理是一种融合的情景，情景的融合和情景推理被用于建立整体情景。

D 代表一个系统的决策参数集合，决策参数是在决策制定中起作用的参数：

$$D = \{d_1, d_2, d_3, \cdots, d_n\}$$

对于任意两个数据参数，相似性指数可以利用简单似然技术来计算。相似性指数有利于信息集成。W_i表示第 i 个属性的权重。信息的提取和编译中包括不同来源的信息。

S_1，S_2，S_3，…，和 S_n是信息源。

不同的信息源赋予参数集的一个子集。决策参数是决策相关的属性的子集：

$$D \in A$$

式中 A——所有属性的集合，所有属性可能并不明确。

决策属性参照决策方案进行优先。

信息来源 S_1 给一组决策属性值 SD_1，而信息来源 S_2 给一组决定属性值 SD_2 等。

所需的“决策属性”和协同可用的属性之间的相似性是可以计算的，这些决策属性是在不同的信息源中可利用的。决策属性所选的集是可用属性的一个子集，它用于推断出完整的属性：

$$SE_i = \frac{\sum_{i=0}^{n}\left(W_i \times \text{紧密度}(SD_i, DA)\right)}{\sum_{i=0}^{n} W_i}$$

式中 W_i ——第 i 个属性的权重；

紧密度——相似性与可用属性（SD）和与所需属性（DA）之间的紧密度。

这个紧密度有助于为决策选择决策属性，这导向了一组决策和学习属性的值集，这些属性用来构建情景。图 5.9 描述了情景集成的过程和学习的使用。

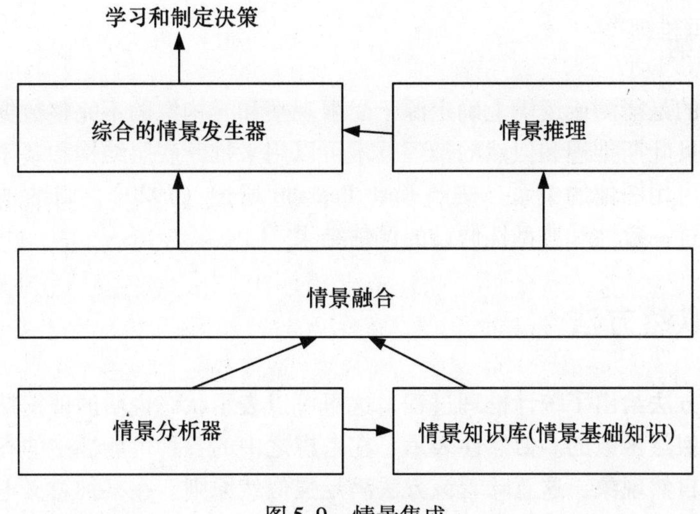

图 5.9 情景集成

5.4 统计推理和归纳

统计推理是基于数据的推论或结论。在不同的情景中推理是期望获得的。统计推理有参数、半参数和非参数统计推理模型。在参数的模型中认为数据生成过程是有限的未知参数。在一个非参数过程中，参数的数量和参数性质是灵活的。

最常用的统计推理的机制之一是似然性技术。另一个常用的推理方法是点估计，点估计对缺失值提出一个合理的猜测。在某些情况下，直接推理很有用，因此这个方法很好。

5.4.1 直接推理

直接推理提供了一个在个人判断与关于客观概率的有用信息之间的联系，这些都是基于可计算的数学概率。

5.4.2 间接推理

间接推理是一个基于实验、基于仿真或基于结果的方法来估算或推论参数的。在估计模型中对于似然函数已知的情况下是最为有效的，这些参数本身就可以估计用来观测数据或模拟数据。间接推理选择底层模型的参数。

5.4.3 信息推理

除了数学似然法的基于信息的大量数据称为信息推理。

5.4.4 归纳

归纳指的是猜测或逻辑上确定源于受限观察和异构源的不完整数据的真实潜在的状态。贝叶斯推理和似然的推理技术可以用来推断底层结构和基于一些受限信息及部分可用图像的关系。按照 Karl Pearson 所述（1920），归纳是指在随后的样品中通过一致性和典型性假设的评估结果[4]。

5.5 纯似然方法

纯似然方法给出了统计推理过程，这里可以表示状态说明的证据结果的收集是完全基于似然函数的。似然性表示了在考虑之中的各种可能性中的高发概率和参数选择的自然现象，这意味着该方法满足强似然原则。在某种意义上似然函数是决策的核心并给出了统计学证据的证明方法。甚至在信度状态中使用条件原则可以表示不确定性。

结果的值，记为 X，服从于未知参数 θ，这依赖于底层模型。参数估计是通过定义一个基于领域知识模型和约束条件，然后求解最可能的参数模型的值。给出观测数据和兴趣模型，然后找到最合适的概率分布密度函数，这将最有可能产生观测数据。基于此目的似然函数记为

$$L(w \mid y) = f(y \mid w)$$

式中　$L(w \mid y)$ ——由观测到的 y 给出参数 w 的似然估计。

由观测处的数据和似然函数，就有可能得到统计学推论。Fisher[5] 给出了最大似然估计。期望概率函数是观测到的数据的可能值。简言之，这意味着由参数向量的值和最大似然函数 $L(w \mid y)$ 得到概率函数。

还观测到了各参数的值。关于选择性决策方案观测到的给定数据的似然值是可以计算出的。假设参数记为 p，则已知数的观测概率 $\text{lik}(p)$ 可看作 p 的一个函数:

$$f(x_1, x_2, \cdots, x_n \mid p)$$

因此似然值可以表示为

$$\text{lik}(p) = \prod_{i=1}^{n} f(x_i \mid p)$$

p 的最大似然估计是 p 的观测值最有可能的结果，同时也存在被观察的系统行为和参数与期望行为截然相反的情况。系统中，任何变化的可能影响因素都决定了系统和子系统之间联系的紧密度。

似然法是关于证据收集、信度状态和不确定的信度参数的进一步计算的应用。

5.6　贝叶斯范例推理

贝叶斯范例推理是基于条件概率及贝叶斯定理的。

5.6.1　贝叶斯定理

最好或者首选的模型是所得数据与所观察的数据相似概率最大化的模型。贝叶斯的推理方法就给出了条件概率 Pr（$Z|\theta$），因此在已知所观测数据的情况下，贝叶斯定理有助于在给出观测数据后表示已更新数据 θ。

若已知先验分布，则可以由贝叶斯定理求得后验分布，用 pr 表示先验分布 po 表示后验分布：

$$p(\mathrm{po} \mid \mathrm{pr}) = \frac{p(\mathrm{pr}/\mathrm{po})p(\mathrm{po})}{p(\mathrm{pr})}$$

式中

$$p(\mathrm{pr}) = \int p(\mathrm{pr} \mid \mathrm{po})p(\mathrm{po})\mathrm{dpo}$$

且

$$p(\mathrm{pr} \mid \mathrm{po}) = \prod p(x_i \mid \mathrm{po})$$

后验分布可以用来估计 po。

上述推理方法是求得最大概率的标准方法，而标准概率方法的重复使用使得可以决定一个系统里参数的权重，从而有助于决定系统的边界。

所以 P（I | A）代表已知事件 A 发生情况下对一组参数本质影响的概率：

$$P(I \mid A) = \frac{P(A \mid I) * P(I)}{P(A)}$$

用一个简单的方法进一步扩展表示后验分布理解的影响：

$$P(I \mid A) = \frac{P(A \mid I) * P(I)}{\int P(A) * P(I)\mathrm{d}I}$$

此后验分布也为未知事件影响的预测提供了一个平台。

5.7　基于时域推理

系统机器学习的主要方面之一就是因果关系在时间和空间上可以区分。对于任意动作都存在影响，这种影响可能随时间而进行。对于一个系统相关时间范围内相关参数的这种影响的理解是学习所必需的。基于时间的推理目标在于确定时间范围内动作的影响。

因此，会有一系列的结果，并且这些结果影响着未来的结果。如前所述，贝叶斯推理给出了后验分布，并且提供了一个预测未知观测值的平台。现在所关心的是不同时间实例下效果与动作间关系的理解。因此假设是时间下的未知观测值，这里感兴趣的是确定 $P(I_{t_n} \mid A_{t_0})$ 。对于给定事件 A 在时间 $t=t_0$ 时，当时间为 t_n 时影响的概率 I 为多少？

$$P(I_{t_n} \mid A_{t_0}) = \int P(I_{t_n} \mid I_{t_0}) P(I_{t_0} \mid A_{t_0}) \mathrm{d}I$$

最难的部分是对于给定事件的累积系统性影响的理解。

5.8 推理建立系统观点

建立一个系统的观点，需要结合不同的预测结果。这个过程中会有各种参数和系统的各个方面，这些都是基于各级可用数据的推断的。典型的参数和推理的部分包括：

- 系统的边界；
- 各种子系统和它们之间的关系；
- 不同的可能的行动点；
- 各种可能的行动；
- 可能的行动对各种关键参数的影响；
- 行动的关系；
- 基于时间的推断来确定结果。

在所有这些推论的基础上，建立推理矩阵。该推理矩阵有助于构建系统视图。

5.8.1 信息集成

信息集成的方法是编译和合并不同来源的信息，例如不同的概念、方案平台、表示方法。在系统性的学习中，使用的数据来源不同且相互分离，并且从非结构化或半结构式资源中整合需要的数据。信息集成有助于知识的表示。用一些局部推断事实的来源不同的信息和数据汇集在一起集成了决策方案中的情景。来自不同来源的信息和推断是集成了涉及决策方案的情景。这里举一个关于提高一个教育系统学习能力的例子——这里有许多参数，例如：

- 教育系统的属性（p_1，p_2，…，p_n）；
- 主题提供（s_1，s_2，…，s_m）；
- 跟随方法（M）；
- 耗费时间（H）；

- 考察系统（ES）；
- 过去学生的成功和职业（SPS）；
- 研究方法使用（RM）；
- 应用学到的事实（LF）。

各种来源的信息，例如：

- 学校；
- 教育机构；
- 民众；
- 以往的学生；
- 工厂；
- 国际学校；
- 新闻渠道。

这些信息可能会以不同的格式和需求集成。基于系统排名的教育机构的选择决策可以参考关于方案的所有参数。例如，如果对研究相关的学位感兴趣，参数的权重可能不同于商业相关的学位。图 5.10 描述了一个信息集成的过程。预处理多个来源的信息，然后结合参数来决定方案，并确定参数建立综合信息。

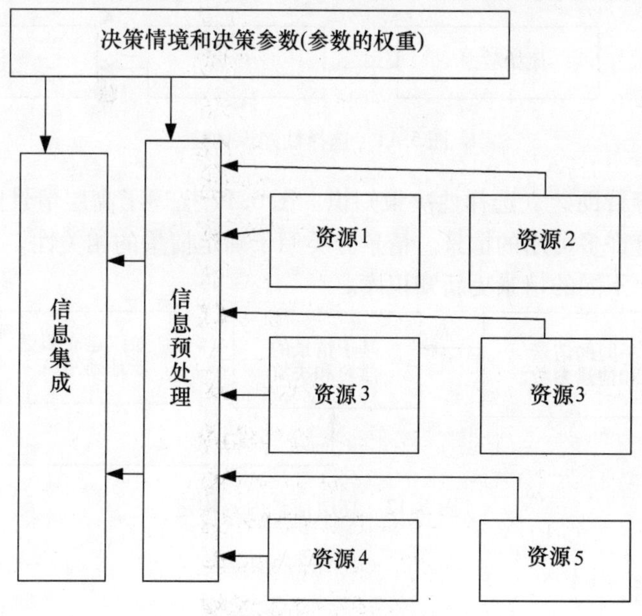

图 5.10　信息集成

5.8.1.1　学习时的选择性知识建立

在一个给定的决策方案中所有相关数据和推断的事实可能不相关。知识的建立不是广义的，而是有选择性的。选择性知识构建是协同完成的。分散性的信息源带来分布式的信息，需要一个特定角度的信息。学习过程试图探索一个特定方面的决策，并为此尝试构建选择性知识。图 5.11 描述了选择性知识构建参考决定应用程序。信息集成解决编译不同来源和不同形式的信息。综合信息和推理有助于选择性知识构建决策。原始数据转换为信息，此信息用于参数的选择。决定方案在决策参数的优先级中发挥作用，伴随着决策方案的参数用于协同学习和协同推理。决定方案及其情景用于选择性知识构建。

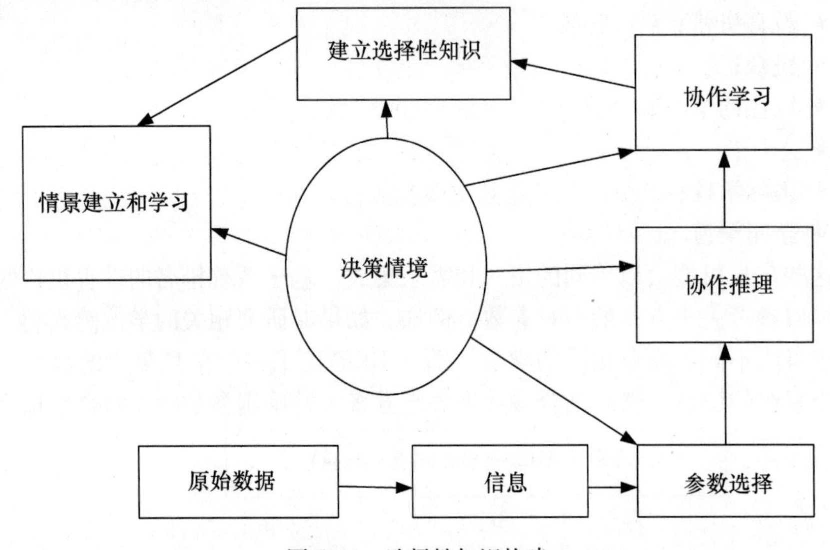

图 5.11　选择性知识构建

情景内容帮助建立选择性决策知识。图 5.12 描述了高层情景内容下构建的过程，其中有许多可用的情景。情景分类用于确定情景的相关性。知识是连续建立的，并参照不同的情景更新知识库。

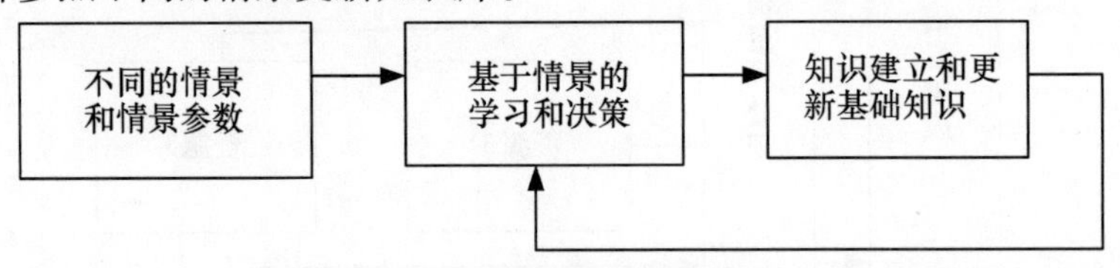

图 5.12　高层情景内容构建

5.9　小结

本章涉及机器学习和系统性机器学习最重要的一个方面——推理。当不能获取完整的信息，需要在某些方案做出决策，但确切的事实是未知时，需要推断数据和信息并构建知识。参数、非参数和半参数推理是著名的基于分布的复杂性和应用的三种类型。需要建立系统决策情景。在系统性机器学习中，学习紧随决策方案。特定的决策方案下的决策要求不同的参数，而在另一个方案中类似的决策可能不需要这些参数决定。推理是关于数据的，它可能需要处理时间和空间的约束。在系统性学习中，推理最终是用来构建一个关于分散和零碎信息的完整的系统观点。信息集成和选择性知识构建可用于适当的程序。统计推断技术，例如似然模型，其中包括贝叶斯推理，可用于确定影响行为的可能性空间和决策空间。这有助于确定系统和时间边界。

推理有助于建立整体情景环境。这里情景帮助建立各种信息与历史数据的关系。系统的推断行为和关于有关参数的动作响应允许确定系统边界。不考虑技术和算法方面，系统性机器学习的重点仍然是系统的理解、相关性和边界。关于决策方案的数据集成允许选择性知识构建决策。关于完整系统作为目标的特定决策方案学习使得系统性学习成为可能。

参考文献

1. Dusek J and Eichenbaum H. The hippocampus and memory for orderly stimulus relations. *Proceedings of National Academy of Science, USA,* 1997, **94**(13), 7109–7114.
2. Lazareva O and Wasserman E. Effect of stimulus orderability and reinforcement history on transitive responding in pigeons. *Behavioral Processes,* 2006, **72**(2), 161–172.
3. Ayalon M and Even R. Deductive reasoning: In the eye of the beholder. *Educational Studies in Mathematics,* 2008, **69**, 235–247.
4. Pearson K. The fundamental problem of practical statistics. *Biometrica,* 1920, **13**, 1–16.
5. Fisher R. A mathematical examination of the methods of determining the accuracy of an observation by the mean error and by the mean square error. *Monthly Notices of the Royal Astronomical Society,* 1920, **80**, 758–770.

第6章　自适应学习

6.1　简介

自适应机器学习是指关于环境方面、决策能力或者学习问题的一种适应技巧。这种学习是基于所收集的信息、所学知识、经验及专家意见的。一种特别的学习方法在一个特定的场合下也许非常适合，但可能无法在所有类型中都有效。人们一般使用不同的方法和学习策略来对待不同的事物、不同的场合、不同的问题。适用于学习数学的方法也许完全不同于学习语言的方法。同样的，适合学习科学的方法也许用在学习历史的时候就不那么有效了。此外，用于学习变换和图像处理的方法也许在几何学习上就不起作用。学习过程与学习问题或者说研究内容以及学习目标密切相关，因此学习方法的选择需要对学习的问题有一定的了解。在自适应学习中，有必要分析学习问题，然后选择合适的方法或者说最适合的动态方法，它不仅仅是在不同的方法之间跳转或者结合两种以上的学习方法，它是关于数据和最适合方法的智能选择。它也包括动态地改变参数以及适应信息使数据充分使用，即参考决策方案信息。因此，动态自适应学习是依据学习的方案对学习方法和策略进行修订的，这取决于实际的用户环境和提出的方案。对于两种不同的方案，同样需要考虑不同环境及环境中实体与参数之间的关系。

6.2　自适应学习和自适应系统

自适应系统是一套不同的实体，它们是独立或者相互依存的，真实的或者抽象的，形成一个集成的整体系统，能够应对环境变化或者相互作用部分之间的变化。这里所提到的学习环境、数据以及决策问题都是变化的。自适应学习系统可以高效应对环境和学习框架中的变化。在自适应学习系统中，学习方法、参数权重以及知识库的选择与具体的学习方案相适应。总之，学习是基于决策方案及可用信息的。学习的过程和方法更能动态适应不断变化的情况。

集成学习是机器学习的一个范例，且多于一个的学习者对同一个问题进行训练。在传统的方法中，只有一个学习者和一个具有单一学习假设的预定义方法可以用来学习。智能有时被用来确定决策阈值。在集成学习的情况下，一组假设被建立。在集成学习中，许多不同的学习方法可以被组合使用。适应性学习的理念基于假设的数量，集成分类的概念基于一组不同假设的分类器。多专家、提高和投票是集成学习使用多学习器的技巧。

在学习时，人们从来不坚持单一的学习决策、假设或者方法。即使是对于单一的任务，他/她使用的多假设方法，例如集成学习，最重要的是作为一种对不同的动态策略的环境切换的响应。可以有若干专家意见、不同的理论和获取的知识经验——所有这些东西都可以有效地、适当地并基于需求地使用。一个典型的多专家方案和信息特征矢量形成被用来提出元专家方案，即决策制定，如图6.1所示。

这些专家可以是串联或者并联的，每个专家具有关联性并且可以代表一个相关权重的专家。在多专家的情况下，不同的方法可以使多个专家的知识更有效利用。对于技术问题，可能需要技术以及合法的专家，他们意见的重要性不能简单地被组合，需要经过决策方案的测试。

多专家方案的自适应学习的各种可能性如图6.2所示。这些可能性是基于决策方案和多个专家需要的。自适应学习不仅仅是多于一个专家和方法的决策结合，它实际上采用的是基于问题的学习策略。多个学习器和他们的结合无疑能够使自适应学习成为可能。决策方案可能需要一个特定类的分离或者需要不同类之间的关系。

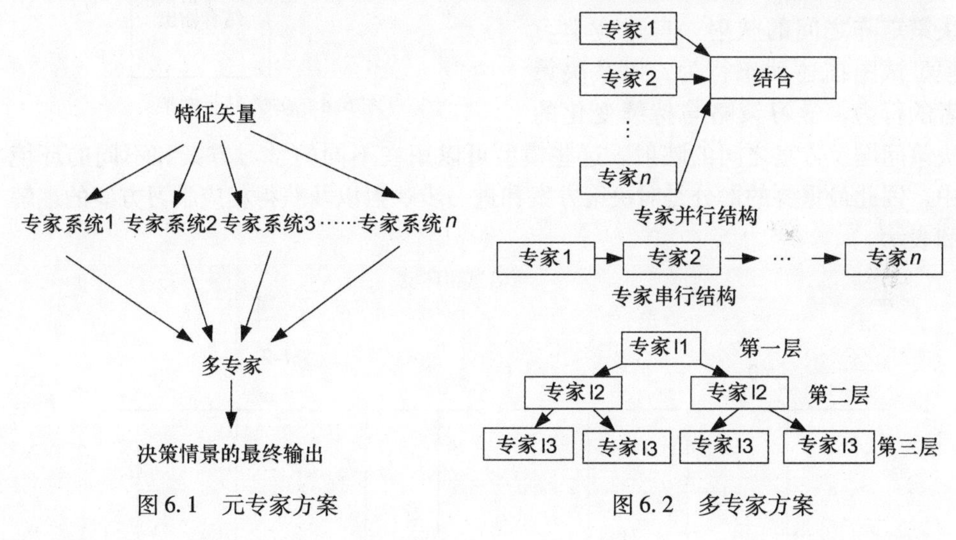

图6.1　元专家方案

图6.2　多专家方案

一个典型的参考分类的复杂决策方案如图6.3所示。

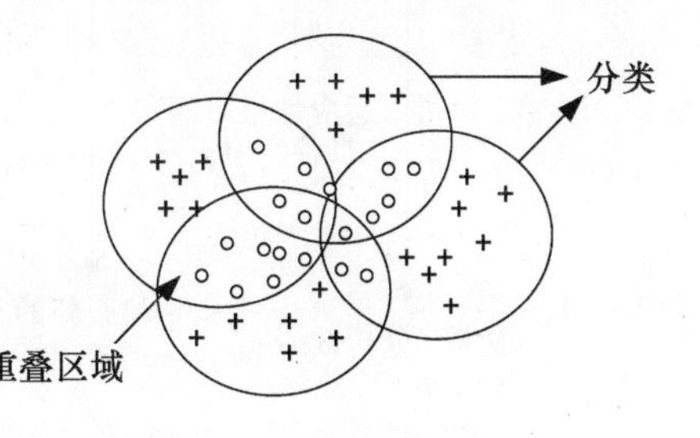

图6.3　复杂决策方案

自适应学习也可以使用多个具有动态选择能力的学习器，其学习是基于环境的反馈以及方案的动态分析。这里可以有不同的学习集、一系列算法和在基础学习者和分类器基础上的方法。决策方案的组合可以形成自适应学习算法。在这种类型的框架中，最棘手的部分是结合不同分类器和学习器的能力。使用多个学习器和学习算法的典型框架如图 6.4 所示。

本章将详细讨论集成学习、自适应学习以及它在系统机器学习中所发挥的作用。自适应学习需要考虑时间段。自适应学习以及基于时间轴的描述方法如图 6.5 所示。学习策略的适应性与选择是基于决策和学习方案的。系统的状态可能会随时间而改变，会产生一个新的决策和一个新的学习方案。这种可能发生的状态转换是由于获得了新的数据或环境发生了变化。

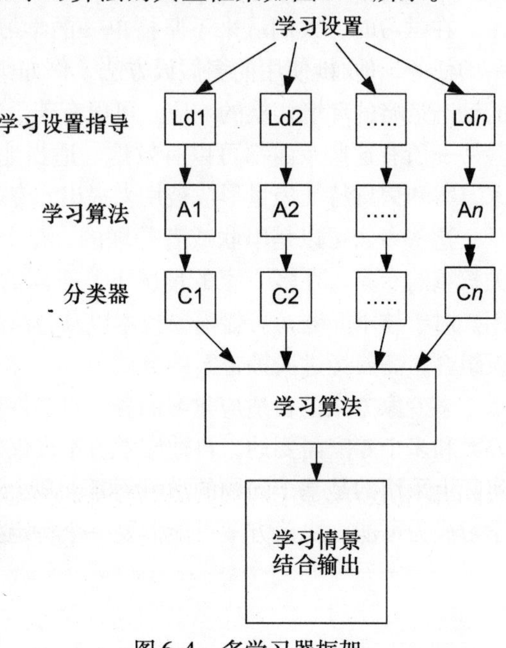

图 6.4　多学习器框架

自适应学习的框架应该能够建立决策方案和算法、学习策略以及决策矩阵之间的映射。自适应学习模型试图描述动态行为，以及决策者的行为、学习策略与持续变化的决策问题及方案之间的映射。这些模型可以用在不同的学习方案和不同的环境中，因此最重要的部分是对决策方案和进一步映射以及获得相应学习方案的理解和表示。

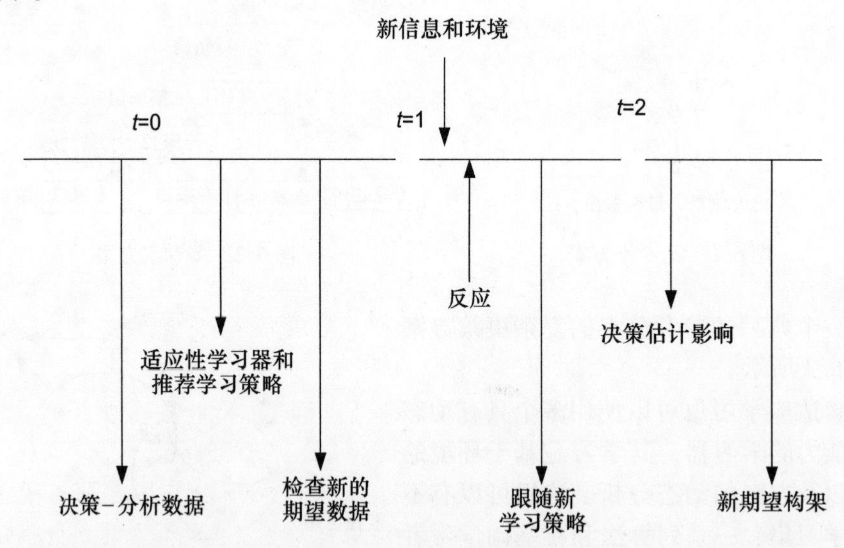

图 6.5　基于时间的自适应学习

6.3　什么是自适应机器学习

典型的学习环境是动态的。在现实生活中，决策方案和学习环境是不断变化的。以下几种情况都有变化：

- 环境；
- 决策方案；
- 视角；
- 参数。

这一结果是由于参数的变化、新信息的可用性以及一些外部因素造成的。若遇到具有建立新知识的可能性的新的信息，这方面的知识可以为学习提供一个新的维度。

这些变化形成动态学习方法的需求，这种需求能够为展现最好的学习策略而适应环境。在自适应学习系统中，学习器不再是被动的信息受体，而是处于搜索信息中，与信息合作并适应学习环境。它是提高学习和决策的整体框架。

既然环境是变化的，甚至方案和特定的决策目标都是根据内容改变的，自适应学习不断的与环境相互作用然后适应于最有可能的算法和政策。一个简单的自适应学习形式是使用大量的学习算法和分类器。学习算法可能伴随着大量的学习策略，没有学习算法或策略在所有可能的情况下都是有效的。因此得到一个总是可以产生准确结果并且可以处理动态环境的策略是一件有挑战的事情。即使是基于数据和决策方案的单一情况，不同的学习策略和不同的算法适合于特定实例。

6.4　基于方案的适应性和学习方法

考虑情景信息并容许对于基于决策方案和学习策略的不同的学习者的动态适应，再利用大量智库中的学习资源的能力在自适应学习中被执行。在自适应学习中，是将不同的科学方法进行整合。并有各种不同的自适应模型。依据活动、情景和一些外形尺寸，在一些模型中容许资源选择的决策。学习领域和知识领域在一些领域中可能保持恒定。基于适应度的学习模式可以分为三种类型：

无适应性模型；

部分适应模型；

完全适应模型。

自适应学习通过动态推理来提高学习系统的学习能力和性能，有选择地采用分布式的知识源，并清楚地了解当前内容和关联以及需要解决的问题。情景感知和适应性学习允许学习器处理动态方案。图6.6说明了设置参数P1和P2的多个学习器的学习。

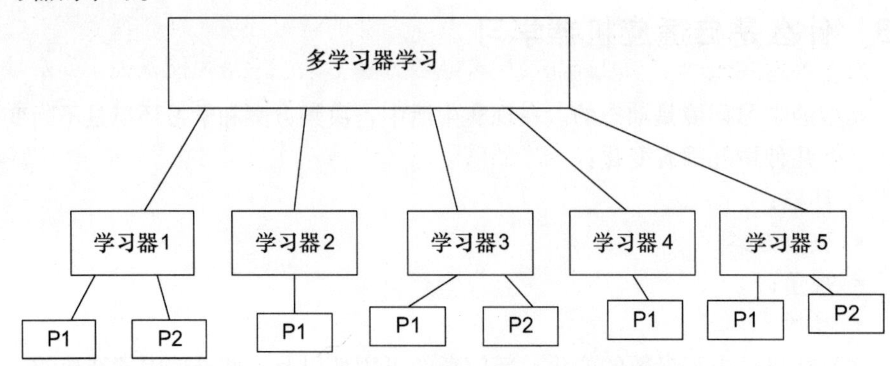

图6.6　多学习器学习

此外，自适应模型可分为交互式自适应模型、参数自适应模型、自适应集成模型和实时自适应模型。在参数自适应模型中，学习策略的更新是基于观察到的参数。在模型中可以跟踪到参数的数量、参数的集群和学习行为。在相互作用的自适应模型中，基于系统的连续作用来决定用于学习的参数。该模型与系统相互作用来确定学习的策略。在这个集成模型中，一些模型组合起来。一个典型的混合专家、套袋和多主体系统可以归入这个范畴。在自适应集成模型中，集成模型可以通过与环境的相互作用和观察到的参数来选择。在一个实时系统中，需要快速的反应和验证的结果，因此它可以转化为决策。自适应实时模型是实时方案的自适应模型。

6.4.1　动态适应性和情景感知的学习

动态适应性是指连续检测到环境和适应环境来处理实时环境中的不确定性。一个简单的方案适应性的例子如图6.7所示。

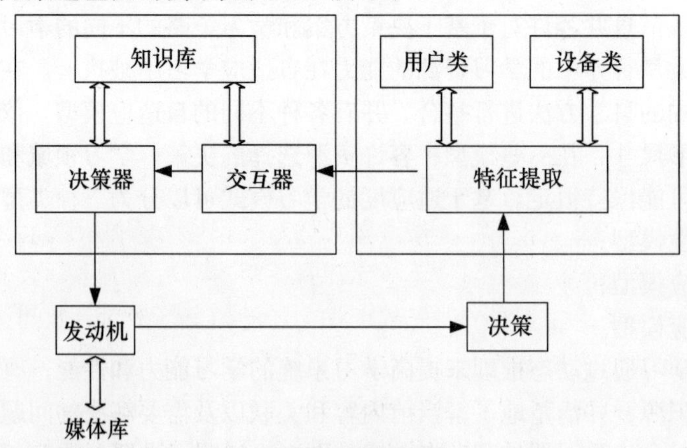

图6.7　方案适应

知识库代表已学知识和通过学习构建的知识。推理机和决策机允许选择学习算法。情境学习的最重要的方面是要了解学习器的学习环境。动态环境要求适应性，但在静态环境中，学习可能采用传统的方法。动态适应可能是关于当前环境的不断演进和意识。自适应学习发生在相关的方案构建时，有助于进一步为决策建立更好的方案环境。参考方案构建的学习构架以及学习自适应的细节如图 6.8 所示。

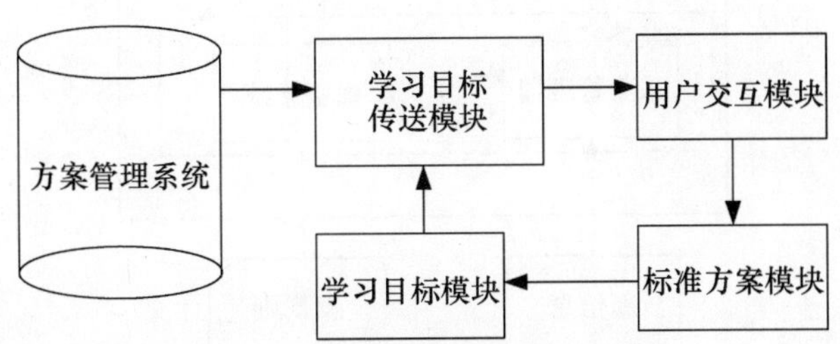

图 6.8　参考方案构建的学习结构

方案分为轮廓方案、学习方案和优先级方案。在学习时，系统做决定时应该注意到整体环境。根据应用的方案构建如图 6.9 所示。不同的传感器所捕获的信息由系统接收。此信息来自多个数据源，并且系统在此基础上建立整体方案环境。基于方案的感知数据融合有助于结合多个数据源中的数据来全面建设。方案可以通过参考决策方案得到，并用于决策。

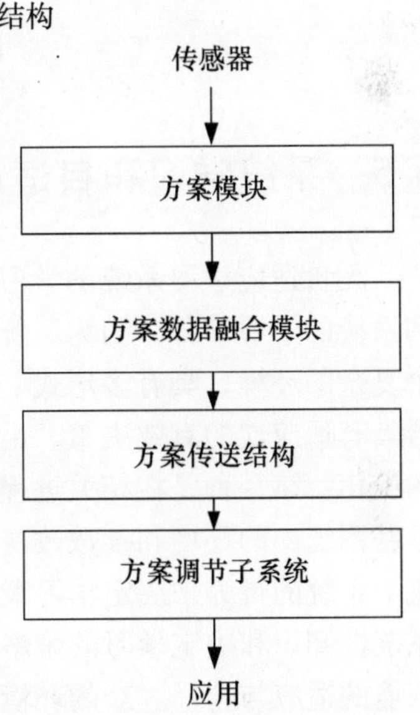

图 6.9　基于应用的方案构建

方案感知环境的重要方面是主动地与环境相互作用。了解环境是提高学习和动态方案下做决策的一个关键问题。动态适应与方案感知结合，并允许动态环境中的智能学习。方案感知是在决策空间中对环境变化、其关联和重要性以及参数的相关性的感知。环境是具有实体情况、环境和它们关系的特征。一个学习系统应该提前适应于新情况来允许建立知识库并以最新的方式来对决策问题重新做反应。自适应学习是对当前环境的了解，适应于决策方案来创造知识库，并发展智能化。此外，这种自适应的学习是进化的，就这种意义而言，学习参数和方案都会变成所遇到的新参数。自适应学习和方案的发展都可作为新的信息。参考上面的讨论，一个自适应学习的框架如图 6.10 所示。在决策空间发生学习，并从决策空间和环境中输入学习参数。系统的行为是可以感觉到的，行为适配器试图帮助学习策略的选择。参考知识库，基于此的适应可以实现。以规则为基础的系统或类似贝叶斯似然算法可用于学习策略或进一步学习器的选择。

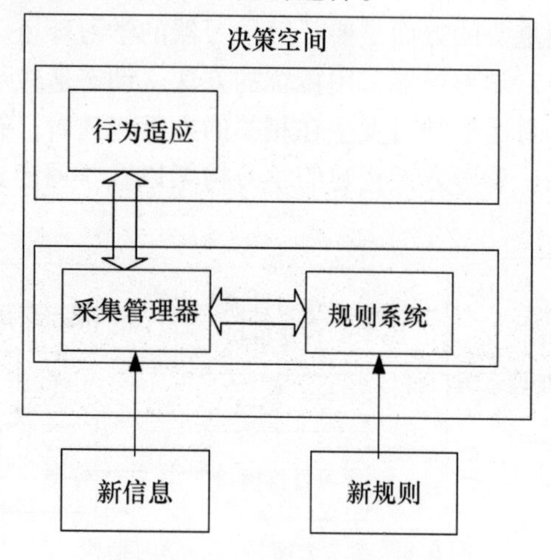

图 6.10　自适应学习框架

6.5　系统学习和自适应学习

无自适应学习系统的学习是不可能的。相反，自适应学习是一个重要的性能和系统的学习部分。因为系统由各个部件、信息资源和决策者组成，它形成了一个复杂的环境，具有多形式、分布式信息源和动态变化方案。动态环境要求学习器具有适应性的有效决策。由于系统和决策环境，这些改变会发生。有两种类型的变化：第一种是在相关进程中更多关于决策方案和环境的信息；在第二种情况下，系统中的环境和参数改变是因为系统中一些其他的行为和动态特性。适应于整个系统的行为来决定学习策略的自适应系统学习。自适应学习主要是理解关于系统性知识和决定学习的策略的决策和学习方案。图 6.11 描述了一种新的学习情境的适应与选择。新的环境参数、新的研究数据以及决定方案被用来建造新的学习和决策方案。这有助于学习策略的选择和优先级，以及由此产生的学习策略用于学习。学习策略决定了学习算法和优先级的选择。

系统性学习可以选择将多个学习器结合，因为单一的学习器和学习算法可能不能表现出对行为的要求。此外，单一的学习算法不能适用于所有的学习环境。即使在单一的学习环境中，它可能不适用于所有的学习阶段。对于自适应学习，可以将归纳和分析学习相结合。有趣的部分是结合使用学习者最有效地使用他们，进化关于学习方案的学习机制。学习器和策略的选择有利于处理多个不同的决策方案。

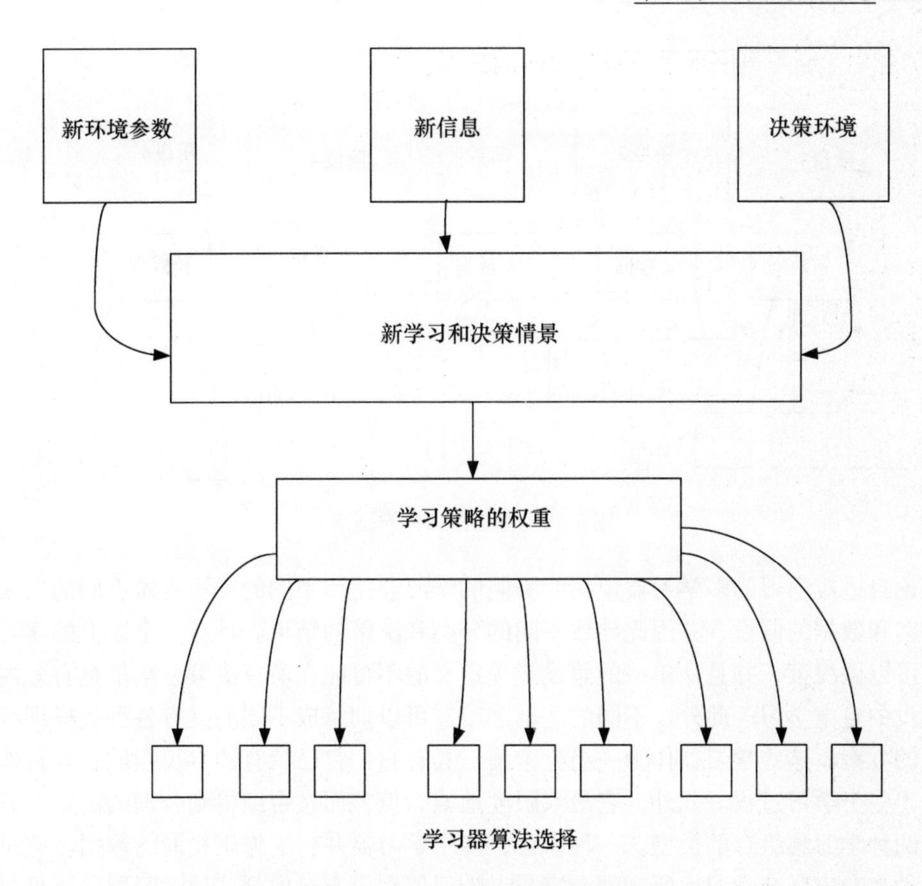

图 6.11 决策系统：更多信息以及对学习的影响

6.5.1 多学习器的使用

图 6.12 描述了基于阶段的适应性。在每一个学习阶段，学习器和系统暴露于新的情况、新的数据和新的关系。在基于阶段适应性的情况下，学习策略和算法是分别在每一个阶段决定的。在新的数据可以经常成为有用的方案中，基于阶段的适应性是非常有用的。

当使用多学习器系统时，对于决策方案的学习器竞争性选择是有意义的。使用多个学习器最容易和最简单的方法是训练不同的学习器来解决决策问题，这可以帮助减少偏向某一特定的学习方法。对不同的学习器使用不同的训练集，也可以帮助处理各种各样的学习方案。这种方法的问题是在决策方案的细节中无效。另一个问题是这种方法是用来结合这些不同的学习器的决定或者学习的。学习器相辅相成可以产生更好的结果，提升和级联可以帮助优化学习器的学习和决策绩效。甚至在某些情况下，训练的重点是对其他学习器表现不好的数据。将在后面

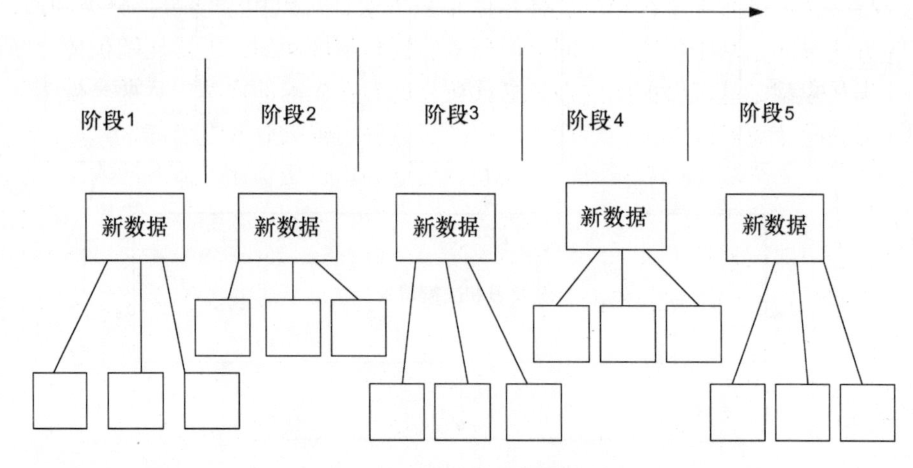

图 6.12　基于阶段的自适应

讨论自适应学习的多学习器使用。不同的学习器使用不同的算法、做不同的决策方案和数据的假设，并因此导致不同的分类和决策的结果。具有一个以上的学习器可以做决策，并且从单一的假设或预定义的不可能在所有决策方案都是有效的假设中自由学习。此外，不同的基础学习器可以训练成不同的具有各种各样训练集的方案。这些学习器作为一组专家集，具有它们自己特有的专长领域，并且作用于整个学习过程。此外，它最大限度地减少偏差而且帮助得到合理的决定。其有两种学习集组合的类型。一种组合，多个学习器并行工作于相同的数据。它是一种多专家联合学习。所有的专家或者学习器在没有考虑到其他学习器的意见时做出决定。在这种情况下，投票或某种加权平均可以用来得出结论。在这种方法中，一个简单的加权总和最终可以用来做决策。这里的“结果”是最终的决定或学习的结果，而 O 代表独立的学习器的输出。

$$输出 = \sum_{i=1}^{n} w_i O_i$$

此方法不允许剩余学习器从任意一个学习器中获取帮助。该方法缺乏协作学习和对知识的有效利用。

词袋和提升这两种方法可以用于学习过程。词袋是由 Breiman[1] 提出的，这是由穿带聚集衍生出来的，对集成学习来说简单而且有效。它可以被认为是一个平均模型的特殊情况。随着决策树，它可以应用到不同的分类模型。这个方法的重要部分是对穿带的多版本训练集的使用，即代替抽样的自发过程。每一个训练集建立不同的模型，用于训练不同的模型。最后是通过结合平均或投票不同的模型输出决定的。套袋在不稳定模型的情况下是有效的。在一个高度动态的情况下，建立一个稳定的模型是很困难的，因此它可以被看作一种有效的技术。

提升是一个非常流行和广泛使用的集成方法，可以用于学习、分类和回归。这种方法最初是基于创建一个弱分类器的，这是不准确的，但是比随机猜测好一些。演替模型是基于数据库的训练迭代建立的，在先前的模型中，那些被错误分类的点被给予更高的权重。最后，所有的连续模型根据有效性被加权，并且根据他们的成功来检测，然后投票或平均的输出结果进行融合得到最终的输出。AdaBoost[2] 是一个自适应增强方法，这种方法一次次地使用同一个训练集，可以结合基础学习器的数量。这使得获得最佳的一个以上的学习器成为可能。这里的最终结果是指加权的不同结局的“N”学习器，这种方法缺乏给予决策方案的自适应智能的使用。同时，在这种情况下，没有两个学习器可以提高自身的性能。不同的学习器的协作和互动使学习过程更加智能化，因此可以帮助处理动态的学习方案。因此，协作学习可以适用于自适应机器学习。这种想法可以用于中间结果的输出，在学习过程中使用协作而不是权重。图 6.13 显示了协作学习。在这里，IA1，…，IA5 是协作学习的智能作用和相互作用。

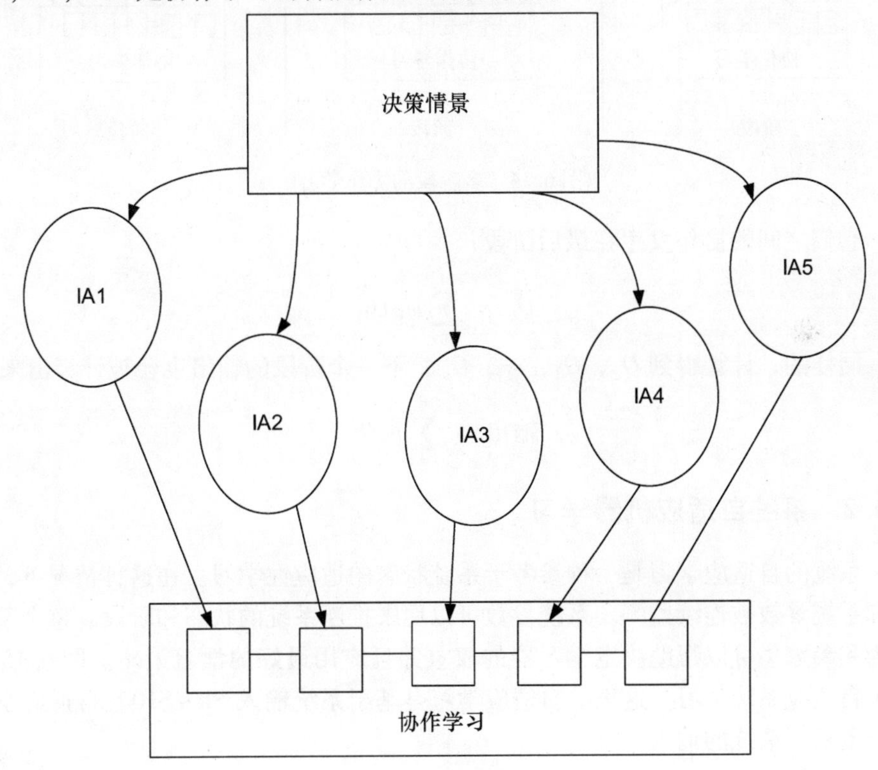

图 6.13　协作学习

另一种方法是用于学习序列的方法。在这里，由于复杂性增加，不明确的学习方案被传递到下一级。这种学习发生在多个阶段。

更多的方法是多学习器在每一个阶段做决策时并行工作和协作，然后在每个阶段，学习器并行工作。这种协作决定了学习参数、加权、求和，因此，会有更好的决策。其中允许决定的校正和学习参数的整定。这种学习方案如图 6.14 所示。

阶段 1：O_{11}，O_{12}，…，O_{1n}是输出结果。

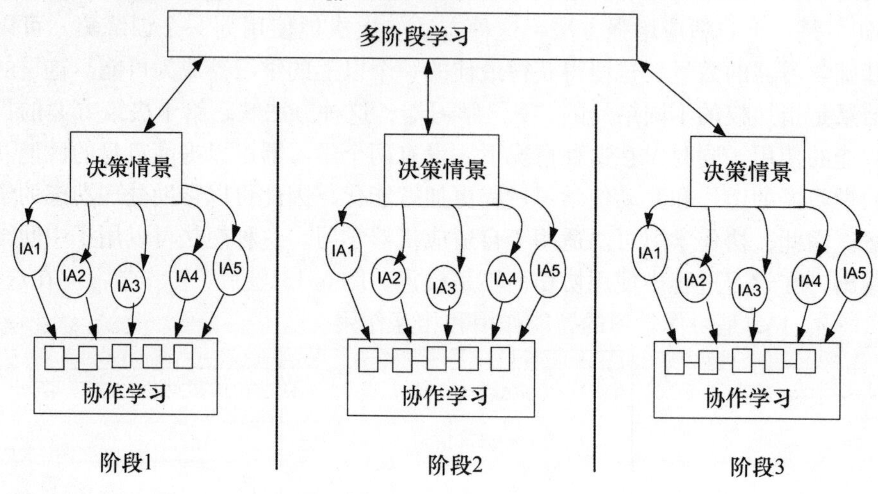

图 6.14　多阶段的协作学习

它们之间的协作发生在最后阶段：

$$O_1 = \sum_{i=1}^{n} w_{1i} O_{1i}$$

同样的，计算得到 O_2，O_3，…，O_m，下一个阶段的输出也会被计算出来：

$$\text{输出} = \sum_{i=1}^{n} w_i O_i$$

6.5.2　系统自适应机器学习

系统的自适应学习是一种参考于系统状态的适应性学习。在这种情况下，环境和系统参数被连续监测。系统参数可以用来推断系统的状态和阶段。整个系统行为和参数集可以帮助决定学习器的权重并且应用最好的学习策略。图 6.15 描述了自适应系统学习。这里的自适应学习是基于系统输入 S1 ~ S10。自适应学习的发生基于系统的输入。

在这种情况下，在“t”时刻的系统和环境模型被认为是 t 时刻的自适应决策。学习器可以选择在学习中循环使用，而任何学习技术可以根据环境和系统适应。适应性是基于系统的、用户的和学习模式的。适应可以表现为各种方式：

基于模式的自适应；

基于探索的自适应；

基于预测的自适应。

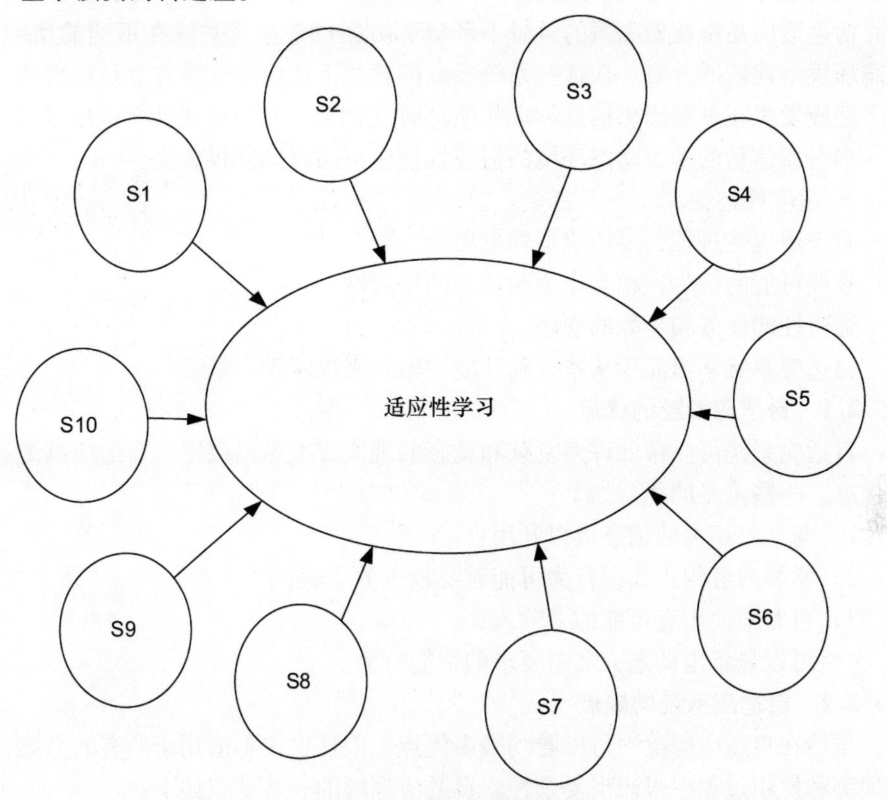

图 6.15　自适应系统学习

在基于模型的适应性中，新决策方案的模式或者行为可以用来学习策略的选择。基于决策方案的行为，可以选择适合的学习策略。在以基于探索的适应性情况中，探索到的新信息可用于调整现有的学习策略。在以预测为基础的适应性情况中，参数、依赖和对未来的方案决策环境是由基于历史模式的预测决定的。预测变化时适应开始。在高度动态方案中，其具有合理的预测能力，这种学习策略可以提供更好的适应性。

有两种适应性类型：

静态适应性；

动态适应性。

在静态适应中，在学习策略之间进行选择，但学习政策在本质上是静态的。然而，在基于决策方案变化的动态适应情况下，会发生学习策略的动态选择和动态适应性。这里的适应是指一个整体的决策方案的适应，包括适应信息、参数和依赖关系。下面将讨论它们的适应性如何发生。

- 信息、关系和依赖的适应性

信息适应是指在做决策的背景下环境和方案的适应。系统在不同的情境下，动态环境搭建新的方案。在这些系统参数的背景下适应于这些方案是必需的。

适应发生在参照历史信息和现状信息时（例如，基于模式的自适应学习）。

参考新信息的基于动态环境的适应性变成可用时同样很重要。

- 适应性过程

对于适应性过程，要适应下列事项：

参照可能的行为，相互作用和依赖的适应性。

适应性的任务和步骤的顺序。

自适应系统学习需要从系统和环境中输入来决定学习策略。

6.5.2.1 自适应系统的优点

自适应系统可以帮助许多复杂和动态的现实方案做出决定。自适应系统有许多优点，一些重要的优点如下：

1）与学习相关的信息可以利用；

2）学习或者纠正错误行为可能需要较少的步骤；

3）可有效使用有可能的多输入；

4）可以显示出动态方案中要求的智能行为。

6.5.2.2 自适应系统的缺点

虽然在自适应情况中可以看到很多优点，但这也许不适用于所有的方案，并在训练和使用过程中表现出复杂性。自适应系统的一些缺点如下：

1）在一些方案中学习表现较差。在游戏的自适应系统中，系统也许由于较差的操作员而学到错误的动作。

2）通过训练自适应系统可能会发现很难培养出聪明的新手和用户。

6.5.3 自适应应用的设计

设计一个自适应学习系统永远是有挑战性的。多学习器、不同的学习策略和许多依赖是自适应系统的特点。自适应学习的设计可以使用多个学习器和许多学习策略。在预定义学习策略的情况中，最好的一个可以选择用来做决策。

自适应系统是可以应对方案、输入和环境变化的自适应和自学习的系统。自适应系统和静态学习相比有明显的差异。一个静态的系统将不会有任何的自我纠错能力，以及在同一种非适应性方式中典型的行为，直到被另一个系统干扰或者结束。自适应系统不具备自我修改或修正能力，只能够在小范围内环境中变化。静态学习系统无法适应新的环境、异常的环境以及一些意想不到的变化。另一方面，自适应系统将配备自校正为不同的系统状态，以此实现新环境或者不同环境的导航、功能和成功。它具有适应环境的能力。静态系统有一定程度的适应性，但也总有一些功能性的约束和限制。自适应学习的典型设计如图6.16所示。

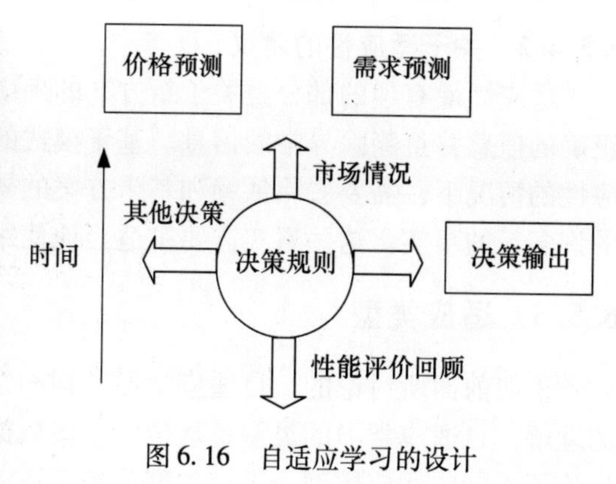

图6.16 自适应学习的设计

复杂的环境和动态方案增加了自适应学习的复杂性。不断变化的动态环境需要自适应来做决定。对于复杂自适应行为的典型框架如图6.17所示。

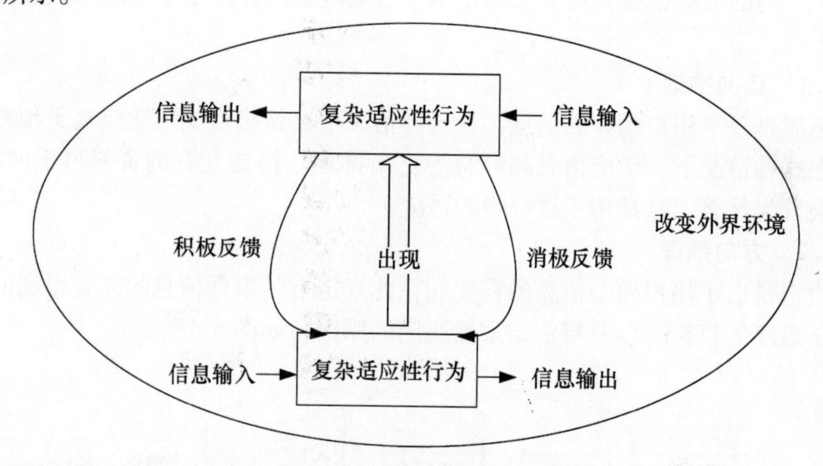

图6.17 复杂自适应行为

6.5.4 自适应学习的需要和适应的原因

智能需要适应。这些方案是动态的，不能适应于新方案的学习也许是不完整的，甚至可能无法处理各种决策方案。适应可以改善在新的和未知的情况下的学习成绩和学习效率。使用过去的结果和成功，它们的关系在新方案中会决定学习策略。自适应学习的另一个主要优势是决策方案驱动和以学习器为中心的环境，这不是紧密耦合的任何预定义的学习策略。此外，它提供了灵活的应对决策方案。

6.5.4.1 什么可以适应于决策方案

决策方案可以提供关于决策环境、决策目标、行为以及决策空间的新参数的信息。为了适应探索到决策方案中的事实来提升做决策的能力，决策方案的自适应需要对决策环境的理解。参数、新模式、依赖关系变化、新群体以及新的相似的措施都应该在学习中采用。

6.5.4.2 关于适应性的建议

适应性最有趣的部分是关于新方案的理解，然后使其更新知识库。需要征集正确的信息并且删除异常的信息。基于模式的技巧太过于依赖过去的经验。在适应性的情况下，需要去除依赖和基于方案的异常值。该信息可以显示特定方案中的许多新的事实。这些事实需要被适当地使用。

6.5.5 适应类型

正如前面所讨论的，自适应学习过程的设计是基于对决策方案的数据和信息的理解，自适应学习的类型是基于对这些数据和使用原因的分析过程。我们已经讨论了不同的适应模型，适应类型是基于适应过程的。用于学习的适应类型包括以下方法。

6.5.5.1 正向推理

适应是基于用户模型的信息。在这种情况下，该模型试图适应基于预测的推理。在这种情况下，历史信息和经验为正向推理。根据现有的资料再正向推理，确定会发生什么，这是用于进一步的适应。

6.5.5.2 方向推理

决定是由于用户模型信息的需要和在此规定下的事件信息的需要得到的。这是基于最终的目标，以及特定结果被决定的原因，如图 6.18 所示。

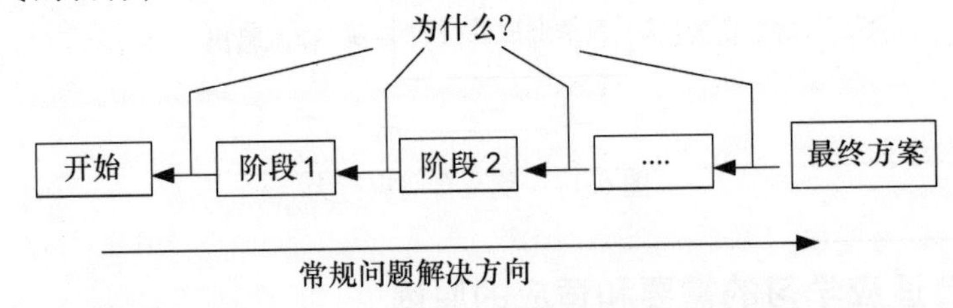

图 6.18　反向推理

6.5.5.3 基于事件的适应性

在基于事件的适应性的情况下，一个事件用于适应的基础和信息。在这里，向前和向后推理都可以用。基于事件的适应性不仅仅需要模式，更是以事件为中心，以及每件有用的指示的行为。

6.5.5.4 基于模式的适应性

基于模式的适应是基于信息、数据或系统的行为模式的。系统试图跟踪模式和模式中的变化。参考模式中的变化，整体的学习策略是适应性的。

6.5.5.5 基于特征的适应性

步步为营的自适应应用是非常有用的。基于特征的适应允许多种变化。每一种特征经过测试考验，它可以用于某些情况。

6.5.5.6　基于不确定性的用户模型适应性

在基于不确定用户适应性模型中，不确定性的程度可以用来做适应性决策和学习策略的选择。

图 6.19 描述了系统、用户和适应性之间的关系。适应的影响是在结果中检测出来的，并且可以以奖励或者惩罚的形式进一步来用作自适应学习。

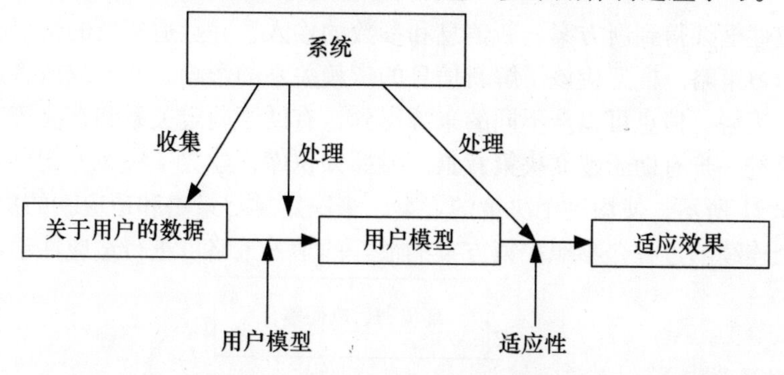

图 6.19　系统、用户和适应性的关系

6.5.5.7　改变系统边界

适应性可能不限于学习器的选择，但它可以超越。系统边界由新的方案和新的决策问题来改变。系统新边界的适应和参照新情境的学习是必需的。环境在不断变化，新的环境提供决策参数，这些参数有助于建立决策方案。在现实生活中的一个变化环境的典型方案如图 6.20 所示。

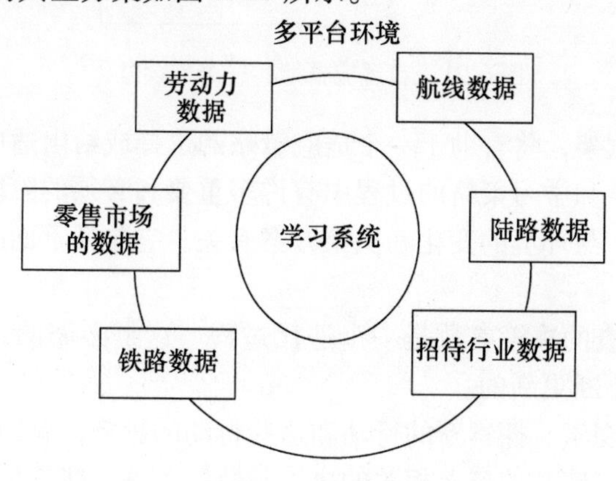

图 6.20　多平台环境

决策方案也与背景有关。这些信息可能来自不同的平台，也可能存在本质的多样性。

6.5.5.8　时间和空间的适应性

适应是一个不断变化方案下的功能，并且自适应学习参考于方案。方案在时间和空间中变化，在时间和空间的维度中，新的信息也可以得到。新的信息和决策方案相关性之间的关系在适应性中起到了重要作用。适应性需要考虑到在提供的决策情境中关于时间和空间的学习以及关于这些参数的探索。

6.5.6 自适应框架

适应性框架得到新方案、新信息和参数的输入，并且适应新的情况，制定新的信息学习策略。框架应该了解新信息的依赖关系的影响，并形成或者选择适合信息学习策略。信息可以从不同的来源得到，有助于确定关系和在决策影响中的变化，这进一步有助于建立决策背景。参照知识库，建立了决策方案。自适应框架如图 6.21 所示，使用这个决策的方案，来决定学习策略和适应新的决策方案。这是一个连续的过程，参照决策方案的最好的学习策略可进行适应性学习。

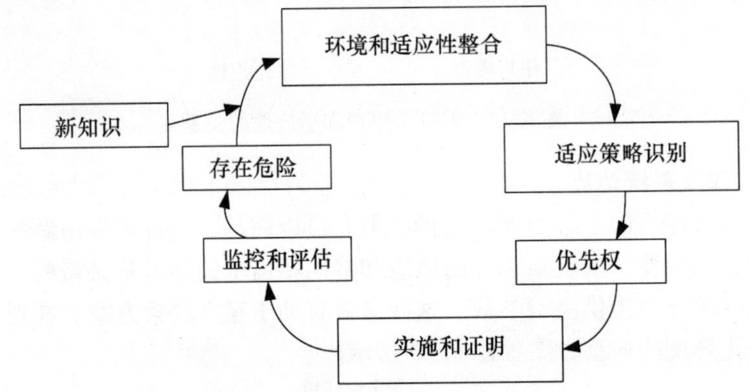

图 6.21　自适应框架：一个连续过程

这里讨论的框架，将有助于一个适应策略的选择或给出适应性行动实施的指南。在发展适应性和学习策略的过程中有许多重要和必须的阶段。自适应学习是一个持续的过程，与环境的变化和决策方案有关。它包括下面的几个阶段，有许多关键因素：

- 选择和检查的决策参数是一个迭代过程。这是必需的，任何战略是基于相关的决策参数不断更新的。
- 新行为的探索。探索新的行动和这些行动的影响，有助于适应。
- 一种机制来感知信息等相关的决策参数，了解这些参数的相关性。
- 适应功能。适应函数推导适应一种新的决策方案。

图 6.22 描述了自适应性框架代表着决策质量，它从环境接收关于质量的反馈。协作算法负责期望、反馈、参数和间隔尺寸之间的合作协调。学习器适应它们，并决定学习平台和学习策略。

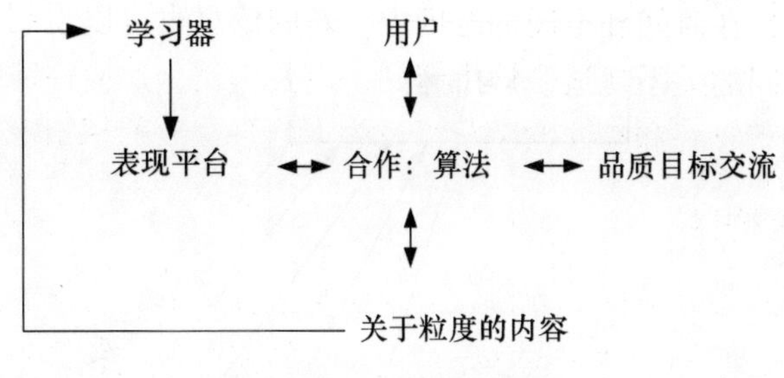

图 6.22 自适应性框架

6.6 竞争学习和自适应学习

自适应学习具有可竞争性。在竞争性的自适应学习中，一个以上的学习器有助于适应。概念自适应对手不利于竞争性学习，这是由 Cheung 等人提出的[3]。这包括训练和预测阶段。在这里，滑动窗口通过对输入—输出扫描。在这种方法中，自适应学习在预测阶段进行预测。在一个特定的实例中所有的信息可能不全部可用，在特定时隙中有可用的输入—输出关系。这些可能的时间间隔期间采取的形式是可用的快照。有时，两个独立的时隙无法有效利用。为了更好地使用关系并且建立关系，可以利用一个滑动窗口机制。滑动窗口机制有重叠的时间戳，如图 6.23 所示。

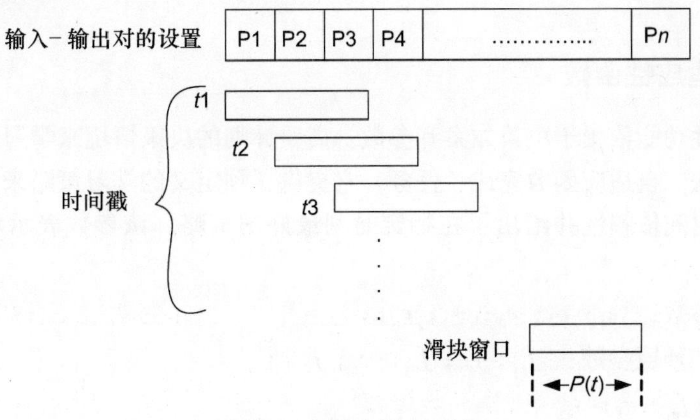

图 6.23 滑动窗口机制

在竞争性的自适应学习中，学习器参与竞争，满足系统的设计要求。在这种情况下，一个或多个学习器适合于决策方案或适用于预测使用学习的方案。典型的竞争性自适应机器学习架构如图 6.24 所示。在这张图中，I1 ~ I8 是输入源和信息。此信息用于预测决策方案，学习器 L1 到 L5 参考决策方案来竞争，得到输出，并由竞争来建立学习策略。

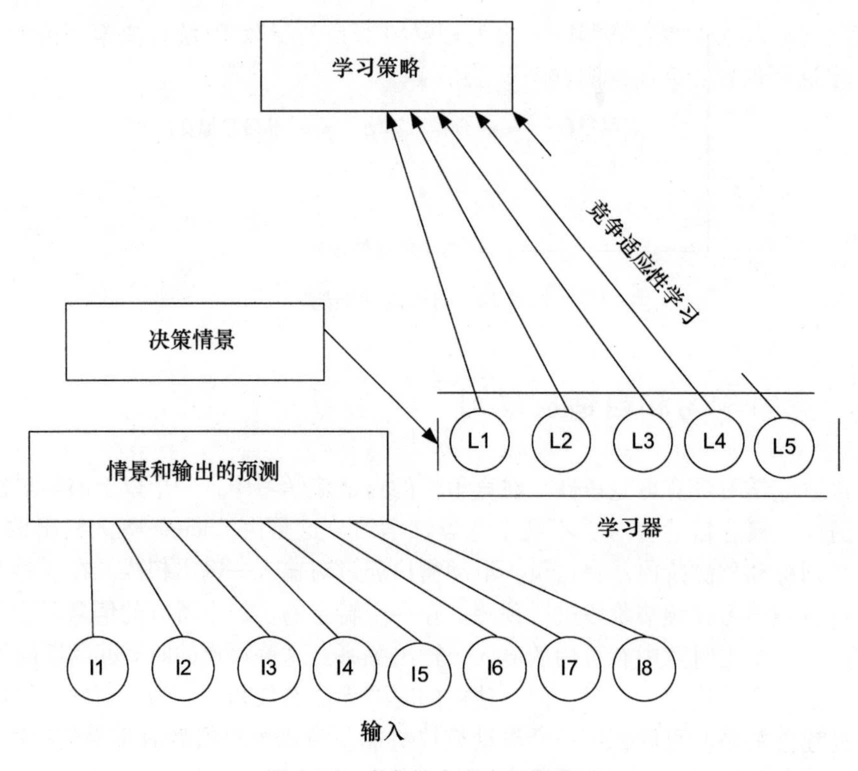

图 6.24　竞争性自适应机器学习

6.6.1　适应性函数

适应性功能依赖于决策方案和参数。需要计划的决策情境来学习策略和最佳的学习算法。自适应函数完成了任务，它提供了预定义的学习策略来完成学习优化，它是时间依赖性并给出了在特定时刻最好的策略。该参数表示和函数讨论如下：

环境参数：$\{e_1; e_2; e_3; \cdots; e_n\}$；

预测的环境参数：$\{f_{e_1}; f_{e_2}; f_{e_3}; \cdots; f_{e_n}\}$；

误差：$f_{e_1} - e_1$；

适应性函数 $= F$（误差）；

新的决定参数 $= f$（新方案、新参数、旧参数、适应性函数）。

6.6.1.1　决策参数和方案

这里将以决策参数和决策方案为重点讨论以决策为中心的主动学习。一个主动学习的主要部分是得到所有未标记样本的标签。在这种方式的应用过程中，它应该产生一个更好的模型。在做学习和决策时，同时要考虑决策方案。决策参数是指决策过程中相关的参数和影响。决策理论模型是基于数学/统计决策理论的概念。一个通用的知识库的决策如图 6.25 所示。

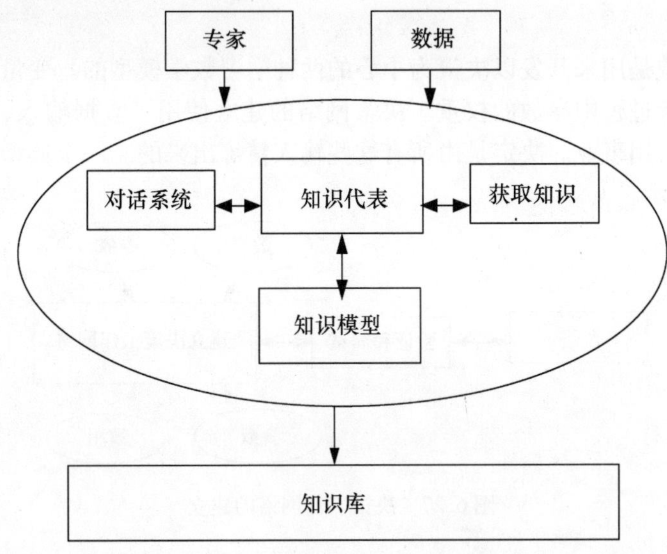

图 6.25　知识库系统：基础结构

在决策为中心的学习案例中，重点是获取决策参数，并在此基础上探索事实和未标记的信息并明确地使用。在这里学习是基于决策及其影响的。在决定学习的情况下，最优决策是用来学习与分类的。在反应学习的情况下，预测模型估计行动的输出概率，用来学习。决策方案决定不同的决策参数。领域知识、历史信息、探索决策参数和决策方案，用于决定学习策略。结合对话管理域管理器的基本结构如图 6.26 所示，领域知识需要建立环境。领域知识和决策的相互作用是基本的输入域管理器。

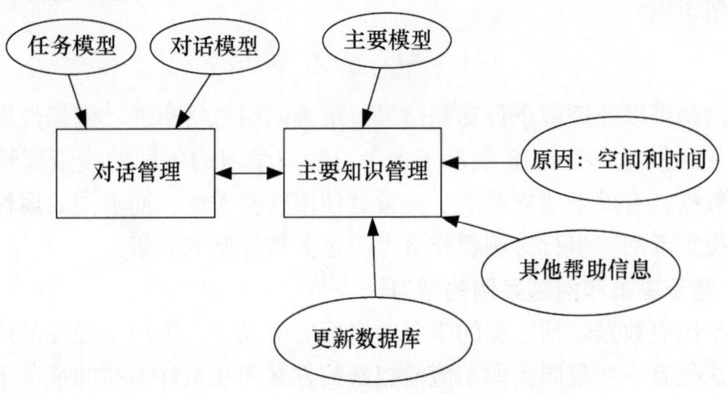

图 6.26　领域知识和对话管理器：基本观点

决策参数的选择是基于历史模式和参数对结果的影响的可能性。这通常基于决策参数的相关性。各种统计方法可以用于为一个给定的决策方案中决定参数的选择。

决策参数是用来开发以决策为中心的两种学习数学模型的。变量的排名决定了学习和决策过程中参数的权重。决策网络的建立使用了数据输入、专家输入、不同参数和公用事业。决定是由所有这些输入精炼出来的。一个典型的决策网络如图 6.27 所示。

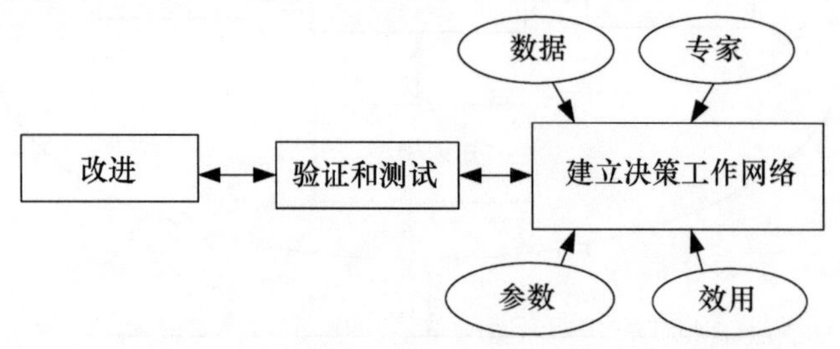

图 6.27　决策工作网络的建立

自适应学习需要管理决策信息、关系和属性。根据决策方案的属性排序是必需的。在不同层次不同的环境信息进一步评估后进行学习策略的适应。

6.6.2　决策网络

在决策网络中，决策变化不仅基于信息，也基于对这些信息的解释。另一个因素是环境的表示。一个决策网络包括代理商的当前状态信息、可能采取的行动、可能的结果和转换。特定的动作发生基于一些关于环境的证据或资料。

设 A 是参照知识的实例 KI 的动作。然后采取行动 A 的预期影响（EI）可以通过贝叶斯给出：

$$EI(A/KI) = \sum_i \text{输出}_i$$

决策网络可以处理多个行动和结果。决策网络包括事件、依赖性以及随着决策参数改变的影响。图 6.28 展示了参考自适应学习的不同的决策属性。它解释过滤后的数据，有助于建立看法。决策者使用这些看法，而不同的属性被用于生成意图。决策者用一组行为例程作参考决定参数控制的决策。

6.6.2.1　基于决策和问题案例的学习

在基于历史数据或预定义的学习给定值的情况下，可用于处理的信息被用来学习。但这也有一些限制例如不能捕捉新的方案和在案件不明的情况下做出错误的决定。但在探索式学习的情况下，这些决定和结果可能是有益的学习。基于决策的学习试图利用这个决策的信息、决策的方案以及做决策的影响。所有的学习

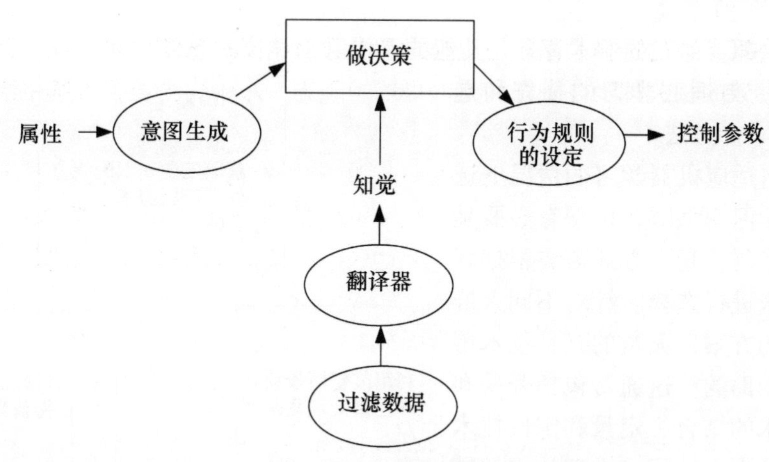

图 6.28　决策者的工作

指向都通过历史决策。

在基于问题和方案的学习中，感知相关性是很重要的。另外，作为方案的延伸，有必要进行累积学习。基于问题的学习需要主动去学习。随着新的信息的出现，不再有效的旧的假设被修正。而另一种选择，一个方案呈现了不同可能参数的学习。它更像是模拟的探索。最适当的、最相关的、最频繁的案例帮助去提供更好的知识积累。

6.6.3　自适应学习方案

假设一个拳击手正在表演，其中假设对手是一个左撇子并因此将用左手攻击。按照这种假设，拳击手将有他自己的防守计划，甚至攻击都是被计划。不久，拳击手意识到对手可以用两只手冲击得同样好——现在他已经适应了这种环境并赢得了比赛。这些修改是根据对手的身体语言、对不同动作的反应以及在恰当过程适应的结果。图 6.29 讨论了一个典型的自适应学习方案方面的例子。

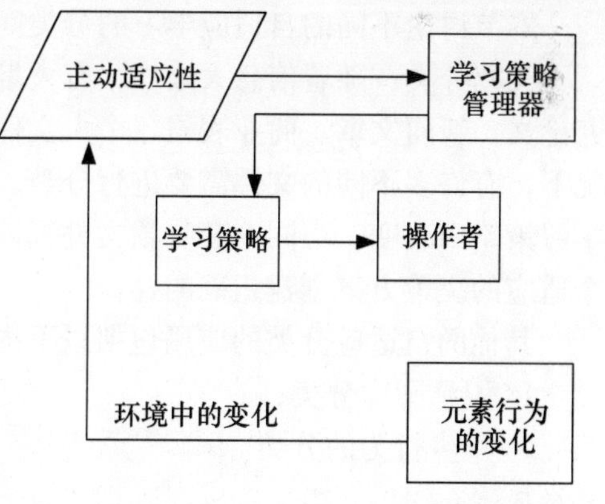

图 6.29　适应性学习：随着环境的改变而改变

到目前讨论的为止，学习策略是自适应学习的重大成果。它是基于知识获取、能力以及学习模式的。图 6.30 展示了关于学习策略的目标和挑战。

在学习的情况下，老师根据学生的兴趣和特长选择合适的学习策略。这些输入信息可以试图通过问卷或者与学生互动得到。基于这些，课程内容可以重新设计，交作业的方式可以被改进，甚至教学策略可以被最终确定。这里的参数包括学生的兴趣、他们的学术背景、其他的课程以及学校的总体目标。

6.6.3.1 自适应学习的补充和选择方法

在自适应机器学习的情况下选择机器学习模型时，模型有必要是相辅相成的，基本方法需要根据其适当性来进行选择。针对不同人群和不同的方案，大量的互补技术可能是有帮助的。这通常包括开采和勘探技术的结合、定量和定性技术的结合、中心知识和推理技术的结合、串行和并行学习技术的结合以及投票和过滤技术的结合。补充方法的选择可以为需要处理的复杂的决策提供全面的学习。

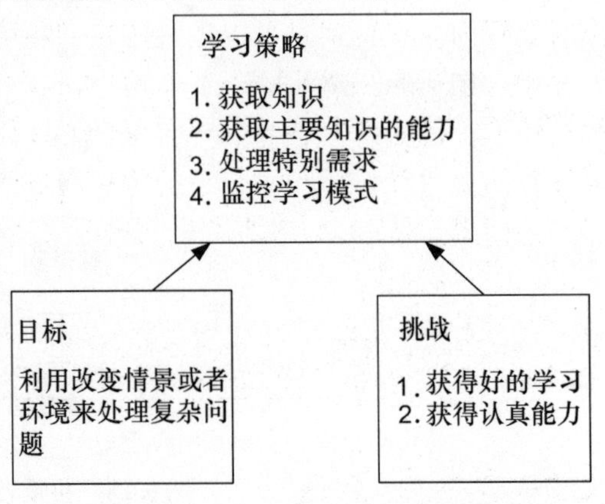

图 6.30 学习策略：目标和挑战

6.6.3.2 复杂的学习问题和不同学习方法的需求

在现实生活中需要处理的学习问题比较复杂。同样的学习方法，不能用来处理不同的决策方案，因此需要不同的学习方法去处理复杂的决策问题。

6.7 范例

本节讨论不同的自适应学习的分类问题。

文档分类：随着信息大爆炸，有大量的文件集需要被归类。这些文件包括研究论文、新闻文章、商业表格、个人文件和银行文件。甚至在一个特定域中的情况下，有许多不同的文件需要进行分类。新文件和新的决策问题的可用性需要在学习策略中改变。当同一套贷款文件都被归类为承保与财产评估时，就需要有一个适应的决策方案创建正确的桶。

其他的自适应分类的应用包括以下内容：

1. 卫星图像分类；
2. 学生行为的分类。

6.7.1 案例研究：基于自适应学习的文本

基于文本的学习需要理解情景，决策案例和情景密切相关。各种不同的方法和解决方案，如支持向量机方法、提高和 K 近邻可用于文本分类。与环境和决策案例相适应的学习是必需的。自适应学习参照新的信息有助于知识库的建立。此外，新的信息可以改变决定。有必要参考环境变化增强学习系统的行为。在简单的适应中，固定的规则发生改变。这种适应性可以采取一个更高水平的灵活性表现出智能行为。这种信息可以适应用户、环境适应和行动。适应可以发生在任务的顺序中、在行为或进程的相互作用中。在这里，该系统能适应目标、决策参数和用户输入。例如，一个具有研究背景的人研究机器学习论文时，该系统可以适应这些输入。它能够适应它先前的搜索和查询，随着近年来科学的进步，可以产生最好的结果。图 6.31 描述了环境和用户之间的关系。

智能适应包括：

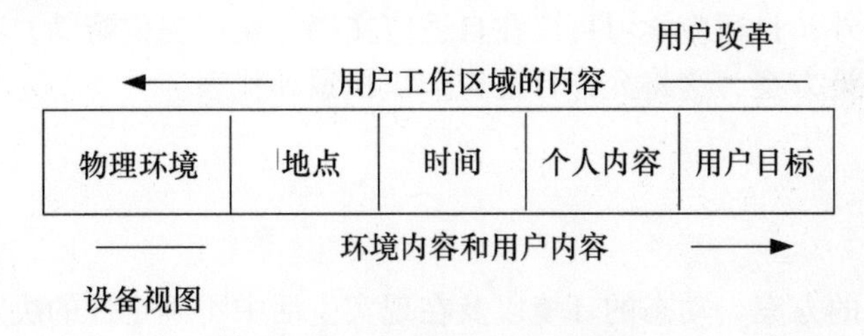

图 6.31　环境背景和用户背景

- 插入/删除信息：

1）先决条件的解释和基于情景信息的挖掘可通过适应用户需求被插入；

2）补充信息或解释可以适应用户行为；

3）可以根据用户的整体行为提供相关的文件。

- 改变信息和关系：

1）参照新的行动，信息能够被提供和更改；

2）适应社会和信息的情况下，可以提供新的信息。

- 文件的自适应分类。建立新的关系和群体形式，以适应用户的需求。
- 通过适应信息模式提供额外的信息。
- 参照完成知识的存储库，适应环境变化。
- 根据用户的适应行为不提供一些信息。

在这种方式中最相关的信息可以提供给用户，文本分类能够自适应地进行，甚至可以提供自适应导航支持。因此，对于研究论文的选择，情景可能包括用户背景、以前的搜索、项目需求、同事、研究实验室等。

6.7.2　自适应学习的文档挖掘

有大量的文件集，从文件堆中得到最相关的文件，仍然是一个挑战。每次针对不同的目标文件需求不同。所需的信息可能有确切的方案和类似的信息，那可能是没用的。在这种情况下，需要挖掘适应方案的决策。自适应文档挖掘可以解决这个问题。这里有必要选择一个具有代表性的目标，并且这个目标能基于用户的行为进行跟踪。在不同的决策问题中，文件和角色的行为需要被考虑，即使用户行为可以帮助适应。基于自适应行为的学习是基于自适应行为的系统和观察到的影响结果的研究，自适应文档介绍是参照客户行为和手头问题的，相关的决策方案的文档被呈现给用户。此外，自适应重组和自适应分类文档可以使用自适应学习。

最初，用户对体育文档感兴趣并挖掘它们，但是却对那些也谈论体育运动的政治文档很反感。这里的决策方案是识别最近的体育活动。当用户现在是一名对体育赛事就职感兴趣的体育记者时，决策方案发生改变。在新的决策方案下，所有和开幕相关的体育赛事都会被分类进一个集群中并通过自适应学习形成不同的集群结构。此外，自适应学习可以在自适应文档导航中提供帮助，其中文件分类适合于参照决策方案，这将允许自适应知识积累和代表。

6.8 小结

不断变化的方案、动态的环境以及在现实生活中不确定性的决定问题造成在实际生活中机器学习的各种挑战。自适应学习可以在很多情况下提供帮助并得到更好的学习和决策结果。

自适应学习是随着环境与方案的变化不断调整的。因为行为的变化，当系统遇到新的信息和新的决策方案时，可以提供全新的和不同的行为的信息。学习政策是好的，但到目前为止可能和新方案不相关。自适应学习能适应方案的决定、新的知识、用户行为和用户输入。自适应系统是一组不同的实体，独立的或相互依存的、真实的或抽象的，形成一个完整的整体，它们能够共同应对环境或相互作用的改变。

基于学习方案从现有的分类组中选择学习算法或学习器是一个学习途径。因为这种方法有预定义的分类，它是有必要的，这些分类能够演变和适应不断变化的行为去表现出真正的学习和智能行为。多机协同学习可以适应不同的阶段，而学习是合作的，因此整体的学习是受益于不同的学习代理的。适应需要去捕获决策方案和相关参数，该决策方案和相关参数用于自适应学习当中。自适应学习是系统学习的一个重要组成部分，就像系统依赖性揭示的那样，学习进程和系统需要适应环境的变化。

参考文献

1. Breiman L. Bagging predictors. *Machine Learning,* 1996, **24**(2), 123–140.
2. Freund Y and Schapire R. Experiments with a new boosting algorithm. *Proceedings of the Thirteenth International Conference in Machine Learning,* 1996, 148–156.
3. Cheung Y, Leung W, and Xu L. Adaptive rival penalized competitive learning and combined linear predictor model for financial forecast and investment. *Proceedings of IEEE/IAFE Conference of Computational Intelligence for Financial Engineering;* 1997.

第7章 多视角和全局系统性的学习

7.1 简介

讨论到目前为止，学习时能够有效地优化利用所有的资源、信息、数据点和信息源是很必要的。因此，应利用所有直接和间接的知识源。当考虑全局系统学习时，应该期望能学习到全局系统可能行为的细节。全局系统的学习是一种吸引学习者头部、心脏和手的结构性方法，也恰是学习者的全局系统。同样的，全局系统机器学习（WSML）的概念就涉及了占用所有可利用的信息和资源来形成它们最优的学习能力，这指的是参与的所有信息资源、认知对象和动作要点。全局系统学习的一个重要方面就是从不同角度完全获取到系统信息和知识。有趣的是，对全局系统学习而言，多视角学习是必需的。

由于能够使用和接触到越来越多的信息，所以用这些信息进行最优学习就变得更加重要。信息的每个部分都提供了一个确定的角度，有一些角度对决策方案是非常重要的，而有些就不那么重要。当缺少不同可能视角的知识时，决策就变得更加困难，学习也就仍然是不全局的。采用全局系统这里指的是利用所有可能的信息作为有效学习的途径。

视角是一种观点，更精确来说是在一些假定情况下整理收集的数据，这些假设定义了看待系统和行动的观点。从不同角度收集、处理和呈现的信息会产生不同的决定驱动程序。当学习过程涉及多个智能决策者并且这些决策者中的每一个都是从一个特别的角度搜集信息时，那所有这些决策者联合起来就能使全局系统学习成为可能。虽然多视角学习增加了全体获取的复杂性，但与传统学习机制相比产生了更多的学习机会。不同决策者吸收的信息和不同的假定一起从特别的观点和视角提供了系统图片。互动和主动学习要考虑这些不同的观点，这样能够帮助人们将它们组合为整体的视角来学习。

全局系统学习也是对来源于多样化智能决策者的信息的多感官学习，信息以不同形式来自于不同的资源。有效的学习具有如下特性：它是前后相关的，递增并累积的，它有提供综合观的能力，还应是积极主动的、协作的和反思的。所有这些特性都使学习更加复杂化，但是它能够解决一些复杂学习方案的关键问题。从想要完全理解系统的视角而言，全局系统学习非常重要。多视角学习是对不同视角收集的信息和数据的处理过程，这也就是学习的参数、价值和目标，为的就是考虑不同的视角而做决定。视角也是定义在假设基础上的，当存在多个信息源而且信息来自不同视角时，则信息就很有可能是多样化的。把不同的信息和知识展现在同一个平台上就很有必要。

总之，多视角机器学习（MPML）和 WSML 是系统机器学习的两个重要方面。虽然全局系统机器学习试图利用所有的信息和方方面面进行有效的学习，但多视角机器学习试图得到所有全局系统学习所需求的信息，并试图整合它们。图 7.1 描绘了 MPML 和 WSML 在系统机器学习中的角色。

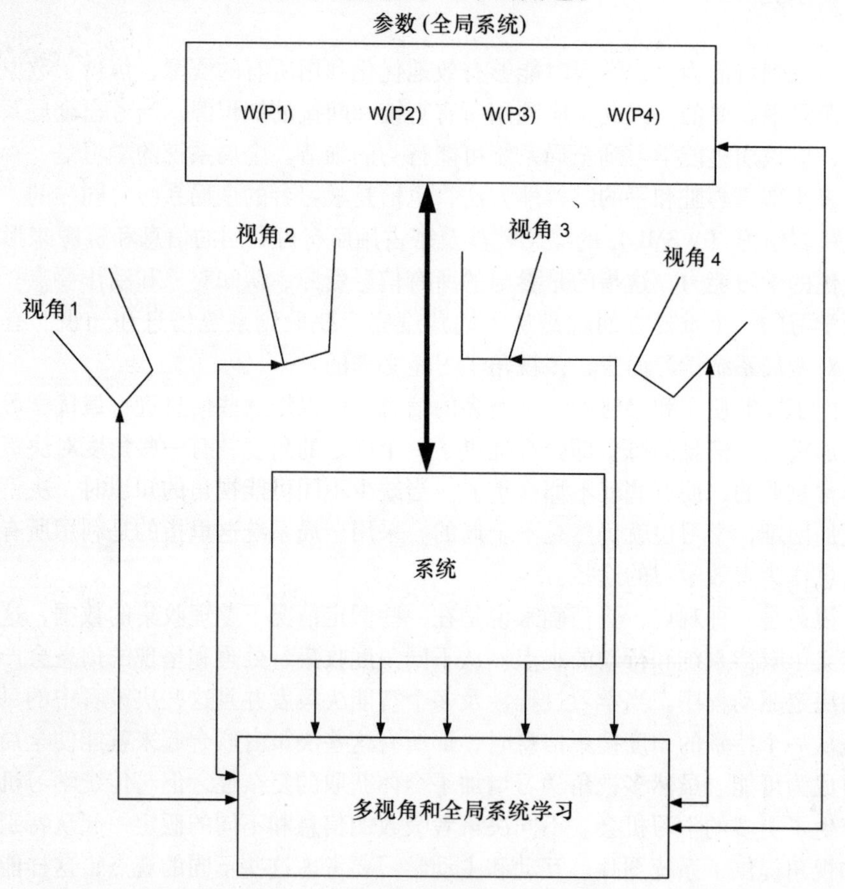

图 7.1　MPML 和 WSML 的框架

7.2　多视角方案构建

这里的方案定义是在学习发生时理解系统状态的基础上。当需要基于学习情况做决策时，需要理解决策方案，所以需要采取和展现不同的视角。最重要的部分就是理解不同的视角。任意物体、方案或者事件都有很多视角，只能在理解所有这些视角的情况下才能描述决策方案，方案是一种收集到的对决策方案给出详细细节的知识。方案信息构建了方案，这包括了决策目标、环境、不同的参数和最重要的相互关系以及行动之间的相关性。独立的各个参数可以传达不同的决策目标，而所有参数共同构建决策方案。例如，当在搜索一些研究技术时，背景方案是应用程序、用户和现状。执行算法对不同的人可以有不同的方案，这种方案可以通过系统中不同的对象的互相作用来建立。图 7.2 描述了通过互相作用构建方案。

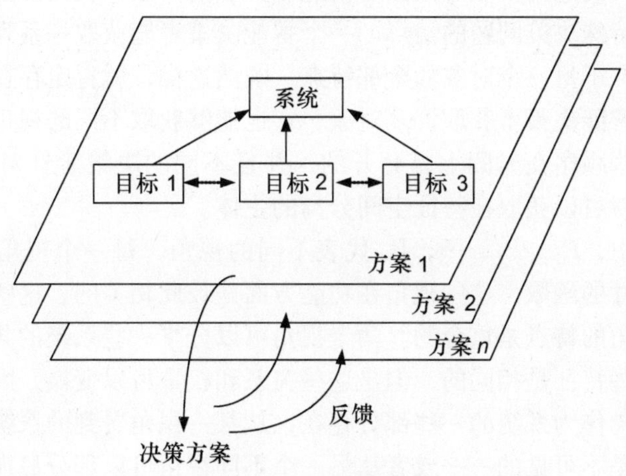

图 7.2　方案构建

人工的决策是典型的通过不同资源达成有效的决策参数。这些人工智能帮助构建决策时的方案。此外，这种方案和其他信息有助于确定决策方案。在决策空间里不同的决策点上，这种视角是典型的不同专家或可用信息的观点。

机器学习的一个多视角智能框架被描述在图 7.3 中。根据环境来说，视角是确定的。数据获取和参数确定源自视角。参照学习和决策的策略，确定了决策和学习的影响。

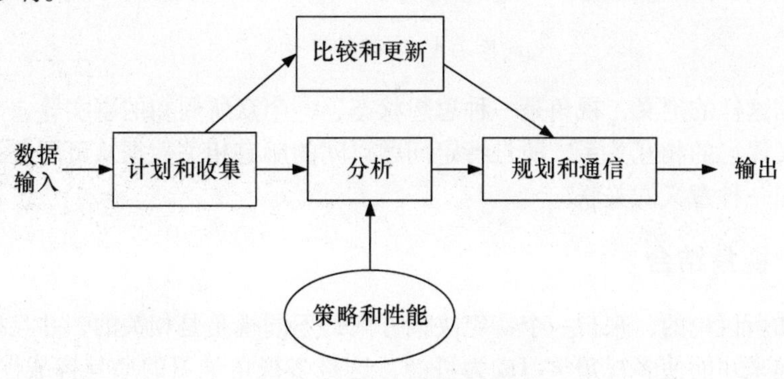

图 7.3　多视角智能框架

7.3 多视角决策和多视角学习

正如在第2章中讨论过的，多视角学习是多视角决策所必需的。这里说的多视角学习指的是通过从不同视角获取和构建的知识和信息来学习。多视角学习需要从不同的可能视角获取信息、关系和系统参数。这个过程包括获取视角并表示以及关联这些不同视角获取的数据、信息和知识的方法。视角涉及方案、表示和影响看待一个特殊决策问题的情形。一个智能决策者能获取一系列的对象，这里的假设就是获取了每一个对象的全部特点。既然这样，就肯定存在更多的智能决策者，每一个智能决策者获取许多对象，它也能够获取不同的视角并可以提供不同的特点。这些顺序在时间上是分开的，并且不同的决策者针对不同的系统单元。多决策者就可以获取在特征空间分离的主体。

在图7.4中，P_1，P_2，…，P_n 代表不同的视角。每一个视角被表示成一个功能和系统尺寸的函数，这些视角在功能方面是彼此相关的，这些特征是相关的而且和其他视角的特点是重合的。两个视角可以分享一些系统的共同部分。在一些情况下，这些特征是相同的，但是这些关系和权重可以变换，因此表示值就会不同。这些差异作为系统的一些部分存在，从某一视角看到的系统的可见属性在其他视角来看是不可见的——或者从另一个不同视角可以部分显现。正如先前讨论的，这表示的特征集应该包括所有可能的特征。

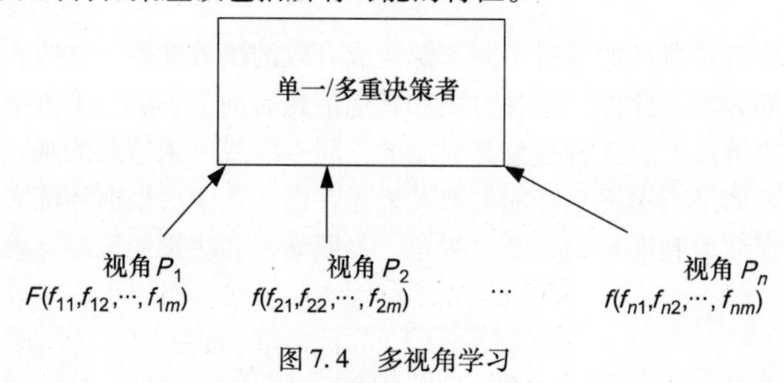

图7.4 多视角学习

依据这样的定义，视角是一种思想状态、一个众所周知的事实等，而且它有一个意义深远的相互关系。源自特定问题空间的所有相关数据从可用的视角来看都是存在一种意义的关联。

7.3.1 视角结合

正如所讨论的，来自一个特定决策方案的不同视角是相关的，并且把不同视角结合起来才能使多视角学习成为可能，这是多视角学习的最具挑战性的部分。多个视角的结合有不同方法可以使用，一个简单的方法是视角优先化，然后结合基于优先级别的特点再结合不同的特点。另一种方法是从不同的视角得到的特征向量的加权和。表示关系不是通用的，而且总是和特定的决策方案联合在一起。视角可以参照特定决策方案进行结合。在另一种有效的技术中，一个以上的视角就是参照决策方案结合在一起的。这是用参照决策方案对视角和特点优先化而完成的，视角的排列通常是参照决策方案完成的，每一个视角和特点的进一步权重是基于优先权决定的。不同视角是用给定决策方案的权重矩阵结合起来的。部分信息和它对决策的影响应该被表现和映射出来，这可以通过图形化的表示和相关矩阵来实现，这些表现就在本节进行讨论。

7.3.2　影响图和部分方案决策表示图

基于视角的信息能够通过不同的方式表示，就像存在的条件关系一样，能够用贝叶斯似然定理或者其他统计方法建模。能够表现为影响图（ID）或条件关系图。这种基于影响图的表示能够帮助鉴定关系并确定方案。影响图是一种对决策（方案）情形的图示，也能有其他方法表示决策情形和关系，已经选择了影响图方法，因为它能帮助最合适地表示系统关系，而且它也是非常简单和不那么复杂的表示方法。

传统学习里，信息通常是从一个特定视角表现的，但是在现实的方案中有不同的复杂性和相互依赖性。即使一个简单的问题也有很多可能的视角，一些视角是与目标直接相关的，而其他的可能和目标有间接的关系。能直接来自目标的视角在分析思维和分析决策中扮演着重大角色，多视角学习必须考虑不同的观点。另一个重要的方面是决策视角，决策视角需要映射给学习视角。

多视角学习的基本理念是从所有可能的视角中获取系统信息，这可以帮助建立整体的系统视角。来自各种视角的信息通常用来构建方案和系统知识，而这种知识用来高效决策。

影响图、决策图和决策树用来表示不同种类的信息。影响图中非常清晰地展示变量间的关系。在半自主的影响图中相互关系的可能性都表示了。在第2章已经将对一些全局信息、未完成的和没有信息的影响图例子做了讨论。

事实上，在实际学习中，决策时已知所有信息的情况是不可能的，因此不完整信息的情况是必然的方案。在不完全信息的情况下需要塑造和获取系统的信息。图7.5描绘了一个典型不完全信息的例子。

影响图方法特别有助于下面的情况：

- 当问题有高度的条件独立性时；
- 当需要非常大模式的紧凑表示时；
- 当概率关系的交流很重要时；
- 当分析需要广泛贝叶斯更新时。

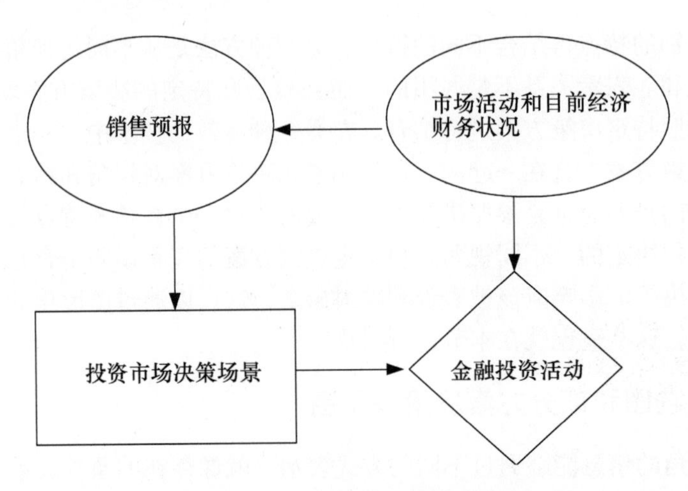

图 7.5　不完全信息（现实方案）

条件独立性要求以一个更有效的决策问题的方法表达条件概率，这对机器学习也是很重要的。影响图表现了变量间的关系，这些关系因为影响着分析者或决策者的系统观点而很重要。

总之，概率影响图是一个定向图网络而没有直接循环。影响图表示了特点方面的关系，这些特点也可以帮助获取知识，特点之间的关系帮助构建方案信息。

它代表整体的决策方案。例如，一个临床专家可能评估流行疾病和诊断试验的灵敏度比评估疾病概率更容易。在影响图被用来促进评估概率后，所有的更新和贝叶斯推理都是被算法评估自动处理的。虽然对决策树执行贝叶斯更新有很多方法，但是对需要大量贝叶斯更新的问题，例如连续测试决策，影响图能减轻分析员的负担。这是通过减少了结构里贝叶斯更新需求的复杂方程的需要。当这些方程被指定时，影响图也能减少发现被引用的错误所需要的时间。

接下来将使用影响图表达决策方案。在现实方案里，影响图是对决策者可视部分系统的表述，可以称其为感知的决策界限。另外，它也能是一个特定视角的系统表达。在现实生活中，即使来自明显的视角或者决策者的视角的全局信息在做决策时也是不合适的情况也总是有的。决策附属的有限信息和不充分的信息一样会引领人们以一个稍有不同的方式表达决策方案，称其为半自主的影响图（SCID），也可以称为部分方案决策表示图（PDSRD）。

PDSRD 以模糊的方式表示关系。随着把越来越多的视角和一段时间揭示的系统信息结合在一起后，这些部分方案决策表示图模糊的关系变得具体。图 7.6 描绘了 PDSRD。

正如所讨论的，PDSRD 表达了来自特定视角的部分信息和少量信息。当明确的关系不可用时，PDSRD 能用一些变化进一步修改从而表达联系。图 7.7 描

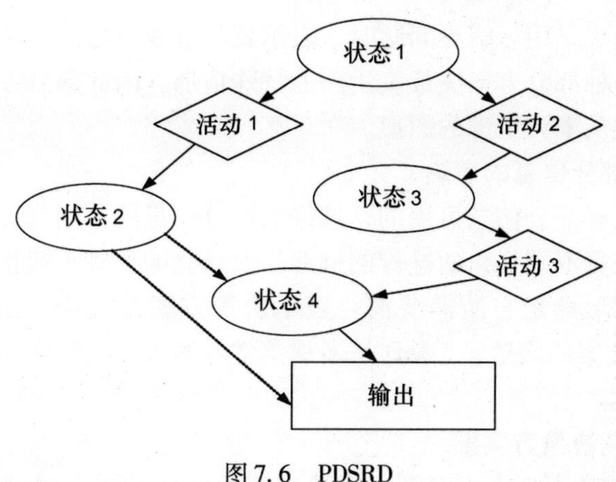

图 7.6　PDSRD

绘了 PDSRD 的大概情形。

图中的虚线指出了可能的关系。在 PDSRD 中，会有一些不是很确定的关系。一些关系是模糊的，代表了环节上的问号。过渡概率对一些关系是已知的，而对其他的是未知的。这有助于产生以模糊数值部分填充的决策矩阵。

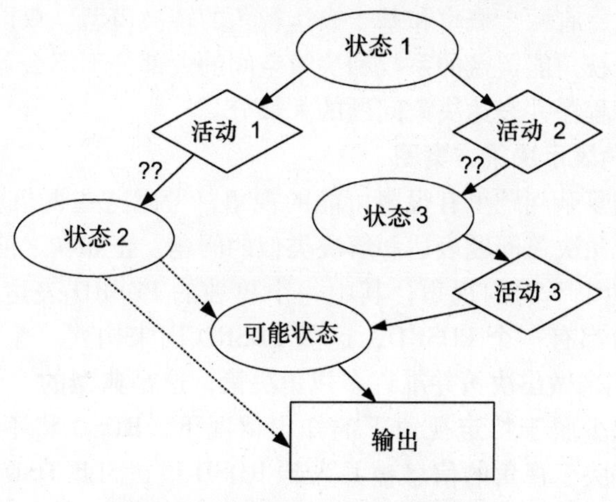

图 7.7　PDSRD——部分信息框架

正如以上所讨论的，全局的信息可能不适用于不同的情况。在全局信息和部分信息情况下的关系和数学公式表达将在后面讨论。此外，需要在表达和数学公式里融合一个或多个视角去表达决策方案。

7.3.2.1　基于完全信息的表达

这里的完全信息是指所有的系统参数都是可利用的，这有助于确定所有的过渡概率。由于这个有效性，决策就变得更加容易。但是在现实生活中，完全信息不是在任何时间点都是可用的。当有全局图像可用时或者确定一个特定事件或基于模式的决策能很好用于解决问题时，表示就是可以使用的。实际上，有完全信息的影响图是一种部分方案决策表示图的特殊情形。因此部分方案决策表示图是一种信息有效性从零到全部的图形。

7.3.2.2 基于部分信息的表达

一般都是只有部分信息可用的，这样的部分信息就要用部分方案决策表示图表达。有很多来自不同视角的这样的框架，而孤立的那些不能指导决策，所有这些表示的表征图形都是它所需要的。表示决策方案图（RDSD）是结合了不同PDSRD 的决策方案的表达。RDSD 是多视角学习的表示，它实际上是所有角度获取的知识的表达。

7.3.2.3 单视角决策方案图

PDSRD 通常是用来表达决策方案是单视角的影响图。过渡和图形里相关那些转换的概率表达了决策者的视角。甚至概率影响图能被看作单一视角的决策方案图（DSD）。

7.3.2.4 双重视角决策方案图

为了突破单视角决策方案图的限制，给出了双重视角决策方案图的信息。在一个单一图形里，有两个概率和基于表达视角的转换模型。双重视角影响图有助于表达一些两个视角能覆盖的系统和决策空间的大部分不那么复杂的问题，它仍然能处理大部分程序并表达决策问题的大部分。

7.3.2.5 多视角表示决策方案图

正如实际的复杂问题里有很多可能的视角，考虑这些视角后需要做出决策，因此需要对多视角决策问题表达和解决类似的问题。正如在之前的章节所讨论过的，PDSRD 表达了不同的视角，其中一个单独的 PDSRD 表达了一个特定的视角。每一个视角都有一个 PDSRD，这些 PDSRD 用来构建一个特定决策方案的RDSD。RDSD 用来做出决策并准许多视角决策，这是典型的一个所有 PDSRD 的表达图形。在缺少属于特定视角下的知识情况下，RDSD 将不会表示特定的视角。越来越多的关于视角的信息被并入到 RDSD 里，因此 DSD 表达了决策方案的最佳观点。

7.3.3 表示决策方案图（RDSD）

不同的 PDSRD 代表了不同的视角和该视角里特点的相互关系。任何的系统或甚至一个决策问题都能有很多 PDSRD。它们中的每一个代表了一个特定的视角。任何决策方案都需要决策和学习的特征的数量信息，这些特征的相关性增加了这些特征的重要性。所有这些特点在单一视角下是无效的，但是一个代表性的决策图结合了所有相关这个决策方案的 PDSRD 并提供了所有相关特点以最佳值。

7.3.4 范例：部分方案决策表示图（PDSRD）表示的不同视角获取的城市信息

这里讨论一个例子，其中城市信息的不同视角是适合不同决策者主体的，PDSRD 1 ~ PDSRD 3 表示了它。

7.3.4.1 PDSRD 1

它提供了旅行社对城市和他们的旅行的视角。它也包括了环绕这个城市区域的信息，以及旅行工具和城市里的宾馆信息。

信息：旅行安排、旅游景点、成本、市场、出租车服务和附近位置。

7.3.4.2 PDSRD 2

它提供了积极参加这些活动的社会政治组织的一些成员的视角。它提供了政客对城市的视角，还提供了关于人其他社会以及政治方面的城市与区域信息。

信息：人、政治背景、宗教、社区、社会环境、社会要素和政治意义。

7.3.4.3 PDSRD 3

它提供了文化专家和历史学家的视角。它包括人文的，也就是历史学家对城市的视角，因此它包括古迹信息和城市的历史意义。城市文化层面的信息也是被包括的。

信息：历史古迹、文化层面、这个地方的历史意义。

考虑以下决策方案：

决策方案：一组人想要决定是否去参观这个城市或者这个国家的一部分，考虑到他们对食物的兴趣并研究这个国家的历史。

RDSD：会把三个关于决策方案的视角结合起来，而来自历史学家和旅行社的信息将占据更大的份量。此外，这些视角的每一个都将诚实地给出不同方面，而这些方面的结合将构建这个 RDSD。

RDSD 将包含以下信息：{人，行程安排，政治背景，领袖，设施，宾馆，出租车服务，旅游景点，公园，参观景点，历史古迹}。特征的优先顺序将取决于决策方案。如果信息有多个源头，那么即便是源头也会对特殊特征关联的重要性有贡献。

图 7.8 描述了一个累积学习的类似概念。这里的方案是通过不同的视角构建的，如功能、学科知识、理论概念和核心竞争力。全部的方案和所有这些参数用于决策。

一个学习系统的典型的多视角视图如图 7.9 所示。在一个学习系统里，有学生视角、父母视角、老师视角和其他教育官员的视角。多视角学习考虑了所有这些视角。这样做输入了不同的资源，如考虑了技术体系、个人体系和组织体系。

全局系统学习利用了来自所有源头的信息。社会/组织方案的全局系统学习

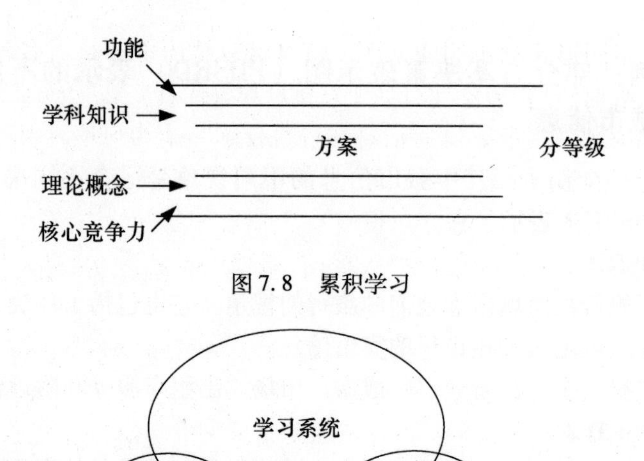

图 7.8 累积学习

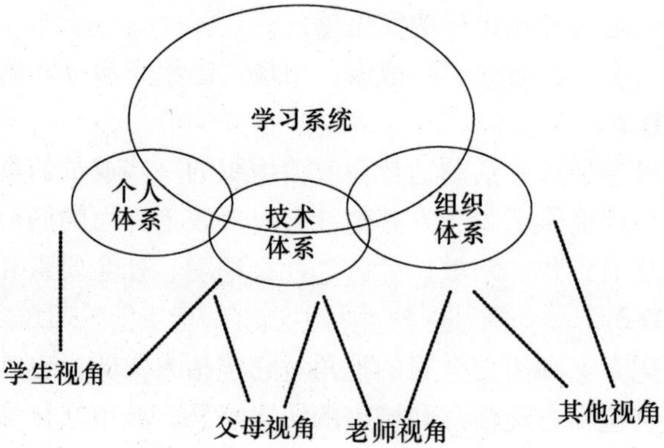

图 7.9 学习系统的多视角视图

如图 7.10 所示，这甚至能映射到全局系统机器学习上。这里的信息代表了先前学到的模式和数据库中存储的数据，信息交换允许源自不同来源的信息结合去构建知识。这信息用于预测预报，行为用来探索，而奖惩用于学习。

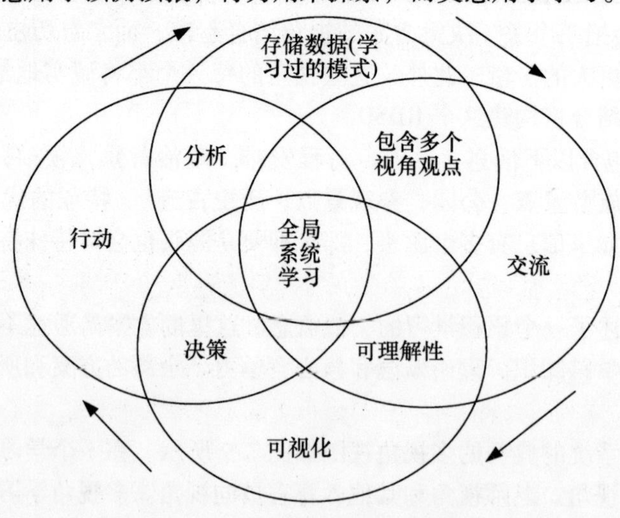

图 7.10 社会方案的全局系统学习

信息来源于不同形式和不同的来源。信息可以从历史经验（各种智能决策者获取可用信息给他们）、形象（可见或直接可导的信息）和行动（通过探索得来的信息）存储成数据，所有这些活动和资源使学习成为可能。那是一个重复的、协作的、创新的和集体的学习系统，它是这样工作的：①信息从环境、系统和世界中获取成不同的形式。②方案和相关特殊概念或疑问的决策问题用来构建决策方案。在这里，不同的视角和信息由全局系统的不同部分共享，决策方案的智能决策者感知它们。信息的交流和映射会带来新的信息、理解、关系和可能性。这是在系统和环境的不同组成部分，智能决策者和他们的视角之间有较大意义的背景下获取的。③他们被激发去创造一个新的集体方案或者组合的视角，它包括了相关决策方案中最重要的。④他们决定权重视角，优先化观点，而且不久去领会现实中能解决手边关于决策方案的问题所要采取实际行动的全局系统方案。随着决策者的继续探索和他们经历实际发生影响他们的决策和行动，他们将审查那些结果并以奖惩的方式学习，并且这会成为一个保存在知识库和在今后类似的决策方案中使用的新的学习和信息的数据点。从决策框架，学习策略和信息、新问题和联合的决策方案，从一个智能决策者出现并结合起来去解决先前学习中的瑕疵，这样循环继续着适应性的和多视角的学习。在这里，所有可能的视角都和所有的可能信息一起考虑到用来高效学习，这真正的有助于在学习时构建全局系统的理解去考虑所有方面。

为了产生全局系统的人工智能、为了由全局系统生产人工智能、为了对全局系统生成人工智能，所有系统的部分都需要清晰的决策方案。在多视角学习中，所有不同可能的视角都会根据决策方案测试。人工智能是用来自不同视角的信息建立的，在循环的每一个阶段，不同的部分和参数之间都有不同的关系。从不同视角观测到的关系都被保存并且会建立知识库。不同视角的观点和信息都会由不同的信息来源展现。

在一个典型的案例中，这些来源都是不同的智能决策者。在学习阶段，信息是参照决策方案分享和侧重的。这些信息包括事件信息、不同参数知识、连同行为的不同决策结果、模式和历史视角。这些不同视角需要结合在一起去构建整体的决策方案。由于信息在时间上是有效的而且甚至发现了新视角，所以它是一个持续的过程。这种学习是协调进行的，视觉是可以直接从数据得到的信息，行为则是来源于探索的信息，行为和视觉信息来自不同的智能决策者或者信息来源，进行往复的、集体的和协作的学习去构建基于信息的典型视角。为了多角度机器学习，全局系统学习也需要是往复的、协作的、创新的、集体的学习循环。往复的意思是要根据已有知识持续构建知识，并且根据新的探索事实重访数据库。集体的和协作的就是指要考虑多视角，因此多个决策者要协调合作才能使所有的参数得以利用和高效更新。每一个协作的多视角学习阶段都有助于构建能作为一个多视角决策方案被表示的整体方案。视角是和信息流程和知识建构联系在一起的，信息流动在任何给定的数据池中（数据库）。多视角学习就是以获取这些信息和构建基于这些信息的学习参数为基础的。多视角和全局系统的学习产生的学习策略将在后面详述。协作的智力有助于聚集智能决策者，他们能获取不同的视角给系统决策方案，但是存在很多挑战，比如：

- 集体学习构建和表示决策与学习方案是一个复杂的过程。
- 决策过程一般需要由一个智能决策者主导，还要有能给出合适的优先次序的能力或者算法，并且能衡量不同的视角哪个是困难的任务。
- 在协作的决策方案里建立的知识的利用和新方案的探索之间的平衡随着视角增加而变得更复杂。
- 广义的模型缺乏视角的考虑和对必需的深度的效果。

根据以上观察报告，当系统和协作学习用不同程序时，将尝试在多视角下探索传统技术。对任何结构，都需要不同的视角去理解全局的三维结构视角而且没有学习是不全局的。对于安全应用、商业决策、图像认证和健康评估是一样的，都有很多的视角，而全局学习系统需要考虑所有这些视角并且要充分利用所有有效的系统参数。

7.4 全局系统性学习和多视角途径

正如之前所讨论的，学习涉及全局系统。在学习时，不是看待一个特定的系统部分。而且全局系统学习是高效利用参数、关于全局系统的经验和在系统各种模块的可用信息。它不仅是关于信息利用，更多是关于决定基于全局系统的学习方针和方法。它不仅是一个输出值，更是一种多联系的思考。它可以看作信息的多个源头为手边问题规定的特定决策方案而优化组合在一起，这考虑了系统的所有部分，每一部分的个体行为和它们作为一个单元的行为。全局系统学习发生在系统的不同层面，全局系统学习的最重要部分就是决策参数的定期评估，这涉及了信息源和多个决策者间协作学习的合作。全局系统学习是要访问更多的相关信息并且更加明智地利用，出自不同来源的信息综合起来使全局系统可视化。通常在学习时，只是信息的一些部分和系统的一个特定部分在起作用，全局系统学习会利用系统的每一部分和每一点信息，这甚至可以用一组智能决策者描述，他们从系统的不同部分获取信息并且这些信息有效地用在学习上。这里将讨论粗糙集和一些其他能用来解决这些复杂问题的算法。

全局系统机器学习就是要利用和考虑直接性经验和专门知识之外的信息。被多个智能决策者有效利用的视角和信息使全局系统机器学习成为可能。全局系统的参数用于学习，全局系统项目会被跟踪然后模型之间的关系能利用在学习上。

图 7.11 表现了全局系统机器学习的样子。

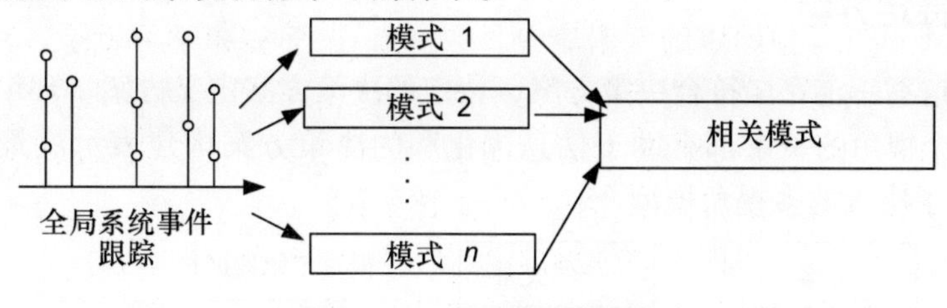

图 7.11　全局系统事件跟踪

7.4.1　分散信息整合

全局系统学习的主要障碍是信息零碎。信息都是碎片式的，因此很难构建全局系统并有效利用全部信息。实际上在全局系统学习中，一个重要的方面就是处理碎片信息。要做出很多努力去理解碎片信息。

7.4.2　多视角和全局系统知识表示

“复杂的而又不完善的知识有很多方面必须被掌握，并且很多种用途必须得以应用。多数之前观察过的失败学习的共同之处是过于简单，一系列过分简单化就是仅从一个视角去观察概念或现象或者案例。在一个不完善的领域，单一视角讲错失概念理解的重要方面，实际上可能会误导关于一些更多的理解方面，而且将对知识必须适用于新情况的变化说明很少。相反，必须在考虑中用多个表示原则处理所有的先前学习和说明的所有元素”[1]。

正如之前讨论过的，知识表示可以在决策矩阵中实现。这就是表示影响图，但它不是以一个特定的决策视角，而且因为所有的视角都带来一样的权重，所以全部的系统都能表示为一个矩阵。

7.4.3　什么是多视角方案?

多视角学习要考虑多个观点，它包括多种观点、表示方法、活动和系统范围内的作用。在协作的和非协作的方案内都要考虑这些作用。

视角是决策方案的一个功能。在商业方案下，优化、利益、员工福利等都可以作为视角。类似地，对于网络和分布系统，视角可以包括负载分享、安全、适应性、增量生长和可扩展性。

这些决策视角也取决于智能决策者的观点和智能决策者可利用的信息。不同的智能决策者获取不同的视角和不同的参数。这些参数和有效信息有助于智能决策者视角。

7.4.4 特定方案

多视角不一定完全符合决策方案，特定的决策方案定义方案、环境和决策目标，每一个视角的关系都有助于信息优化和为决策方案构建表示决策矩阵。图7.12 描绘了决策的多视角模型。

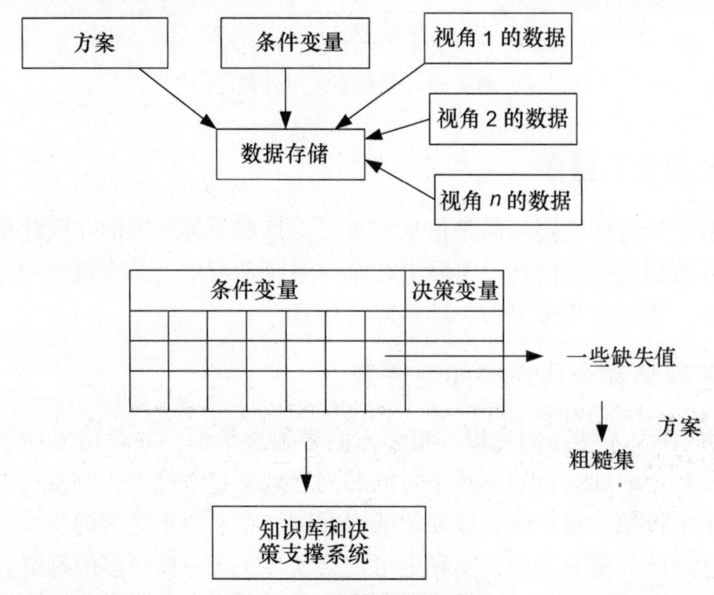

图 7.12 决策多视角模型

7.4.4.1 粗糙集：一个途径

- 多视角途径允许从不止一个视角构建知识，这肯定会改善决策进程。更重要的是，它准许利用相关信息决策。
- 这增加了复杂性，因此为了高效利用信息进行决策，考虑决策方案是非常重要的。没有方案的普通视角是不关联特点决策方案的，因此判别正确的方案并在决策时充分利用是很重要的。
- 遗漏值和局部信息的情况在决策方案中能够更加高效的得以利用。
- 粗糙集理论可以被用来判定遗漏值。

由此，一个集就是相关事情的集合。有时候这种关系的性质在这些定义中是没有规定的，然而在不精确数据的情况下可以利用粗糙集。附录 A 中详细地讨论了粗糙集。

7.5 基于多视角途径的案例研究

在本节，将讨论一些多视角途径的研究案例以更好地理解。

7.5.1　交通控制器用多视角途径

图 7.13 描绘了交通控制器用的多视角途径。在这里，任务、法律法规、工程设计和事件是主要的参数和不同的视角，例如用户视角、法律视角和生态视角。所有这些相关参数的视角构建了全局的系统视图。

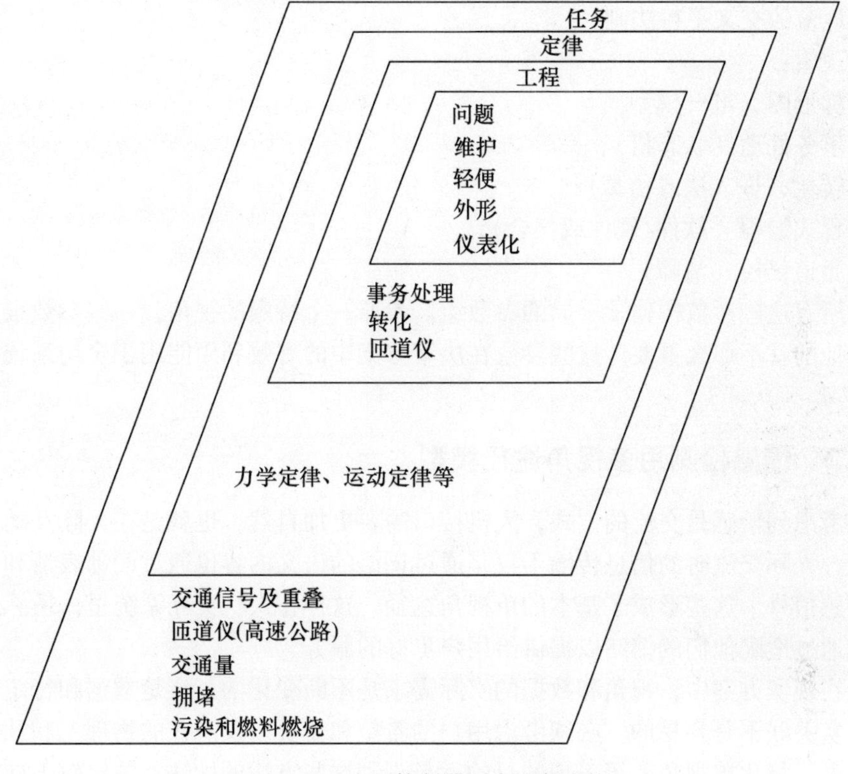

图 7.13　交通控制器用多视角途径

任务包括：

- 交通信号及重叠；
- 匝道仪（高速公路）；
- 交通量；
- 拥堵；
- 污染和燃料燃烧。

在不同的路段有不同的交通密度。使用者视角的宗旨就是等待时间最少或者不需要等待。从生态学视角看则是污染最少，而从法律视角看是交通流畅并遵守规则。

面板：

控制器（策略的）→大局；

控制器（监督的）→信号控制器（局部）。

定律：

力学定律；

电流的嵌入式基尔霍夫定律；

电流的交叉平行法则。

逻辑：

梯形图（电气模型）；

事务处理（状态机）；

转化（嵌入法或仿真）；

程式编程（软件/硬件或集合）；

匝道仪控（清障）。

所有这些参数构建了全局的参数组。参照一个特定的视角，一些参数很重要而其他的就不那么重要。这些参数在决策方案中的有效利用能用于全局系统多视角学习。

7.5.2 情感检测用多视角途径模型

考虑到情感是交流的方式，人机接口需要更加自然，也就是在人际互动上更有效，人际交流时的信息传输不仅是通过词语的语义内容也通过面部表情和手势的情感信号，这些形成了基本的单视角途径。这样在人机交互系统里，情感识别系统通过适配他们的情绪以提供给用户更好的服务。

在现实方案中，视角和数据的实际需求是不断变化的。清楚数据和特定方案的真实关联不是容易的，必须考虑用户的希望和需要以及潜在的物理上和社会上的情景。量化单视角系统表现的目的就是识别这些方法的优缺点并比较不同的方法从而融合这些不同的形式以增加系统的整体识别率。

如果仅基于表情或者手势判断一个人的情感，即便得到了相应情感的一些想法，但它也不会总是精确的。然而，通过从不多种视角观察情感检测的主题并考虑累积结果，必然能够得到一个更加精准的情感判别结果。

7.5.2.1 背景理解

在大多数识别练习中，背景理解有助于提供引导识别精度的线索。这些线索通过人的情感背景提供给我们。例如，当一个人哭的时候，所有的检测技术将会告知你那个人在哭泣。但是由机器确定这个人是出于幸福还是真正的悲伤而哭泣就很困难，因此这就是情形背景要进入的地方。人的背景能涉及环境背景、情感背景、社会背景甚至在实验中人的情绪背景（视角）。

根据情景，值得一提的是鉴于能判断他们当前情感或反应，一个人的情绪形成了基础背景。它是一个必须被观察和考虑以提高理解质量的特殊背景。

在 Righart 和 de Gelder 的研究中[2]，呈现了描绘快乐、恐惧和自然表情的面部图像的参与者与不同的适合同样的三个类别中的一个的环境背景进行配对。这项研究证实了如下观点：环境背景和视觉提示能够加强面部表情的识别，同样的，当在一个相同的情绪背景下一个背景图匹配了语气和表现在脸上的情绪表情时，面部表情会更快的被识别。

同样，也观察了社会方案背景的效果。当方案中的行为表达了和目标人物的身体表达一致的情感时，身体表达会识别得更好。情景中面部表情的具体影响取决于情感表达，但未必会增加一致的效果。总的来说就是，结果表明社会背景影响了对一个人身体表达的识别。

7.5.2.2　情感检测的不同方法

情感对人性的各种层面都有深刻的影响。因此，判断一个人的感受和尺度需要考虑很多参数。这些属性是：面部表情、手势、身体信号和语音。

1. 使用语音（音频数据）

情感研究的原理与人机交互相关的是要建立一部机器以更自然和高效的方式服务于用户的需求。检定语音中的情感能做的工作相当有限，目前研究人员仍然争论着什么特征影响着语音中情感的识别。

在以语音检测情感中面对的主要挑战之一是系统不得不独立于发言人工作。仅是由于人声音的变化，所以这些语音的特征仍然被研究以对情感状态信息最大化编码。

情感影响了很多人类语音反射的参数。Bäzinger 论证出关于音高的统计传达了关于情感状态的重大信息。音高值，不管怎样，展示了发言者之间大量的变化。因此，类似音高的输入参数在使用前必须标准化。这种标准化的实现是通过构建一个每一个属性的累积直方图，构造正态分布和映射每一个个体的声音到这个直方图里。

另一个使用的参数是倒谱系数（MFCC）。在音频处理中，倒频谱（MFC）是短期音频功率谱的表示。因此 MFCC 作为语音特征使用而独立于发言者和他的性别。MFCC 是使用最广泛的语音频谱表示。Kim 等人论证得出关于频谱系数的统计也带来了情感信息[4]。

可能的系统包括了四个主要步骤：

1）语音采集；

2）在每一个时间尺度上提取特征；

3）对每一个特征集进行机器学习，包括使用 K 聚类算法；

4）信息融合以合并信息。

然而，当把语音作为情感检测的基础考虑时，需要考虑很多意外以避免不正确的解释。例如：词汇“scheduled”会被美国人和英国人以不同方式发音。因此，一个人的口音极大影响了语音的语音编码。与此相关，从语音中的重音或讽刺判断的语音信息不是必然一致或准确的。

毋庸置疑，音频源通常容易受外部环境的干扰（也就是噪声）。而且，生物变化因为每一个个体的声音性质是很难清晰地描述或显示的。另外，适时改变脱离了甚至是同一个体在不同时间的标准。例如，一个患感冒或流感的人会在他或者她生病之前、期间或者之后显示不同的调整。单独地基于语音理解他或者她的情感状态会导致和其他视角比较时有不完整的或者不连续的结果。

2. 使用面部表情（输入的视觉信息）

在所有生物中，特别是我们人类，面部表情是强大的交流工具。考虑到这点，在收集一个人想要和我们交流的信息时，视角就是一个至关重要的部分。

一个独特表情导致了每一个独特的情绪感受。人类存在着 20 多块不同的面部肌肉，面部表情的实质是当以不同的方式和组合控制时，面部肌肉执行了看似简单的任务表达着快乐、悲伤、愤怒和其他几种感情。

在研究面部表情时，考虑了一些特别的关注区域，它们是眉毛、眼睛、嘴部区域、鼻子和下巴。当分解一个表情时，要考虑每一个关注区域并分析预期的变化以描绘或识别一种特别情感。对每一个这些区域，情感或表情以脱离一个中立的形式描绘给系统。

一个显然要考虑的参数就是面部表情的地理差异，像眼睛、嘴、鼻子等。例如，出身东亚的人有显著的细长眼、小鼻子和其他可识别的不同特征。不管识别面部表情的方法有多么综合，为了结果更加精确还是必需一定的个性化程度的。而且，事故引起了容貌变形甚至麻痹将会影响输入系统的数据，并因此导致不连续的结果。这甚至可能是因为药物治疗或在观察下主体的药物滥用引起的。

不言而喻，面部表情在交流中起着重要作用。视觉信息不仅能确认或否定从其他视角获得的信息，而且视觉知识对于感知到了什么能够充分地给出合理结论。此外，至于关注的情感，面部表情很少会与这个人的实际感受矛盾。当这种情况发生时，当事主体通常是在撒谎并且非常擅长这样做，这就必需咨询其他视角以更加审慎地判断。

3. 使用手势

手势形成了人们交流中一个非常有表现力的部分。在不间断的谈话或者交流中，变化的手势和肢体语言比实际的话语说明得更多。例如，通常大多数人当他们焦躁或者紧张时会摆弄他们的手或者敲击他们的脚。但是用手势的这种方法有问题，例如地区文化传统和无意识的个人习惯。因此需要一个完全分析以得出更加精确的结论。

这种方法的主要问题是对一些手势的错误理解。例如，按照标准，一个人可能因为他胳膊的位置而被分析为紧张，但这种情况可能是他只是因为社会和文化因素习惯了这样做。另外，生物扭曲在妨碍情感检测和识别的进程中起了主要作用。这样一个手势错误推断的更大边缘可能是由于方案不足。

4. 用生物信号

这是一个自然现象：一种情感比如欢乐是有系统地和增长的体温、心率加速、喉咙异物感和一些肌肉症状关联在一起的。同样地，愤怒是被体温更急速的增长、心率、汗水、呼吸速率和肌肉张力标记的。同样，悲伤是和更少的身体感知关联在一起的，主要是在胃部和喉部区域。这样，这些变化可以记录下来并用于根据已经得到的数据识别相关情感。

许多监控机制存在于医院（例如心电图、脑电图、肌电图、边值问题等），它们告诉了身体支撑情感而做出的反应。这些机制用于更好地理解身体如何对不同的情感作出反应。然而，只有这个信息对完全地判断一个人的情感状态是不充分的，因为特定的信号可以意味着很多事情。比如，增长的心率能意味兴奋，但是也能象征紧张或者愤怒甚至恐惧。此外，这种身体观测到的反应是瞬时的并且实际上非常不稳定，这是和人类情感的易变天性关联的。但是，这又引出了很多硬件的限制，需要对人体进行不断的监测变化。

这种方法，无论以何种方式，都证明在多种方案和情景下是不精确的，例如，由于外部因素的体温改变，像天气和健康状态。

7.5.2.3　情感检测模型

图 7.14 展示了情感检测的一个多视角模型。这里不同的视角是为了检测情感而获取的。在以上的多模式模型方法中，面部表情、语音以及手势分析和肢体语言以及体温一起用于获取个体结果与结论。在决策层面，一个比较仪和积分仪构造能予以利用于处理源自不同的单一模式方法的结果。这有助于消除不一致并排除不精确的解释，它也有助于得出结论而不是漏掉单一模式阶段的值或结论。停止或者错误结果产生的问题由于漏掉了模式阶段的值而被其他模式阶段的输出结果消除了。例如，由于各种各样的原因手势分析漏掉了一些输入值并且不能形成有效的输出。这可能会被忽视掉，因为有其他的方式得到结论，其他的单一模式方法是非常独立于手势分析这个方法的。

整体生成的结论要考虑到积分仪的输出，就像考虑输入的背景一样，它也可以作为先前分析和结论的背景。这样，就能得出一个可靠的并非常精确的结论，它增加了情感检测系统的效率。

7.5.2.4　整合视角并生成整体输出

为了推论最终的情感，将从不同的视角尝试并解决这个问题，正如到目前为止所讨论的。下一步就是整体看待不同的视角并整合它们以生成一个关于人的情

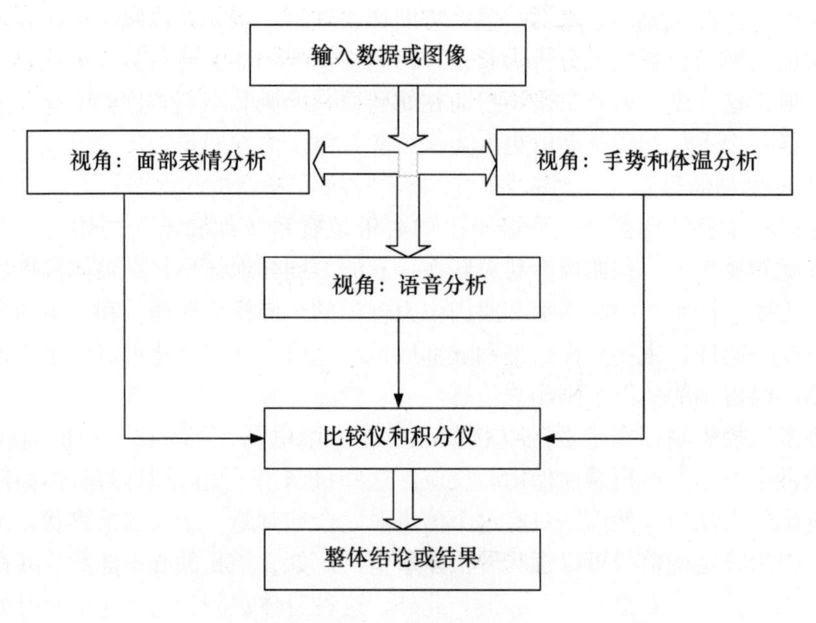

图 7.14　情感检测模型

绪感觉的最终结论。完成它一个可能的方法就是用界定法技术。

理解这些视角显示一些视角趋向于比其他的更加可靠，用这个知识去优化排序它们。更加精确的是，可以给每一个视角分配不同的比例并考虑它们的输出，减少它们的可靠性的顺序。例如，如果得出结论：面部表情是理解人类情感最可靠的方法，可以在考虑语音样本或生物信号前考虑面部表情告诉了我们什么。这样，可以在第一阶段应用面部表情分析，在第二阶段应用语音分析，紧接着在第三阶段是手势分析等。如果第一阶段告诉我们这个人在哭泣，可以用第二阶段断定他为什么在哭（是因为真正的悲伤还是极端的喜悦）。使用界定法技术，可以在每一级状态空间树里对一个阶段执行这个。用这种方法，通过在每个方案里应用不同的优先顺序，树的每一叶节点将表示每个视角的结果的可能结合。

然而考虑到判断情感时存在着不止一个视角，因此不同的视角会对情绪感受引出不同结论貌似是很可信的。在这种情况里，第二阶段会与第一阶段提供给我们的相矛盾。当这种情况发生时，系统将不得不决定取决于每个视角的可靠程度并分配比例给强烈的情绪感觉。

到这里，就出现了混合情感的概念。很多时候，人们百感交集，因此当系统尝试整合从他们那获得的信号时，信号形成非常复杂的图像。对不同的视角予以考虑将有助于决定对一个更大程度的以及一些压抑的情感，感受到的是哪种情感。

最终的输出是与混合情感相关联的，描绘了被观察人们的感受有多么强烈。例如，一个人可能是既兴奋又开心的，而这结果可能就是由如下构成：60% 兴奋；40% 开心。

7.6　多视角方法的局限性

如前所述，从不同视角考虑问题拓宽了人们对其本质的理解。然而尽管这是一个非常有效的方法，因为如下所列原因在具体实施时有很大的困难。为了实现一个问题的多视角模型，首先必须精确描述和落实视角自身。这需要更多的理解能力，因为不仅需要处理每个视角，而且也需要整合结合它们的方法以达成一致结果。自然而然的，应用它所使用的时间是单一视角时的几倍多，它所需要的资源和硬件是大量的并且昂贵的。这样繁重的实施不适合于简单的应用，比如房间布置，即使它们对一些方面非常有价值，比如犯罪心理学。

7.7　小结

多视角学习和决策是系统机器学习最重要方面之一。单一视角的知识或者从一个视角获取的信息不一定引导高效学习。每个视角对系统相关性和子系统间的关系提供了一些附加信息和更多的思考。信息总是碎片的，那为了基于这些碎片信息的决策就需要构建一个系统全貌。部分方案决策表示图的使用能给予展示系统的一个特定视角。全系统学习使用了对决策可用的全部信息，而且这个信息能用来表示整体的系统决策相关性。

结合了多视角学习的全系统学习允许利用关于一个特定决策方案所有可利用的信息。这些视角和表示为系统性决策构建了知识，系统性知识能够有助于判定特征、活动和影响间的相关性。知识构建甚至可以随着知识从一个新视角成为可利用而更新的。多视角和全局系统机器学习准许为了可用信息的高效利用而建立全局的系统知识。

对一个简单的问题存在着很多可能的视角，因此学习问题的规模在不断增长。在一些情况里没有增加收益时，这些非常高的规模会使决策方案复杂化。另一个挑战是选择相关信息并为学习而结合这类信息。总之，不同的统计方法能用于优化排列视角。多视角和全局系统学习旨在以它们的选择和优先次序表示所有可用属性，而且它尝试根据决策方案结合视角。随着即将到来的全貌、所有信息以及历史的可用模式，高效学习处理复杂方案就是可能的。

参考文献

1. Jehng J and Spiro R. Cognitive flexibility and hypertext: Theory and technology for the non-linear and multi-dimensional traversal of complex subject matter. In D. Nix and R. J. Spiro (Eds.), *Cognition, Education, and Multimedia; Exploration in High Technology*, Hillsdale, NJ: Lawrence Erlbaum, 1990.
2. Righart R and Gelder B. Rapid influence of emotional scenes on encoding of facial expressions: An ERP study. *Social Cognitive and Affective Neuroscience*, 2008, **3**(3), 270–278.
3. Banziger T and Scherer K. The role of intonation in emotional expression. *Speech Communication,* 2005, **46**, 252–267.
4. Kim S, Georgiou S, Lee S, and Narayanan S. Real-time emotion detection system using speech: Multi-modal fusion of different timescale features. *Proceedings of IEEE Multimedia Signal Processing Workshop, China,* 2007.

第 8 章　增量学习和知识表示

8.1　简介

在监督学习的情况下，典型性的训练数据对学习算法的性能起到了关键的作用，这些典型性的数据可能会也可能不会表现出本来要表达的内容。此外，在有些时候，会有越来越多可用的数据和信息。这些新的数据可能会带来新的视角，甚至可能会改变数据的统计分布结果或者迫使人们重新审视已知的前提。了解数据的重要性并且让它在提高学习能力的任务中发挥合适的作用是很困难的。在这种情况下，用所有的数据训练学习者并且丢弃之前的学习是一个可用的方法。这种方法在学习效率和知识保留方面有许多的局限性。

人类利用已有的知识以及对学习和决策的经验。当一个人遇到新的事件或是信息的时候，他在逐渐学习的过程中并没有丢弃之前的知识。这种增量学习试图验证现有的假设并且在这个过程中制定一个新的假设。逐渐积累知识并且在这种方式下表现使得增量学习成为一种可能。实际上，增量学习是人类的主要优势之一。学习开始是根据可获得的事实，随着获得新的事件，整体的知识会被改善。人类所需要的完整的知识是很少出现在这个新的方案中的。学习是利用现有的知识和新的信息去建立最有效的知识库。学习的另一个重要影响因素是知识的表达方式。这种表达方式应该允许容纳或者使用新的信息来有效地学习。增量学习不仅应该允许积累知识而且还要根据新事件的出现而更新知识，并在这样做的过程中不能丢失已建立的有用知识。

就人类而言，增量学习的一些明显的理由是人类记忆力的局限性和接收信息的有序性。这仍是迄今为止已知的最有效的学习方法。在所有的复杂系统中，都需要有效的方法和增量学习能力去应对知识保留的挑战。

在本章，将讨论增量机器学习和知识表示。可以逐步实现机器学习吗？这是试图在本章回答的关键问题。有不同的学习方法去做决策，一般来说，机器学习缺乏运用知识的能力，这些知识是在下一阶段可以学习到的。这是最重要的因素之一，没有逐步学习的能力会使得在知识和效率方面损失很多。每次都从头开始学会带来许多限制系统学习能力的条件，这些限制条件主要影响的是掌握知识和处理复杂情况的能力。随着每天处理的信息越来越多，可获得的信息也越来越多，智能系统将很有可能充分利用获得的所有的信息。在训练的初始阶段，系统使用已知的事件和可用的训练集训练。随着时间的推移，通过发现和其他信息来源，可以得到越来越多的可用信息。这些信息可能符合前提条件，也可能会迫使改变前提条件。增量学习能在不丢失先前获得的有用知识的情况下最好地利用可获得的信息，并且通过这样，可以调整前提条件要使前提条件被证明是错误的。

增量学习不仅是可以通过有用或无用的新数据来学习，而且它还可以通过新的学习来验证假设。每种方法都有它的特点，要根据应用场合和应用程序的类型来选择。考虑到数据的增长率，需要使用一些在精确分类上有优势的新方法，同时还需加快相应速度。如果有一个增量学习的需要，会增加现有学习方法的价值，并且能在已经学习过的数据上发挥更好的作用。

用于增量学习的方式是当信息有用时，生成基于数据库的学习技术和分类器的集合。这些分类器的集合结合加权和表决以及其他的类似机制来充分利用这些数据。加权可以是静态的或是动态的，在真实方案中，动态加权更加有意义。在本章中，将讨论各种增量学习方法和从系统性机器学习视角来看的增量学习的需求。

8.2 为什么增量学习？

监督学习方法对分类器的依赖取决于可用的训练数据，在无监督方法中分类是通过未标记数据的。无监督机器学习是基于相似性、封闭性和绝对表现出一些增量学习的特性。事实上，数据可能在稍后的阶段中仍未聚集，数据集、关系甚至是参数都随着时间演化。没有新方案的知识，或者如果根据这些数据没有探索出新的关系，那么情报和决策能力将会被初始训练设定所限制。

这些数据在一段时间内可以训练数据或者不标记数据。对这些数据的考虑可以影响更早地做出决定并且可能会改进整体的映射。此外，不仅数据和数据之间的关系，而且参照学习方案数据的相关性也是很重要的。另一个需要重视的因素是训练所花的时间，在训练集巨大的情况下，时间也是相当多的，这就需要一种快速并且效率高的学习方法。基于完整的数据和不使用增量方法的学习在某些场合下可能会简化，但是在大多数的实际情况下它不仅需要花费更多的时间而且还会限制学习能力。想象一下，一个人会从刚开始的任意一个小的新启发而询问整个故事，这不仅会令听者感到不耐烦，而且会在很大程度上限制自己的学习能力。

另一个方面，在学习的各个阶段都会产生一些知识，这些知识可能有一些关系、模式甚至是相关性。在前阶段知识建立的高效利用仍然没有注意到增量学习。为了更好地决策，发现和更新知识是一个关键因素，所以产生的功能向量需要更新成为新的。在每个学习周期建立的知识都是很重要的，新的学习策略需要使用在这些学习周期中得到的相关知识，根据新的策略可以得到新的知识。在每个阶段使用的假设都不应该违背任何阶段的数据。中间假设和学习需要维持，因为他们有助于知识库的维护。考虑到上述的局限性，可以很明确，学习发生在每个阶段，在每个阶段，通过学习算法都能得到一些新的数据和新的学习材料，这些产生了对增量学习的需求。增量学习需要提供快速、准确的决策。增量学习是有效利用已经形成的特征向量或知识库在下一个学习阶段期间不影响决策的准确性。图 8.1 描述了增量学习需要的因素。这里的增量学习具有许多重要部分，比如在每个学习周期中的知识更新和知识重用。决策决定最重要的发现过程，这又会反馈于增量学习。确定新的有用的数据集和通过这些数据集学习是最重要的部分。增量学习也需要知识更新、渐进决策、基于时间学习、学习效率和高精度跟踪。

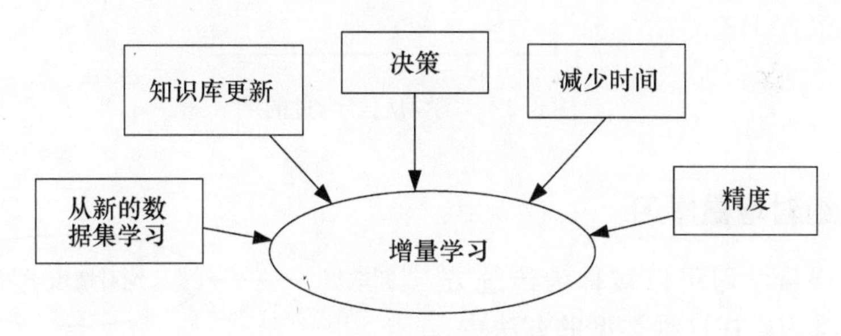

图 8.1　加速增量学习的影响因素

8.3　学习已经学会的

在新信息或新数据的新的启示或实用性方面，系统学到的才会更有意义。在一些情况下，根据新的数据，则建立在以往数据集上的假设可能会失去意义。增量学习会理所当然地被描述为有效利用新的信息和已经形成的特征向量或者在前一阶段产生的现有知识基础的学习方法能力。不像用于分类中可用的各种方法，增量学习的目的是利用尽可能多的能快速得到和准确分类的知识。图 8.2 描绘了这个方案。

一般情况下，所学用于决策非常有效，但有趣的是它不是用于学习。非常重要的原因是，人们都热衷于把完整的数据放在一起进行学习。有些方法坚持旧的假设，而其他的试图提出新的，这导致一次又一次重复学习同样的事实或者有时忽略一些已经学过的重要知识。增量学习的意义是有效使用已经学过的知识。增量学习是绝对的？绝对增量学习都有自己的局限性，不给机会纠正学习的前提。增量学习可以大致分为以下两个类别——绝对性和选择性。在这里，绝对增量学习既不回顾旧的前提，也不证实或纠正什么已经学会，然而这里需要在乎这些问题。

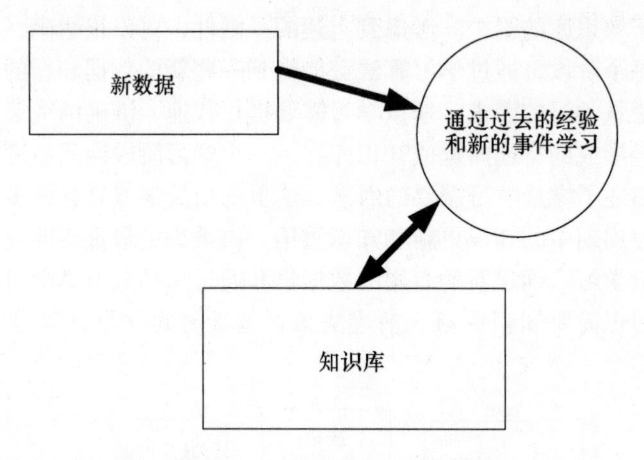

图 8.2 学习已经学过的

8.3.1 绝对增量学习

绝对增量学习可以被称为传统方法的增量学习。在这种类型的方法中，需对新的数据分别进行分析，新的特征向量形成并与原有的相结合。这里由分类建立的知识被称为知识库，因此知识被更新以及进一步用于分类。图 8.3 显示了绝对增量学习的基本观点。虽然这种增量的更新知识的方法是非常有效率的，但它有一定的局限性：

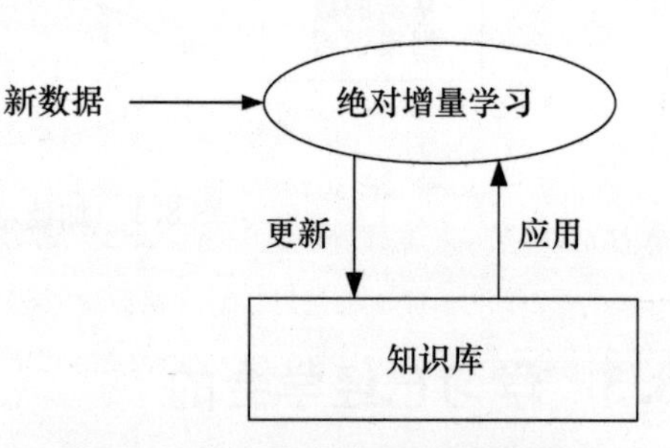

图 8.3 绝对增量学习的基本观点

- 关于选用哪个特征向量的知识是无法直接应用的，它只是增加到基础知识。这种学习建立过多的冗余信息并且甚至不能保持不同的结果之间的关系。
- 在新的数据的影响下，已经形成的向量难以确定，因此它可能会在处理边界条件时失败。
- 有时，增加数据到已有的向量将导致增加不必要的复杂性。这导致了特征向量复杂性和决策模式的增加。
- 因此可能会出现一些特征向量不再进一步需要或者无效，而放弃这些向量变得非常复杂。丢弃这些特征向量的影响甚至可以被感觉到在系统的其他部分。
- 随着知识体系的增大，越来越多的特征向量被建立，它会导致不明确的状态，处理边界条件变得相当复杂。

- 有必要有效地为了更好的结果使用半监督学习。

绝对增量学习在简单的学习方案下是非常有用的，其中的特征向量之间的相互依赖性的程度是非常低的，这在新增的特征向量对过去建立的知识基础没有任何影响的情况下尤其有用。图 8.4 显示了绝对增量学习。

虽然绝对增量学习是简单而有效的，但有很大的局限性。绝对增量学习的局限性导致有必要进行选择性增量学习。

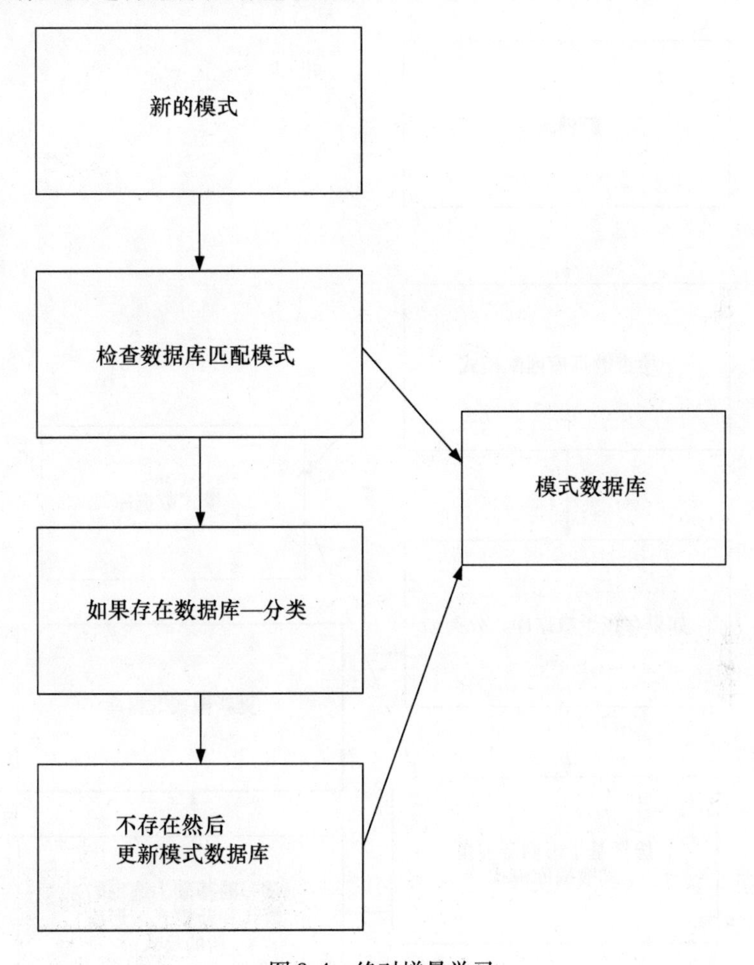

图 8.4　绝对增量学习

8.3.2　选择增量学习

为了克服绝对增量学习的陷阱，学习现在需要有选择性的性质。绝对方法达不到的主要因素是强大决策支持引擎和区分增量学习与非增量学习方案的能力。在所有的情况下，系统不必要是完全增量学习的。它应该保留有用的知识，同时根据新的揭示的事实更新其他的特征向量。此外，应当根据新的知识缩小一些已经学会的特征向量，并且可以保持的其余部分特征向量不变。选择增量学习方法指的是学习增量用可选择的方式、可选择的区域和可选择的方案。它自适应响应系统中电流的变化，并在同一时间保持精度在可接受的水平。选择增量学习流程参照基础的学习方法被描述在图 8.5 中。当决策者观察到新的模式时，该模式与模式数据库中的模式作对比获得它们的相似性。

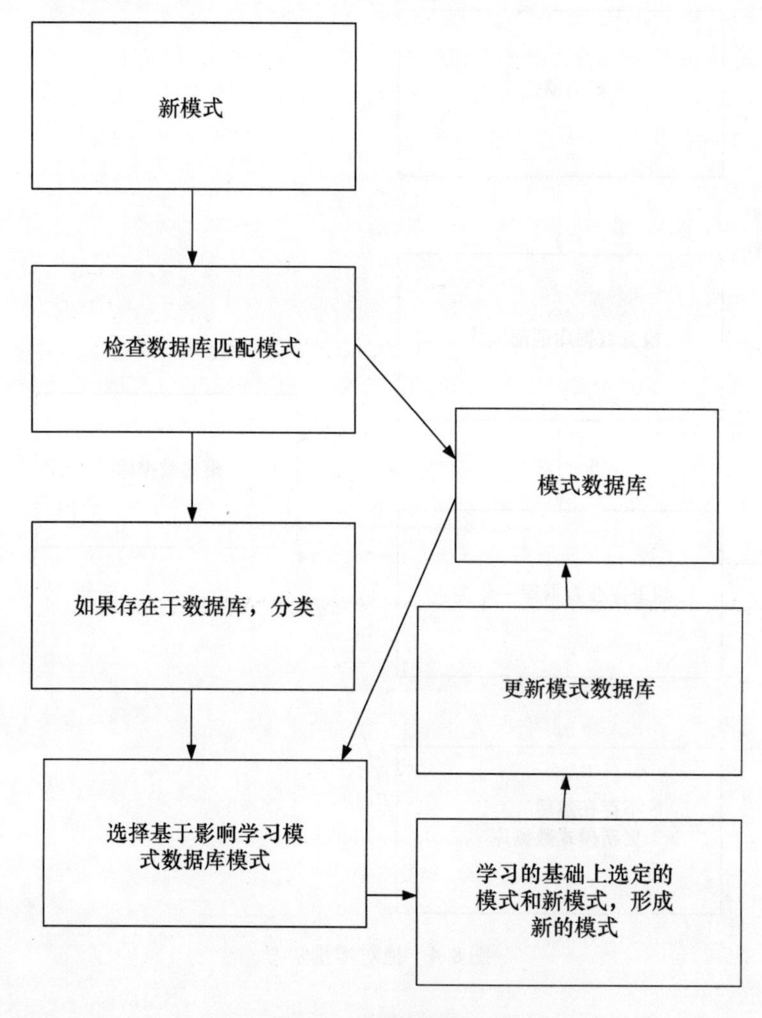

图 8.5　选择增量学习

在一个类似的行为模式被观察到的情况下，新的模式被分类为相应的类中，但在没有模式或类的情况下它也能被分类。基于新模式的影响一组模式来自模式库和相应的数据来自训练集被选择。该系统参照选定的模式和训练集被训练为新的模式。

选择增量学习的特性：

- 从发展的新的例子中学习，它既不从头开始学习，也不保留以前学过的所有的特征向量。它只是演变现有的特征向量，以适应新的数据集。
- 在进化过程中学习新的训练集。
- 参照新方案的影响去有选择性地更新特征向量。
- 丢弃不再有效的情况。
- 为决策新方案渐渐制定特征向量。
- 有选择性的性质。也就是说，它会基于可使用的新的数据的分析结果在增量和非增量学习之间进行选择。

学习不是一个涉及收集特征向量和应用一些标准的学习算法去学习、映射这些特征向量的机械式的活动。在本职上，它是更具选择性和动态性的。选择增量学习是创造知识的最初构架，然后结合新的知识和学习方案有选择性和动态性地完善它。图 8.6 展现了带有决策支持引擎的选择性增量学习。正如前面所说的，选择增量学习必须具有选择性和自适应的性质。它是适应于当前方案或当前系统状态的，这种自适应特性也有助于预测方法有更好的决策能力。

在选择性增量学习的情况下，选择考虑许多输入，例如哪个数据应被视为增量学习、学习是否需要增量在一个特定的情况下和选择的方法。这里也将把这个学习作为动态选择增量学习（DSIL）。一个典型的 DSIL 展示于图 8.6 中。在这种情况下，最初的学习被训练集限制。知识库建立在学习和决策支持机构上，参照知识库提供决策的过程。

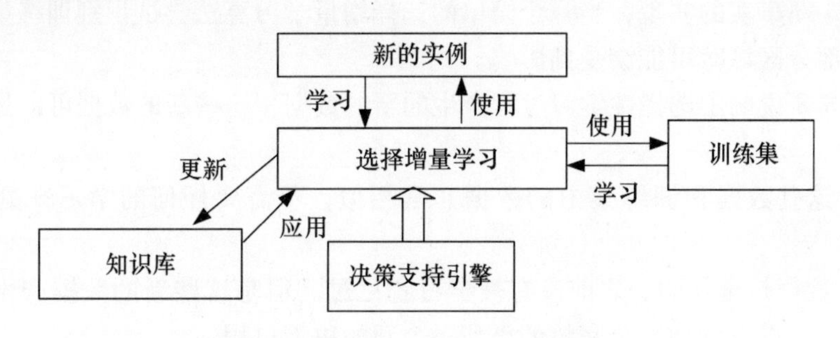

图 8.6　选择增量学习的基本观点

在一个新的实例的情况下，有选择性地采取学习的决定。在这里，新方案的影响和学习参考的知识库是确定的，并且只有知识库的选择性部分被更新，以适应新方案。

在增量学习的情况下，知识架构应该被建立，因此 DSIL 在学习的同时应该考虑不同的观点。图 8.7 显示了选择增量学习以及在学习过程中考虑不同的视角和观点。一般情况下，当选择一个学习算法时，最契合的一个需要被选择。因此，很明显，一个以上学习算法可提高学习和分类的整体精度。每个学习算法都有其自己的假设，如果这些假设没有抓住手边的数据，那么它可能会导致某种错误。学习者需要微调给定的数据。

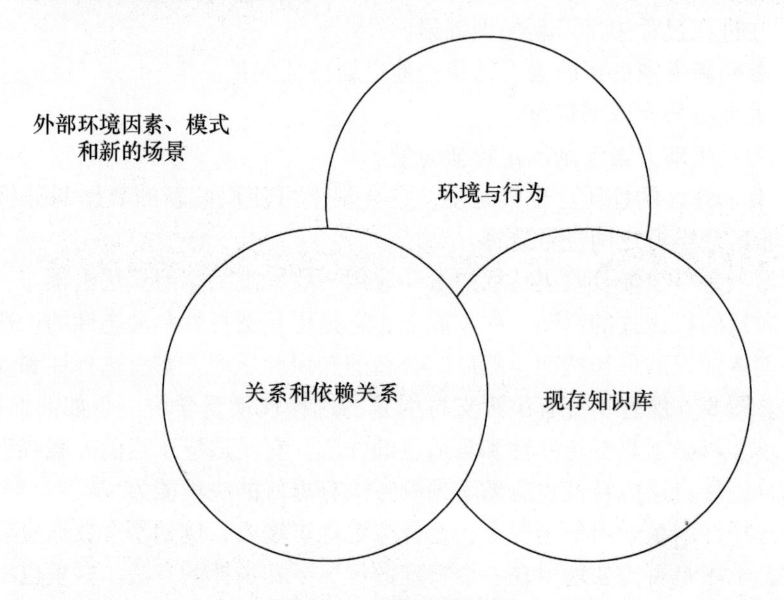

图 8.7 增量学习因素

由于复杂性和没有考虑一些观点，即使是最好的学习者也不能得出准确的结果。由于新事实的实现，当一个简单的选择增量学习算法尝试识别训练集的全部区域或部分区域时可能会受到影响。

图 8.8 说明了选择性学习过程产生的新的数据，这些新的数据可以是不同的类型：

- 这些数据和训练集中的数据非常相似，不需要任何的学习来处理这些数据。
- 数据是全新的，之前没有被学习者见过。但是这些新的数据产生一个全新的模式，或者创建一个完整的类和一个新的决策过程。
- 数据与训练集中的数据类似但是需要不一样的动作。这种情况下需要重新定义一个特殊训练集群的边界。
- 数据对全局学习策略有影响并且揭示了系统的新的事实。

集体增量学习/协同学习是系统的不同部分和智能实体递增的学习方法，它通常可以在团队之间学习、在不同的学习之间学习和学习系统的信息部分。由于选择增量学习需要数据点之间依赖关系的信息，需要学习元素之间互动。这是一

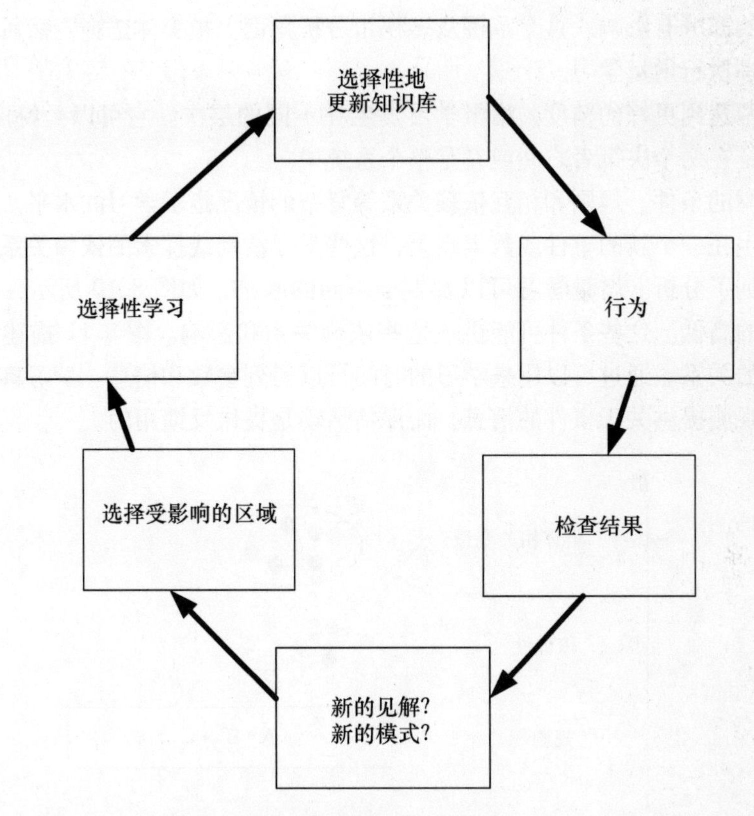

图 8.8　选择性学习过程

个集体学习的需要，因此使选择性学习成为可能。个人决策者的概念需要被客观化。集体增量学习是具体的学习，选择性、集体、自动学习导致集体学习，如图 8.9 所示。集体学习使得根据不同的智能决策者决定选择性学习的区域，因此集体增量学习需要集体性、选择性、增量性和多视角。新的信息或新的数据点对系

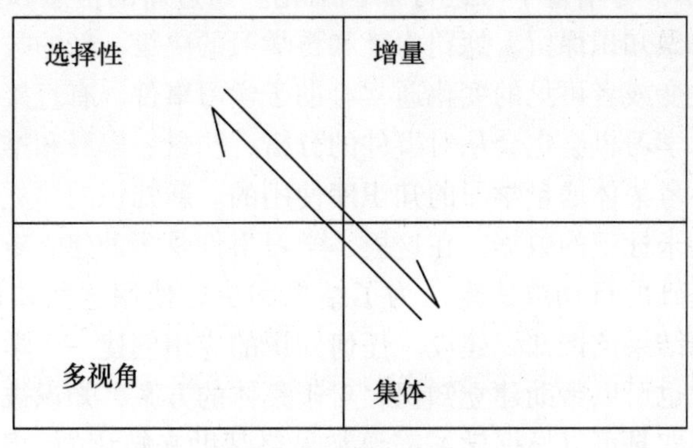

图 8.9　选择增量学习

统的某些部分有影响，这个范围从多视角分析角度上被集体选择，然后根据被选择的范围执行增量学习。

为了达到更好的精度，增量学习发生在不同的层次。它可以是特定的区域，也可以是在两个决策者之间或者是整个系统中。

不同的条件、规则和相互依赖关系等复杂的情况指示学习的水平。增量学习通常发生在一个新的事件或数据点上，这些学习活动或探索的依赖关系在增量学习中得到了分析。增量学习可以发生于不同的水平，如图 8.10 所示，依赖性决定水平的高低。这些条件可能讲述这些依赖关系和影响。图 8.11 描述了这些参考事件的关系。通过可以用来学习的时间可以得到参数和信息。学习事件是解释和实际观测提供关于事件的信息，而评估活动是提供反馈用的。

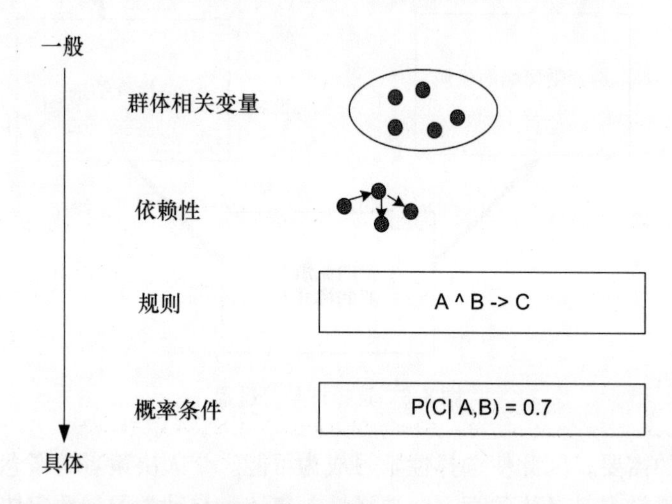

图 8.10　不同水平的学习

图 8.12 所示参考增量学习进行知识细化。通过新的信息和知识参数，得到一个感觉，用来做知识保留、惩罚力度和再学习的决策。新的数据点、新的观测行动、行为的改变或者可见的变化通常有助于学习事件。有直接的学习活动和简介的学习活动，学习机会也会从对事件的分析、测量、解释和推理中得到。学习机会和参数是参考集体增量学习的知识库使用的。新知识的建立是通过对经验的学习和使用新的未标记的数据。在这里，学习事件是帮助建立新知识，这是一种可以提供学习基础的行动或决定。为了结果和决定使用这些知识，在不同的阶段，通过用户和结果反馈知识建设。任何知识的应用创建一个学习事件形式的学习机会，同时这也可以帮助建立知识。对于集体的方案，知识被一个不同的智能决策者所保留，它是可以根据学习需要和最终帮助来转化的。图 8.13 描述了构建知识与决策推理过程的关系。在某种探索模式下，行动产生一些反馈。观察、

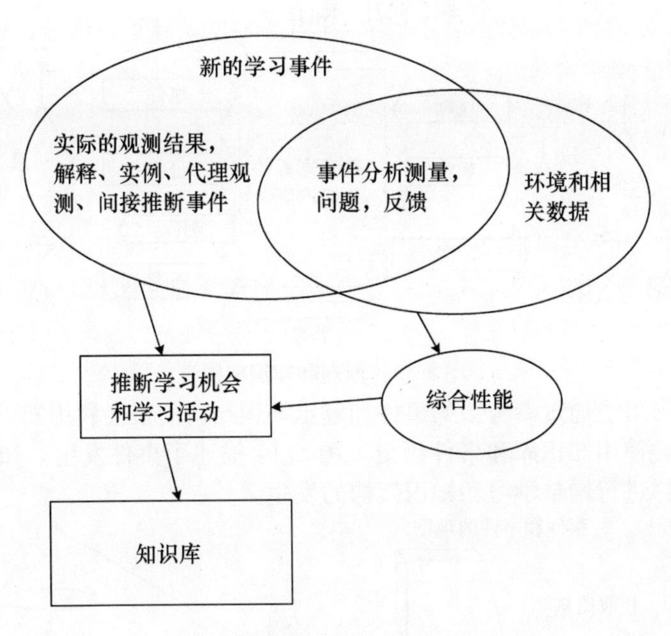

图 8.11　学习事件

分析规则和反馈是对学习的有利因素，这发生在与系统或环境和谐相处时。

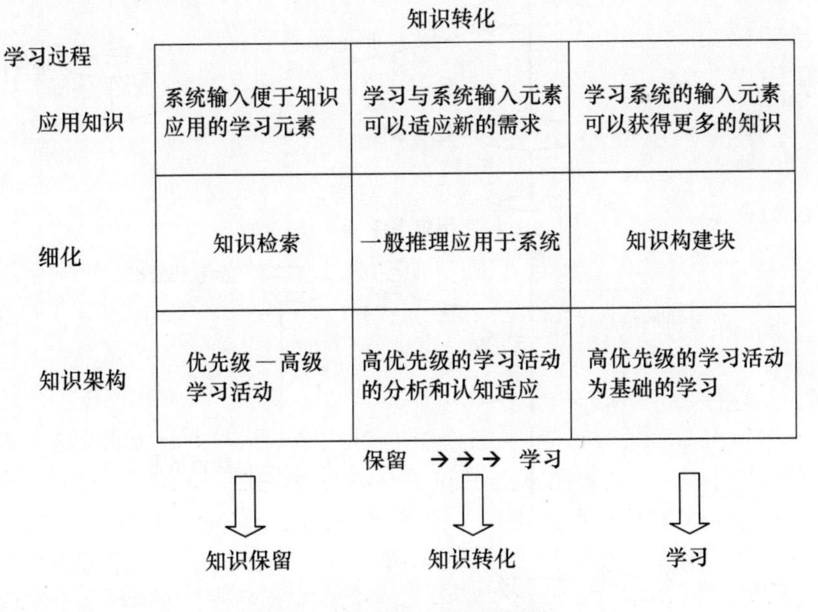

学习过程			
应用知识	系统输入便于知识应用的学习元素	学习与系统输入元素可以适应新的需求	学习系统的输入元素可以获得更多的知识
细化	知识检索	一般推理应用于系统	知识构建块
知识架构	优先级一高级学习活动	高优先级的学习活动的分析和认知适应	高优先级的学习活动为基础的学习

图 8.12　增量学习和知识细化

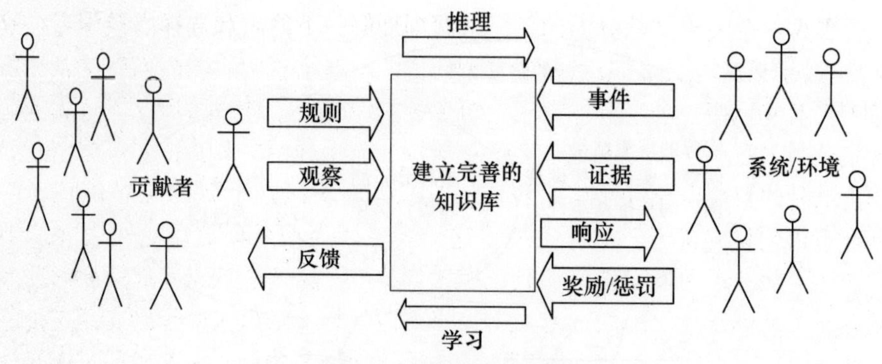

图 8.13　推理和知识架构

增量学习可能通过参考新的事件和鉴定知识结构的机会利用知识架构，任何事件都会分类使用知识库和事件历史。图 8.14 描述了事件发生。知识消费和参考这些怎么样进行增量学习和知识架构的发生。

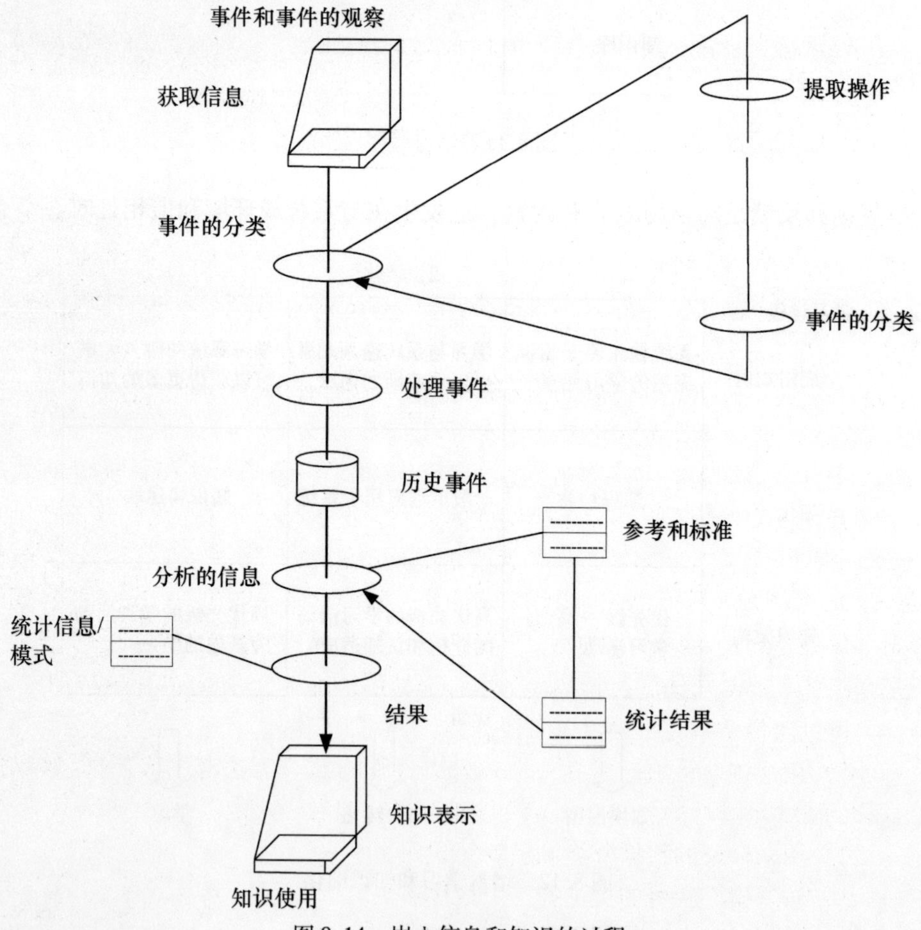

图 8.14　嵌入信息和知识的过程

考虑一个关于文献分类的例子来深刻理解一下绝对和选择增量学习。有两套文件说历史和政治，一个新的文件被归类，绝对增量学习的知识库是根据特征向量来更新并且用一个绝对的方式给给定的文件分类。在这种情况下，为了防止新设定分类失败，学习会不允许对现有的特征向量进行更新。由于那些信息，一个完全的新的特征向量和类将会形成，它没有考虑到这个新的类对现在设定的影响。考虑到新的文档集有“政治”这个词，因为这个词，绝对增量学习会把它归类为政治并且更新知识。但是选择增量学习是参考新数据集和特征向量影响的被选择的数据进行学习的，它可能是一种情况，就是该文件实际上属于历史或者需要创建一个新类。这个决策能力存在于选择增量学习。进一步讲，集体增量学习可以帮助理解参考文档分类之间的相互作用、所有类之间的关系和去除对增量学习的局限性。

有一件要记住的事，就是增量学习是一个持续的过程。在所有的时间，不论是否能得到新的数据或者是产生新的类/标签，学习永远是“积极的”。随着新信息和知识的出现，DSIL 跟踪特征向量间的变化。

8.4　监督增量学习

增量学习是为了在没有训练的情况下对最新信息做出有效的反应。在讨论了增量学习之后，继续监督增量学习。一个典型的监督学习方法中，需要将用来学习的数据做上标记，通过这些标记的数据，学习产生基础的训练。根据标记的数据，更多的新数据被分类于知识架构，这些数据用来做训练。在监督增量学习的情况下，训练集需要在没有完全训练训练集的情况下得到加强。总之，新的数据可以用来学习，这是通过强化学习机做到的。

增量学习将发生在一个半监督的条件下伴随着现有的监督学习方法。半监督学习和增量监督学习之间有一个细微的区别。在监督增量学习的时候，额外的训练机会被介绍于学习过程中，它是被逐步纳入全局的训练集中的。上述的监督增量学习拥有两种方法。在绝对增量学习中，现有的特征向量没有细化，全部的学习方法都是增量。它在有限的边界条件下是非常有用的。在选择增量学习中，根据邻近的、对新数据的影响和新的信息选择的训练集会用新的信息再培训。

增量监督学习方法执行以下任务：

1）用这些训练数据建立一个知识库（任何监督算法都做这些）。这也是在这样的方式下进行的：知识表示在之前帮助快速做出决定。

2）用未标记的数据分类和更新知识库。

3）对于模棱两可的类选择一个最优解。

4）得到新的训练数据用于更新/调整知识库。

5）如果有需要的话，生成新的类，或合并现有的和重组知识库。

8.5 增量无监督学习和增量聚类

在无监督学习中，学习结果是基于相似性、差异性、亲密性和距离的。聚类是基于相似度的无标记数据分组。对于都知道的聚类方法——层次和非层次（k 均值），在聚类的情况下，时间因素是被看作一个点。用了大量的未标记数据，集群化需迅速并应保持所形成的聚类的精度。在层次聚类中，多步骤用于聚类分析和数据不被划分为一个特定的集群。在这种情况下，使用一系列的分区，它可能开始于一个所有对象慢慢分为多个相关的集群的单群。层次聚类有一套凝聚的方法，它通过 n 个对象聚集成有意义的组，其分裂的方法是，通过将 n 个对象先后分到更细的相关分组。分层的方法通常是敏感的异常值，所选集群的数量应该是最佳的。关于 k 均值，群集数的预先设定对最终结果起着关键的作用。群集间的数据移动，直到达到一个稳定的状态是需要耗费时间的。图 8.15 描绘了清晰的情况下可分离集群的典型集群的形式和距离测量方法。

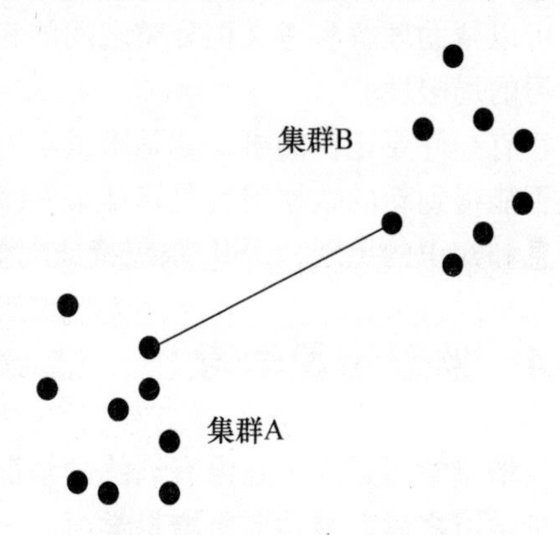

图 8.15　集群形式与距离测量

在分区情况下的聚类，初始数据点或对象的分区使用的是预定义功能。高斯混合模型、基于中心的聚类和类似的方法可用于分区聚类。

下面试着理解增量聚类将是如何工作的。在增量聚类中，首先要求数量的集群之前并不存在。通过正确选择聚类阈值得到高质量的集群，异常值也同时处理，取决于数据模式；新的群集产生了，总是有一个条件使得集群彼此分开。集群之间这种分离通常在距离接近的基础上，这个距离可以是 Euclidean 距离、曼哈顿距离或任何其他机制，以确定两个或更多的数据点之间的相似性。人们甚至可以使用所述一组数据或数据系列，确定两个数据序列之间的相似性。随着集群的增量变化，当添加新的数据点时，集群正在逐步完善。可以确保分叉是正确完成的。可以有一个或多个集群之间的重叠，不同集群的处理、异常值的发现集群的合并如图 8.16 所示。

一旦形成集群，会适当地描绘出聚类。这种表示是很重要的，它将知识库用于进一步的增量学习操作阶段。此外，一个新的数据集集群逐步更新，同时合并或丢弃的集群休眠也会发生。图 8.16 描述了集群合并。因此数据库是动态的，

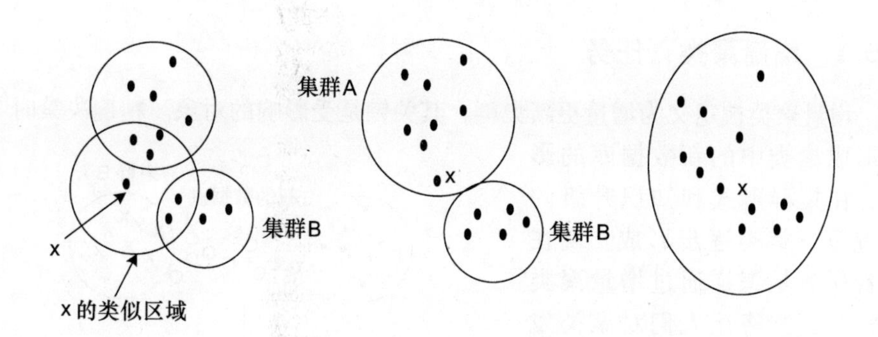

图 8.16 处理异常值：合并集群

新的数据集和数据点可用，需要集群增量。假设一个简单的聚类方法应用于数据集，可以得到 k 个集群：

$$c = \{c_1, c_2, \cdots\cdots, c_k\}, 1 \leqslant i \leqslant k$$

做出假设，因为数据库是渐进的，数据库里添加新的数据点 y_1，y_2，y_3，…，y_m。处理这些点的现有集群描绘如图 8.17 所示。

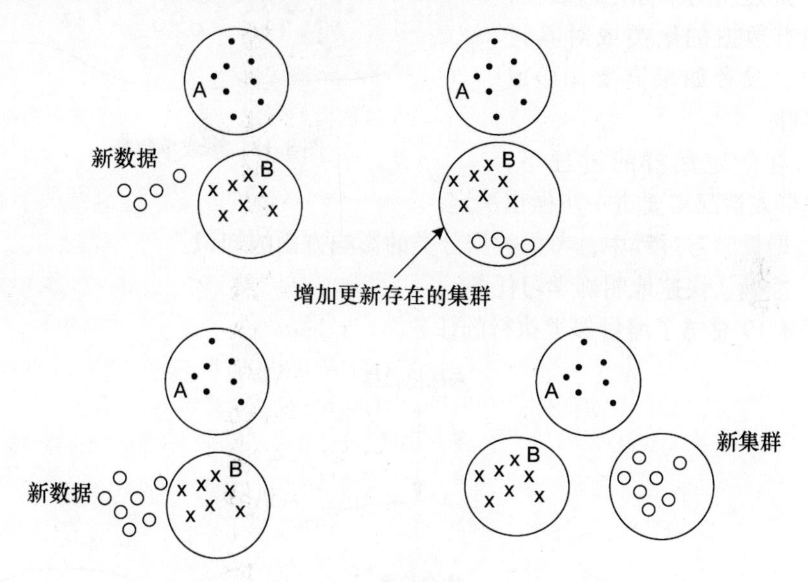

图 8.17 处理新数据情景

第一步是集群的形成。任意属于同一群集的两点如果它们与所述集群中的数据点表现出足够的相似性，这通常是决定使用类似的阈值和措施。将多个数据集划分为两个集群，可能有必要将它们合并。图 8.18 显示了这个属性使用多个集群形成单个集群，这取决于数据点集合中的阈值和距离。

8.5.1 增量聚类：任务

增量聚类被定义为增量更新集群，其关键是受影响的对象。精确决策时考虑已形成聚类中的新数据库的影响，在集群形式和知识升级的情况下，聚类逐步形成。现在看看任务是怎样通过增量聚类进行的，这将让人们对聚类发生有更清楚的理解。

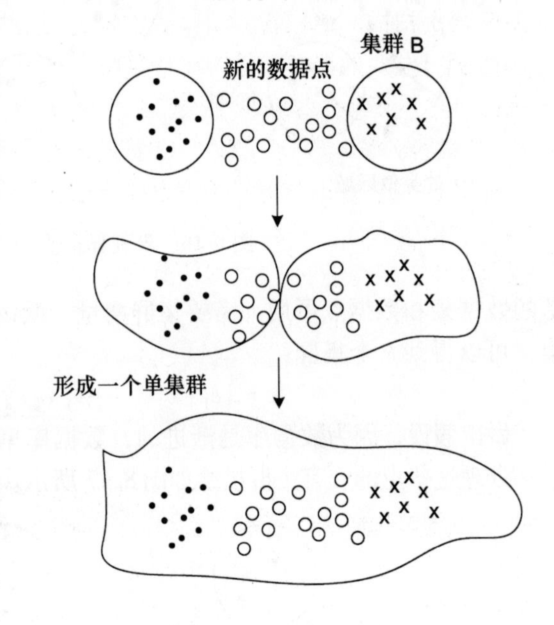

图 8.18 形成单集群

增量聚类跟踪相互依赖关系，改变潜在的集群成员。在增量聚类中完成的任务如下：

- 动态地生成新的集群之前不考虑集群的数量。
- 通过新的未标记的数据，适应现有数据的聚类或对其进行分类。或者如果需要，形成新的集群。
- 在制定集群的过程下，通过集群或情况需要进一步做出决定。
- 增量学习过程中，考虑数据分类的影响方面的知识。
- 准确、快速地明确学习任务。

图 8.19 总结了增量聚类执行的任务。

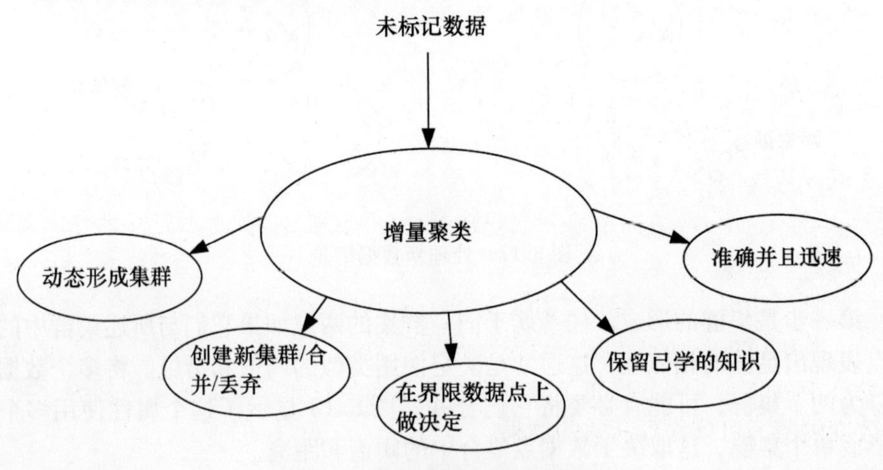

图 8.19 增量聚类执行的任务

8.5.2　增量聚类：方法

现在讨论增量聚类方法。增量聚类可以发生在单次扫描时，或在某些情况下需要两次扫描。单扫描方法比双扫描速度更快，但相比双扫描精度水平较低。在如前面所提到的聚类，动态生成集群，而不考虑集群的数量。由于聚类需要是精确的，增量聚类的精度是由阈值约束的。

阈值在聚类过程中起着非常重要的作用。有各种不同的阈值生成方法，它依赖需要聚类数据的类型。增量聚类方法选择的一种调整阈值方法是通过修改相同类型的输入。用这种调整方法，阈值很精确。其他的方法获得该阈值是根据它的频率属性，通常要考虑数据的分布。

要获得聚类的动态阈值，聚类需要智能化，数据处理智能化。要了解数据的分布，就可以调整/修改阈值使其具有更精确的精度。

8.5.3　阈值

在新的信息的情况下，去识别一个全新的或一个类似的已经学到的情景变成了一个越来越困难的任务。这些决定通常是基于阈值的值。当做决定时，有很多策略可供选择，在某些情况下，阈值是标识混乱的区域。另一种方法是硬阈值，在这种情况下，试图确定新的学习情景。当逐步聚类时，应该非常小心阈值。在增量聚类中，阈值是非常重要的一个方面。有关群集的所有决定都是由该阈值约束的。有很多种用于阈值计算的方法，准确的边界区域检测可以应用在这个情景中，这可以通过使用最大似然法来完成。图 8.20 显示了决策边界。

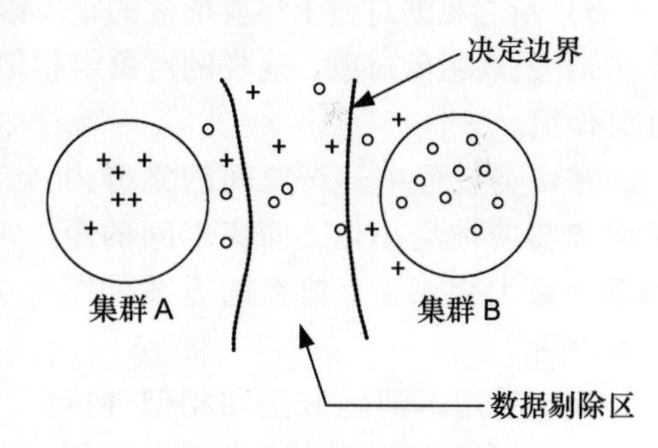

图 8.20　决策边界数据甩区

阈值判定可以由以下计算：

1）通常该值可以决定数据系列之间的距离测量。

2）它也可以是两个系列之间接近程度的值。有关此接近值的细节将在稍后讨论。

阈值始终是一个标准，用于分类，通常在分析输入数据模式后被确定。

其中讨论的最重要的一点是，是否可能更新阈值，或阈值在输入数据的变化动态中被改变了吗？这将是最困难和最重要的任务。随着输入数据的改变，通过改变阈值，可以得到所需的结果。

8.6 半监督增量学习

事实证明标记和未标记的数据的学习能力的提高有助于增量学习。现实中，新信息没有被标记。为了使这些未标记的信息应用到学习中，需要半监督性学习。半监督增量学习考虑以下方面：

1）相关的未标记的数据，可以参考现有的训练集映射识别；

2）为了学习理解数据的相关性并且融合相关数据；

3）随着进一步的探索，不断更新动态影响和关系。

此外，通过无监督聚类的相似性和封闭性的相关信息，在许多情况下，小数量的知识是关于数据的组或类。有时它是成对（必须链接和无法链接）约束数据项或类标签之间的一些项目。而不是简单地使用这个知识的外部验证聚类的结果，可以想象让其成为某种改善集群政策的“指南”。因此，关于知识的受用监督的应用容许未标签数据加入参考数据中，这种方式称为半监督聚类。一般来说，可用的知识是不完全的，在现实生活中实际代表的知识并未提供正确的分类。新的未标记的数据揭示了新的信息，如下：

1）与现有类的新数据的相似性；

2）附加属性；

3）新的数据对整个集群形成的整体影响；

4）发现组的对象，这样的对象组相似（或相关），不同（或无关）的对象在其他组。

在聚类过程中，对象间的集群内的距离需要被最小化，而集群间的距离需要最大化。一个典型的方案如图8.21所示。

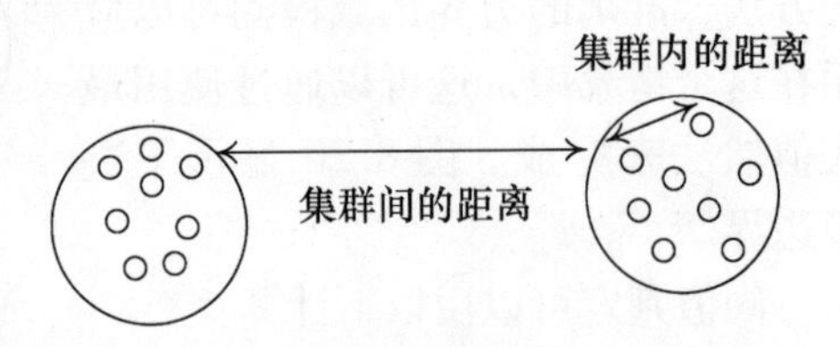

图8.21　集群间和集群内的距离测量

聚类采用不同的方法和相似性度量。在相似性调整方法中，可以采用一些用于相似性测量的现有聚类算法，这些措施基于距离测量。但是，相似性度量使得可能的约束条件得到满足。相似的措施包括 Euclidean 距离，Mahalanobis 距离的凸优化调整或统计相似性措施。

在增量聚类中，聚类算法本身进行修改或改进，这样使用者就可以容纳所提供的约束或标签，包括偏差和提供适当的聚类。这可以通过执行约束的传递闭环，并使用它们来初始化群集完成。

此外，从各种实时学习的视角进行半监督增量学习是很重要的。相关点必须链接，而无关点无法链接。以下方面被认为是半监督学习：

- 存在大量无标签数据

1）一直在不断产生；

2）所有新数据都是未标记的形式。

- 生成的标签数据昂贵

1）通常需要人工干预；

2）标记数据的产生需要专家。

- 使用人工输入提供标签的一些数据

1）改进现有的聚类方法；

2）使用标记数据来指导未标记的数据进行聚类；

3）最终的结果是更好的聚类数据。

- 潜在的应用

1）文档/文字分类；

2）图片分类；

3）生物信息学（基因/蛋白集群）。

现有标签在一开始提供给用户。这个标签基于数据点相关的用户信息，如这两个数据点必须联系在一起，而文件不应被链接，这形成了基础学习。在半监督学习中，最初的知识通过新的数据点和新的想法进一步开发。

随着监督和无监督方法的讨论，可以得到最佳利用半监督增量学习的方法。可用的数据都是标记和未标记的，增量学习将是监督和无监督的结合。

在学习的情况下，任务可以看作如下：

1）从现有的标签数据，逐步建立知识基础；

2）通过无标记数据，逐步更新和重组的知识库；

3）对于知识库基础上的新实例做决定并更新。

8.7　增量与系统性学习

已经在前面研究过系统性学习，存在争论点：增量学习和系统性学习是否有关系？增量学习和系统性学习相辅相成，系统性的机械学习需要增量学习。随着时间的推移，当系统显露出新方面的时候，就需要将系统性学习和增量学习融合到整个系统的构建当中。正如前面所说，增量学习和系统性学习需要一直贯穿其中。因此做决定的时候，需要按照当前的状态进行反映。在任何情况下的时间，可以作为一个决策者。为了具有更好的分类效果，需要依靠时间标签来管理系统模式和输入变化，并且需要更新相应的知识。问题要解决的是奖励，增量学习得到的奖励是什么？增量学习需要从系统奖励采取行动和建立知识。系统性学习考虑很多视角，因此通过系统性学习的增量学习需要考虑不同的观点。

系统性学习最重要的部分是系统性的知识构建。当信息以位或码片形式进入时，它需要被合并，并且不能失去过去存在的观点和理解。但是也需要从一个新的视角去理解它。增量学习和系统性学习的关系如图 8.22 所示。

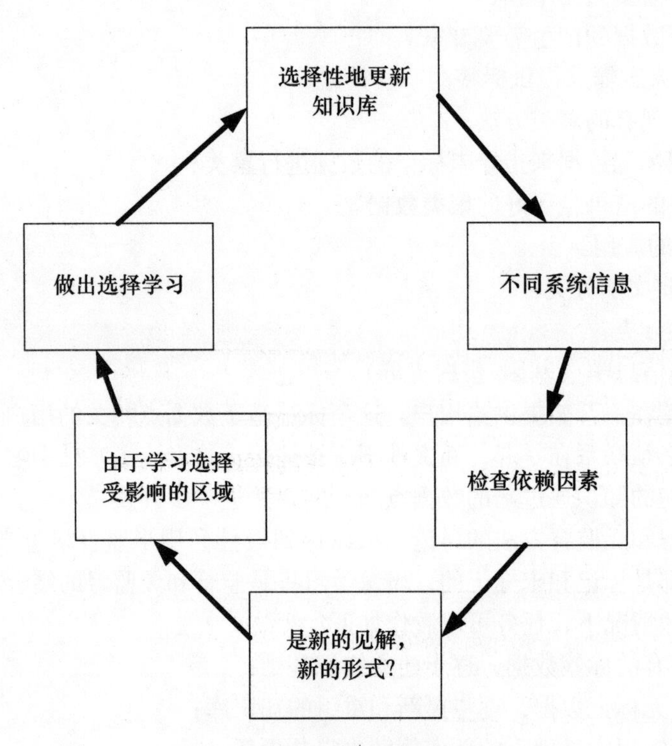

图 8.22　系统性及增量机器学习

8.8　增量接近值和学习方法

这里将介绍一个新的因素计算两列之间的相似性，称为“亲密”因素。该列之间的亲密关系是计算概率的方法，亲密值解释如下。

假设两个数据序列 S_1 和 S_2。$S_i(j)$ 表示第 i 列点 j。$T(j)$ 是列参数的总和：

$$T(j) = \sum_{j=1}^{n} S_1(j) + S_2(j)$$

S_1 的概率计算公式如下：

$$P = \frac{\sum_{j=1}^{n} S_1(j)}{\sum_{j=1}^{n} T(j)}$$

S_i (j) 的预期值计算如下：

$$S_i(j) = P * T(j)$$

误差 $c(j)$ 定义如下：

$$c(j) = \frac{P \times T(j) - S_i(j)}{\sqrt{T(j) \times P \times (1 - P)}}$$

最后，列之间的亲密值“C”计算如下：

$$C^2 = \frac{\sum_{j=1}^{n} c(j)^2 \times w(j)}{\sum_{j=1}^{n} w(j)}$$

式中　$w(j) = \sqrt{T(j)}$。

使用增量学习方法求亲密因素得到的结果是值得注意的。

8.8.1　增量学习方法 1

假设集群 C_1。

令 C_1 有 n 个数列 D_1，D_2，D_3，…，D_n：

$$D_1 = \{e_{11}, e_{12}, \cdots, e_{1m}\}$$
$$D_2 = \{e_{21}, e_{22}, \cdots, e_{2m}\}$$
$$D_n = \{e_{n1}, e_{n2}, \cdots, e_{nm}\}$$

每列都有 m 个元素。每个集群中存储的所有数据元素的总和在集群中：

$$\text{sum} = \sum_{i=1}^{m} \sum_{j=1}^{n} e_{ij}$$

此集群由 P 值表示：

$$C_1 = P_1, P_2, P_3, \cdots, P_m$$

新的数据列或群集产生，属于集群。添加新的集群将改变模式，这些变化可以用增量表示计算：

$$N_d = N_{d1}, N_{d2}, N_{d3}, \cdots, N_{dm}$$

$$\text{sum}(N_d) = \sum_{i=1}^{m} N_{di}$$

新的集群表示为

$$C_{\text{new}} = P_{\text{new1}} + P_{\text{new2}} + P_{\text{new3}} + \cdots + P_{\text{newm}}$$

其中

$$P_{\text{NEW}k} = \frac{P_k\left(\sum_{i=1}^{m}\sum_{j=1}^{n} e_{ij}\right) + N_{dk}}{\left(\sum_{i=1}^{m}\sum_{j=1}^{n} e_{ij}\right) + \sum_{l=1}^{m} N_{dl}}$$

$$P_{\text{NEW}k} = \frac{(P_k)(\text{SUM}(C_1)) + N_{dk}}{\text{SUM}(C_1) + \text{SUM}(N_d)}$$

因此，如果总和保存在每个集群中，那么可以递增地修改集群。

8.8.2 增量学习方法2

（计算C，即，修改两个集群中一个被修改的集群。）

稳定集群的情况下，提供的结果非常接近。如果集群是不稳定的，它可能会导致远离正确的结果。在这种情况下，不需要保存集群中的所有数据元素的总和。

集群 C_1 等于：

$$C_1 = P_1 + P_2 + P_3 + \cdots + P_m$$

新数列ND等于

$$\text{ND} = \text{ND}_1,\ \text{ND}_2,\ \text{ND}_3,\ \cdots,\ \text{ND}_n$$

集群内数列个数为 n。

加入数列后，新的集群值等于：

$$\text{NP} = \text{NP}_1,\ \text{NP}_2,\ \text{NP}_3,\ \cdots,\ \text{NP}_n$$

那么

$$\text{NP}_k = \frac{(P_1 m) + \left(D_k / \sum_{i=1}^{n} D_i\right)}{(m+1)}$$

8.8.3 计算 C 值增量

这种方法在计算 C 值增量的同时逐渐拉开两个群集之间的距离。包含在集群 C_1 中的新数列 D，这一数列的 C 值相对于其他列产生变化。方法就是逐步跟踪这种变化。

这种方法通过少量计算就可以得到接近预期的结果。

C_2 是另一个集群。C_2 的 C 值比 C_1 的 C 值小：

$$C_{\mathrm{NEW}}^2 = \frac{\sum_{j=1}^{n}((C_2(j) - C_1(j))^2/(\sqrt{C_1(j) + C_2(j)}))}{\sum_{j=1}^{n}\sqrt{C_1(j) + C_2(j)}}$$

就以前的 C 值而言，新 C 值没有关系。对于 C_2 的新的 P 值，$C_2(j)$ 可以用以前的 P 值表示。

采取列：

$$S_1 = e_{11}, e_{12}, e_{13}, \cdots, e_{1n}$$
$$S_2 = e_{21}, e_{22}, e_{23}, \cdots, e_{2n}$$
$$S_3 = e_{31}, e_{32}, e_{33}, \cdots, e_{3n}$$

产生的方程式如下：

$$\text{Pattern} = (e_{11} + e_{12} + e_{13}), (e_{12} + e_{22} + e_{32}), \cdots, (e_{1n} + e_{2n} + e_{3n})$$

方程式的 P 值等于：

$$(e_{11} + e_{12} + e_{13}) / \sum \text{All}, (e_{12} + e_{22} + e_{32}) / \sum \text{All}, \cdots, (e_{1n} + e_{2n} + e_{3n}) / \sum \text{All}$$

接下来计算 c_i (p_i)。为了计算 c_i （S_1，Pattern)，将计算 p （S_1，pattern)：

$$p(S_1, \text{Pattern}) = \frac{\sum_{i=1}^{n} S_{1i}}{\sum \text{All}}$$

$$c(j) = \frac{p \times T(j) - S_i(j)}{\sqrt{T(j) \times p \times (1-p)}}$$

之后用相同的方式计算 S_2 和 S_3，将得到：

$$c_i(S_1, \text{Pattern}) = c_{11}, c_{12}, \cdots, c_{1n}$$
$$c_i(S_2, \text{Pattern}) = c_{21}, c_{22}, \cdots, c_{2n}$$
$$c_i(S_3, \text{Pattern}) = c_{31}, c_{32}, \cdots, c_{3n}$$

集群 C 整列可以表示为这三个要素的加权平均值：

$$C^2 = \frac{\sum_{j=1}^{3} c(j)^2 \times w(j)}{\sum_{j=1}^{3} w(j)}$$

可以得到列的总和，加权函数等于：

$$w(j) = \sum S_j$$

假设有三个列的 C 值，现在加入列 S_4，这将改变 P_i 的值，这由上面讨论过的等式给出。

对于第 j 个元素，列数为 i。

这些方程是计算 C 列第 j 个元素。以同样的方式，剩余的元素也可以计算出来：

$$C_{\mathrm{NEW}j}^2 = \frac{\sum_{i=1}^{n+1} c(i)_j^2 W(i)_j}{\sum_{i=1}^{n+1} W(i)_j}$$

$W(i)_j$ 是 e_{ij}，也就是，第 i 列的第 j 个元素表示为

$$\frac{\left(\sum_{i=1}^{n} c(i)^2 \times W(i)_j\right) / \sum_{i=1}^{n+1} W(i)_j + \left(c(n+1)^2 \times W(n+1)_j\right)}{\sum_{i=1}^{n+1} W(i)_j}$$

$$= \left(\left(\sum_{i=1}^{n} c(i)^2 \times W(i)\right) \Big/ \sum_{i=1}^{n} W(i)\right) \times \left(\sum_{i=1}^{n} W(i) \Big/ \sum_{i=1}^{n+1} W(i)\right) + \left(c(n+1)^2 \times W(n+1)\right) \Big/ \sum_{i=1}^{n+1} W(i)$$

$$= (C_{\mathrm{OLD}})^2 \times \left(\sum_{i=1}^{n} W(i) / \sum_{i=1}^{n+1} W(i)\right) + \left(c(n+1)^2 \times W(n+1)\right) / \sum_{i=1}^{n+1} W(i)$$

$$= \frac{(C_{\mathrm{OLD}})^2 \times (\mathrm{Weight}_{\mathrm{OLD}})}{\mathrm{Weight}_{\mathrm{NEW}}} + \frac{(c(n+1)^2 \times W(n+1))}{(\mathrm{Weight}_{\mathrm{NEW}})}$$

$\mathrm{Weight}_{(\mathrm{OLD})}$ 的第 j 个元素等于 n 列中所有 j 列元素的总和：

$$\mathrm{Weight}_{\mathrm{OLD}} = e_{1j} + e_{2j} + \cdots + e_{nj}$$

$\mathrm{Weight}_{(\mathrm{NEW})}$ 的第 j 个元素等于 $n+1$ 列中所有 j 列元素的总和：

$$\mathrm{Weight}_{\mathrm{NEW}} = e_{1j} + e_{2j} + \cdots + e_{(n+1)j}$$

$c(n+1)$ 是 $n+1$ 列中第 j 个元素的 c 值。

$W(n+1)$ 是 $n+1$ 列的第 j 个元素。

以同样的方式，在该列中的其余元素都可以计算出来。

能通过 C_{OLD} 得出 C_{NEW}。知道新权重和以前的权重，可以通过方程式计算新数列的 c 值。当得到集群里所有列的总和时，就可以得到新权重和以前的权重。$W(n+1)$ 是新数列的总和，可以很容易地计算出来。$c(n+1)$ 是旧方程式与新数列之间的 c 值：

$$\mathrm{Overall}C(\mathrm{NEW}) = \frac{\sum_{i=1}^{n+1} \sqrt{P_i(\mathrm{NEW}) \times C_i(\mathrm{NEW})^2}}{\sum_{i=1}^{n+1} \sqrt{P_i(\mathrm{NEW})}}$$

8.9　学习与决策模型

图 8.23 给出了新的预测模块的结构，其应用从医疗保健决策到酒店业和收入管理有所不同。该预测工具后于决策系统。

图 8.24 描绘了全局的决策系统架构决策基于增量学习。决策经理负责决策制造和工程的历史数据与行为的映射。定性的投入和增量定量输入便于决策。

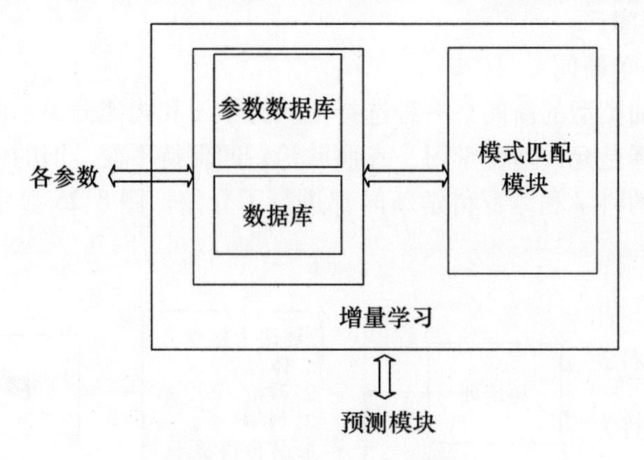

图 8.23　增量学习与预测

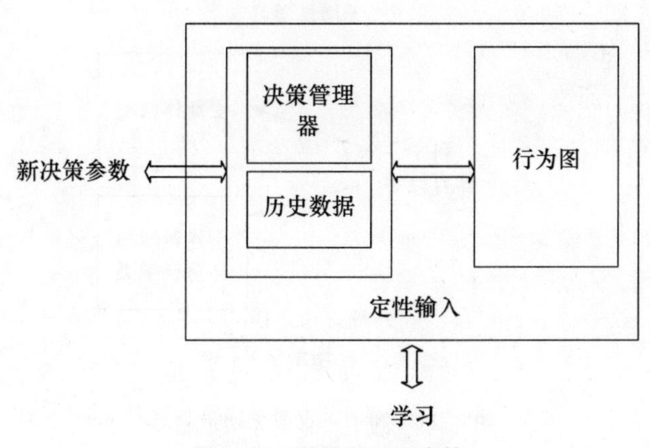

图 8.24　增量学习和决策

8.10　增量分类技术

分类进行学习，可能是文档类型，文本、对象或问题的分类，因此增量分类是增量学习的一个重要组成部分。增量分类允许容纳新的数据点分类，而不从头开始学习。以文档分类为例，假设一个分类器进行体育新闻和政治新闻分类。体育新闻被移动到报纸的最后一页，而政治新闻被放在报纸的第一页和第二页上。假设一个新型的消息说科学新闻和科学的体育新闻，鉴于这些新类型，有四种类型的消息：

1）体育新闻；

2）政治新闻；

3）科学新闻；

4）体育科学新闻。

用两个附加类型的新闻：一种选择是从头学习和构建分类系统，可以分为四类；另一种选择是允许增量学习，参照政治新闻保持不变。旧的体育新闻增量更新，两个新型的科学和体育科学新闻都进行了介绍。图 8. 25 显示了分类，有或没有增量学习。

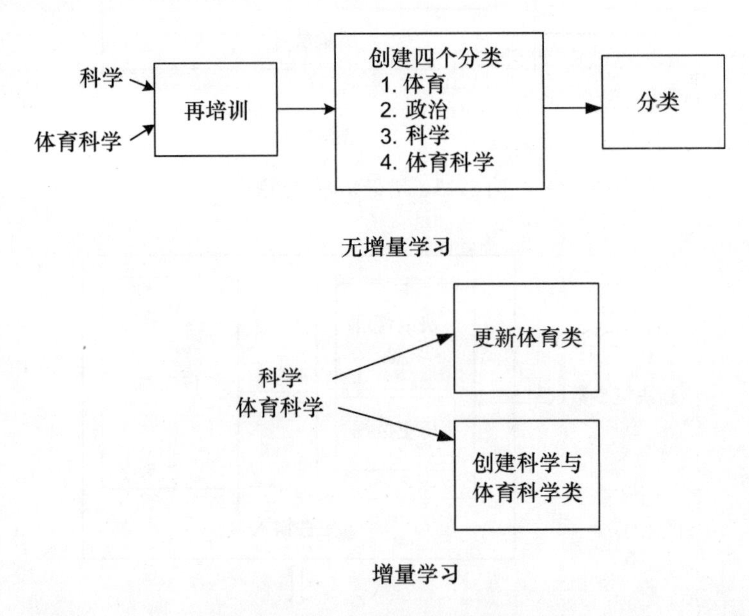

图 8. 25　例子：有或无增量学习

8. 11　案例分析：增量文档分类

各种文件需要被归类为任何自动化的文档管理系统。这可能包括表格、文档图像、图片和非结构化文档。随着信息爆炸，越来越多的文件变得可用，并成为库的一部分。这些文件可以属于已受过训练的类或可以是一个完全新类型的文档。慢慢有大量的类、庞大的训练集以及不同类型的关系在不同的文档。该规定文件增量不仅节省所需的时间，还保留知识的过去。增量分级的另一个优点是，它可以不训练就开始分类文档，如图 8.26 所示。

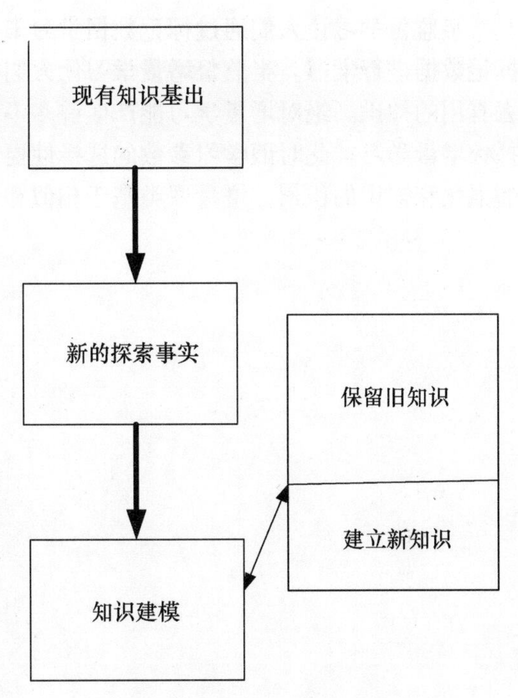

图 8.26　增量文档分类和知识管理

以按揭文档分类为例，这种典型的应用可以包括不同形式的贷款、票据、附加条款等。假设它包括表单 1003 和 1004 以及一个可调速率标记。这些形式是基于该术语频率分类的。现在引入新文档（DOT)。由于存在无 DOT 影响的区域，特征向量可以只添加可导致知识保留的增量学习就好，因为没有必要让系统从头学习。

初步训练的设置→分类包括类别 ARN、FRN、1003 和 1004 新文档和类—DOT 增量适应新课程—权重计算—新集群形成 构成—知识积累和文档管理

新文档和第 i 类亲密值可以表示为

$$\text{Closeness\_}\ i = \text{closeness}\ (\text{new\_ document},\ \text{class\_}\ i)$$

学习需要训练所有类，也就是需要亲密值小于阈值和新文档。

8.12　小结

决策的下一步就是增量学习。拥有一个强大的决策能力，并考虑到从行业的视角来看结果，这是值得注意的。通过一直学习，增量学习方法对预测有着巨大潜力。推断的决定是关于数据模式的分析，同时得出精确的分类结果。通过学习方法，在现有系统的修改建议会对生产力产生巨大影响。增量学习可以看作系统性学习最重要的方面之一。在每一个阶段并从不同的视角得到的知识允许建立系统性的观点，并允许促进增量学习。

半监督学习让人们通过标记数据学习未标记数据，这可以使得选择相关的未标记数据进行学习。半监督增量学习使人们能够建立学习参数，同时保留建于过去有用的知识。绝对增量学习能产生许多不同的问题，增量学习的首选方式是选择性增量学习。此时旧学习参数的选择性更新并建立新的特征向量，这需要知识的强化和知识的积累。增量聚类基于相似和分布的新发现。

第 9 章　知识增长：机器学习的视角

9.1　简介

任何类型学习的目的都是建立知识和管理知识并作出最优的决策，这需要在恰当的时候、合适的地方使用正确的知识。生活中不断出现新的方案和新的信息，因此需要扩充知识构建，并有效地为未来的知识构建发挥作用。机器学习的目的是使机器学习来增加知识，并进一步构建一个提高知识、使用知识从而高效地做出决策的思维模式。这是一个持续的过程，而学习是知识生命周期的一个重要方面。这不仅授权允许系统在下次类似的情况下更有效地解决问题，还可以以智能的方式应对新的方案。

知识的获取是对新的信息的识别、吸收，并将其存储的过程。在存储器中存储信息并可以在以后随时提取检索。分类的过程中，挖掘、存储和检索相关的信息在很大程度上依赖于信息的存储、组织和表示。知识获取可以通过更好的学习和映射得到改善，也可以通过考虑方案和信息的关系得到改善。这包括了解所需信息的目的、功能及其关系。当学习者专注于新材料的意义和整体关系的信息时，获取知识变得更有效率。为了成功获取知识，学习过程中需要考虑系统的依赖关系。成功地理解和理解力、管理力、提高学习能力都可以促进知识的获得。对于知识工程和知识管理项目，知识获取包括构建、启发、收集、分析、建模和验证知识。

最重要的一方面是，知识构建和重新应用保持方案内容。方案和知识获取是密不可分的。知识的获取涉及的各种参数，如相关性和时间维度，具有十分广阔的范围，这也需要提供在不同的系统来源中获得知识的方法。知识获取发生在每一个学习阶段，图像、对象、数据或者图案都可以启发学习。许多机器学习方法提供了人性化引导的知识获取。知识获取的第一个重要方面是关注相关的特性，因此需要定义相关的特性。第二部分是关于理解这些特性和了解这些特性的表现，也就是说，理解规则和依据兴趣划分特性之间的关系类别。另一个最重要的方面是知识构建基于学习能力逐步提高的动态过程。本章还讨论了知识应用和知识构建的协同评估。概括地说，随着使用这些不同来源的知识，需要多视角学习和更新决策。决策者之间的协作和竞争可以用于建立和扩充知识。

知识扩充是在现有数据资料、现实作用、可利用的新信息的基础上构建和提供有价值的信息，它涉及知识挖掘、知识整合、知识增量建设、新知识表示。图 9.1 显示了知识扩充的基本观点。知识周期包括捕捉、保存、扩充和传播以及知识使用。知识周期如图 9.2 所示。

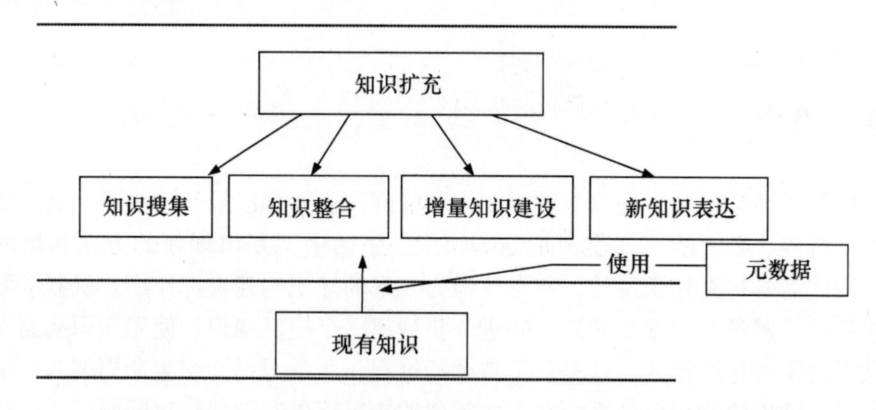

图 9.1　知识扩充

明确的反馈机制、自适应学习和系统性的观点都可以针对知识的用途帮助和指导人们获得知识，而且多视角的学习需要选择合适的知识获取方法。在这个过程中，最重要的部分是使用已经构建好的有效的知识，并且在需要的情况下校正该假设。这样的知识有两方面的依据：①一些知识可以直接使用，变化的方案对这些知识的改变不大；②下一个层面，也要根据新的事实重新定义一些知识。多学科的概念整合可以用于知识构建。

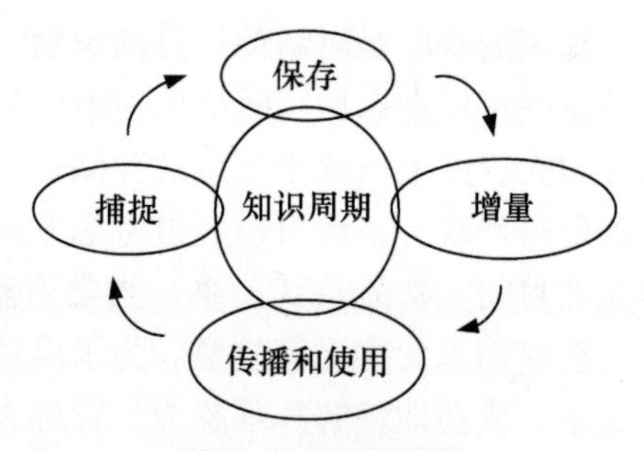

图 9.2　知识周期

本章介绍了整个知识生命周期和参照不同的机器学习方法进行学习提高的过程。此外，知识需要以这样的方式表达，该学习系统可以在未来的学习和决策中再次利用。另外，还将讨论参照机器学习方法而获得的知识构建。

9.2　短暂的历史和相关工作

大约在公元前 6 世纪，来自包括希腊、印度和俄罗斯等不同国家的科学家和研究人员研究了基于推理使知识获取更加容易的方法和技术。知识获取需要根据之前的经验信息为依据。根据研究人员获得知识的过程分析，知识获得总是需要以有助于学习评估和分析的历史信息为基础。纯粹历史知识的学习模式有其自身的局限性。公元前 4 世纪，就有最早的一批学者开始挑战理性的推理，其中包括柏拉图、苏格拉底和德谟克利特。亚里士多德（公元前 384 – 322）是学术界众所周知的形式逻辑的创始人。认识论是涉及技术和工具的系统术语，它促进了科学知识和科学基础学习时代的到来。从归纳法开始，理性推理和数学逻辑作为获取有用知识的主题开始，当今时代需要具有系统性的构建和扩充知识的能力。该系统应该在相似与非相似、复杂与非复杂等各种情况下智能地运作。要构建这样一套系统，必须要了解知识是什么：它不仅是要存储大量有用的相关资料进行估算、预测和分析，而且可以构建一个有价值的情境去帮助解读知识，实现目标。今天，这种存储和检索信息在人工智能、商业智能和以挖掘数据为基础的系统和软件的帮助下得以实现。知识可以进一步被视为一种消息，这种消息被那些可以全局的完成任务的人所掌握。图 9.3 描述了文本中一个典型的知识发现过程。

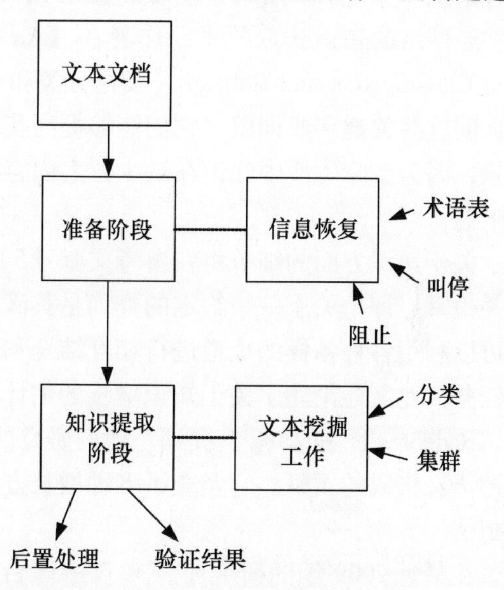

图 9.3　来自文本的知识发现过程

J. H. Johnson、P. D. Picton 和 N. J. Hallam 在 1994 年发表的研究论文《Safety – Critial neural computing：Explanation and verification in knowledge aug mented neural networks》（安全至上的神经计算：解释和验证知识增强神经网络的灵敏度）中，提出神经网络的问题。特别是常规的，不能包含先验知识，更不可能解释其输出[1]。“黑盒分类器”理论适用于神经网络分类器的体系结构。神经网络本身不能和人类决策者一样进行交流，因此知识增长在神经网络中起着重要的作用。在复杂而且变化多端的软件工程中，基于历史经验和学习而构建的简单的模型有很大的局限性。基于探索和经验修正构建的知识体系在解决这样复杂的问题上是非常有用的。

在由 Park、Yu 和 Wang[2] 发表的研究文章中，他们已经提出了一种方法，以提高基于知识决策支持系统能力。定性推理（QR）方法可以用于在动态和不连续方案中获得知识，知识库需要不断地发现和更新，静态的知识基础情况决定了知识库的完整性，用适当的知识增强策略和动态的知识库可以有助于克服这个问题。

在 2002 年，研究论文［3］提出了一种新的理念：结构化文档有不同的对象，这些对象映射到内容上。有效的结构化文档检索需要基于内容检索的对象，并考虑它们的逻辑结构。这篇文章提出了一个合理的模型，反映了结构化文档中包含的内容可以被视为知识对象和可以被扩充知识过程的逻辑结构。结构连接对象可以帮助增加知识。

在2004年，Richard Dazeley 和 Byeong - Ho Kang 引入了名为 MCDR 的增强混合系统[4]。它使用了多个分类链接法则（MCDR），这是一种简单而有效、结合神经网络的知识获取技术。作者在《An Augmentation Hybrid System for Document Classification and Rating》（文档分类和分级的强化混合系统）一文中用实践来证明这些关键字或词组，它们能够提高获取知识的能力。关键字不足以反映其背景，因为实际生活中知识在缺少方案内容的情况下是不完全的，因此它们受到了限制。

关于知识方面的细节将在参考文献［5］中提到。获得有价值的信息、讨论相关检索、评论关于一个给定的查询是其满足用户信息需求的重要手段。讨论方法可以利用各种各样的渠道进行相互结合和利用。评价显示知识适用于手头的紧急任务。此文还论述了关于知识增长的估计。

Bodenreider 和 Zang[6] 提到，他们研究的目的是评估知识提升中提取语义关系的语义集成的贡献。它调查了多种增长方法，包括具体化、概念修正以及历史联想法。

在最近2009年的研究中，来自中国台湾省台南成功大学电气工程专业的Chen、Jhing - Fa Wang 和 Jia - Ching Wang 提出，一个视频知识浏览系统，它可以建立一个基于其概括内容的视频的框架，可以通过使用在线相关媒体扩大它们[7]。因此，用户不仅可以方便地浏览视频关键点，也可以重点浏览他们所感兴趣的内容。为了构建基本的系统，他们利用之前的转化处理器将视频转换为图表。关系图建立起来之后，然后进行社会网络分析探索网上相关的资源。它们也适用马尔科夫聚类算法，以提高网络分析的结果的准确性。

当想要机器显示出智能行为时，它必须能够增加这个知识。在这里，系统性知识提升是了解特点、积累知识，并从系统的角度表示它。这就好比理解不同部分知识之间的关系，和建立一个系统性的可以在不同的方案中使用的知识视角。多方面的表达式需要进行组合的。图9.4描述了一个典型的多智能体结构的知识构建。

图9.5描述了多智能体结构的学习系统开发。在第一阶段，系统性目标可以推导出整体知识增强的过程。性能测量需要完成探索。自适应学习允许选择学习策略，学习者根据方案和决策方案评估不同的行动和成果的影响。当用贯穿于系统的不同参数观察该影响时，决策者通过探索学习了这些结果。不同的决策者可

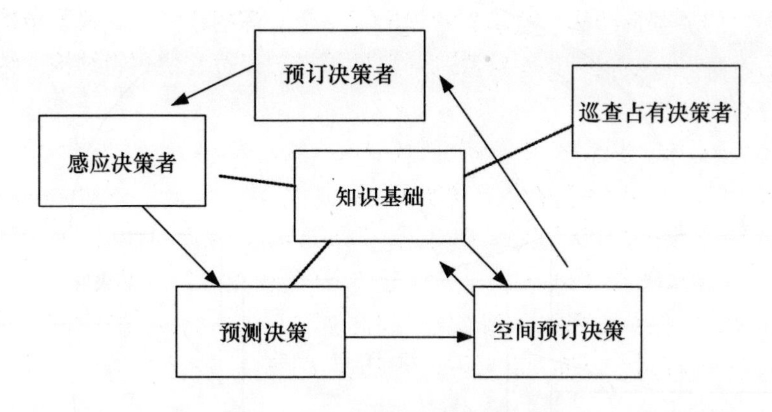

图 9.4　知识构建的多智能体结构

以从相同的决策方案中建立起适合环境的决策。

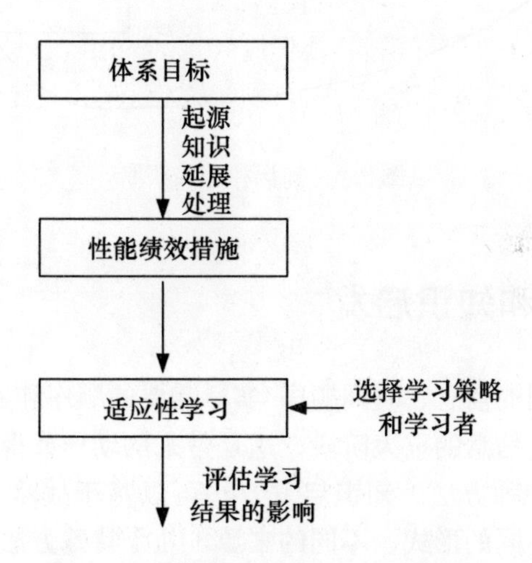

图 9.5　多智能体结构的学习系统开发

在学习相关研究人员在各个领域获得知识的方法后，现在来了解各种信息收集的详细信息，包括知识获取和探索各种案例研究的整个生命周期。知识和关联性在某种程度上的关联关系可以帮助人们获得知识。知识和相关性增量产生新的事实探索显示在图 9.6 中。知识来自于新的参数，关系来自于现有的知识基础的参照。

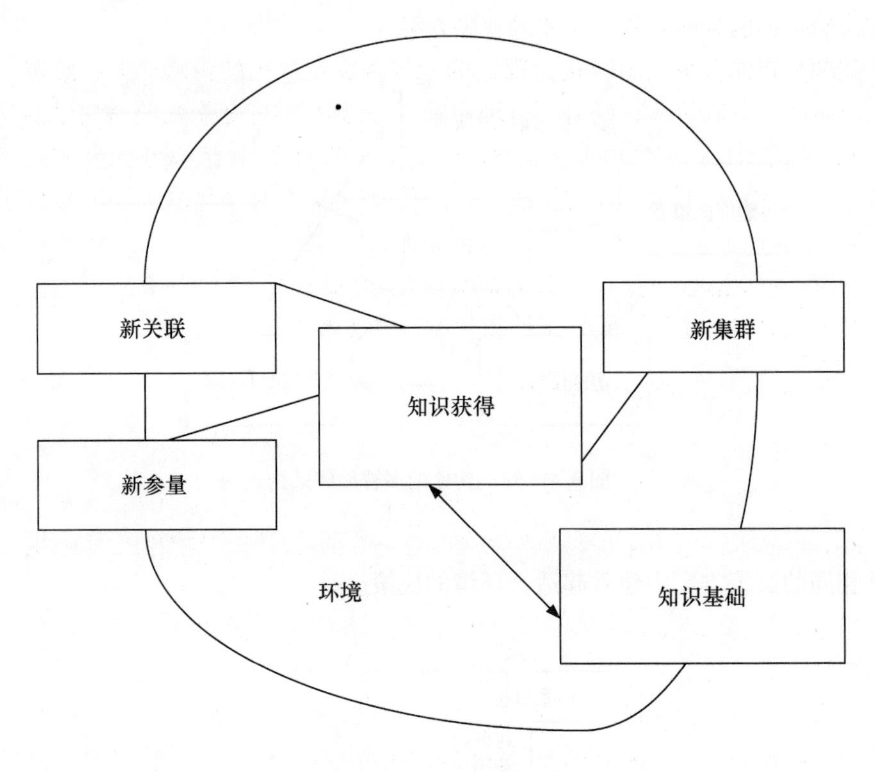

图 9.6　知识和相关获取

9.3　知识增长和知识启发

可以根据收集到的信息、时间顺序/实际需要的顺序和实践数据库产生知识。知识启发是一个收集信息的重大阶段，这是带来的动作或得出新事物，定义它为获得逻辑性事实的一种方法。知识启发方法可以基于战略、基于目标或基于过程，该信息可以有不同的形式、不同的来源。几个特殊方法的细节在下面给出。

9.3.1　策略使用进行知识启发

下面讨论基于各种问题相关技术获取信息的方法。

如果在软件项目开发的情况下，客户端首先提供了问题的声明。基于该给定的问题声明，分析者有必要提出可行的解决方案，以满足不同要求，包括技术和实践。为了分析客户的某些隐藏的要求，有必要把给定问题进行明确的说明。

专家要解决一个给定的问题，要么用自己的经验要么使用各种适用的方法，包括讨论、分类或分析。讨论的问题涉及什么是当前形势、发生了什么事、什么是解决给定的困难的有效、快速的解决方案。

问题分析涉及将问题转化为现实的分类来决定应用的策略。分析给定的问题，分析师可以利用各种网上可以利用的 IT 工具，确保使用之前使用过的方法（在有的情况下）使问题得以快速解决。从不同的 IT 系统/工具中分析师得到很大的帮助，例如故障根源分析（RCA）、思维导图工具（MT）、原因分析工具（CAT）等。

该分类流程包含一定的标准来划分所收集的数据，并存储在不同的数据库中。学习政策可以通过分类、决策和学习去定义相关内容。

9.3.2　基于目标的知识启发

这种方法描述了在得出任何解决办法和分析给定问题之前要理解学习目标和决策目标的重要性。在此情况下，知识采集是基于目标的。学习系统通过专注于当前的目标来收集信息，并保持逻辑的关联和所处环境的关联从而进一步获得知识。

根据对象（如果需要）用多个信息源和聚集的协同信息的学习系统，可根据特殊的方案设置短期/长期目标，把获取知识的过程分为不同类别，并根据优先等级采取行动。目标可以划分为不同的类别，在一个时间专注于一小部分，从而成功获取知识。如果需要进一步，树状决策图和梯式递进概念是基于目标的方法中卓有成效的知识探索。

9.3.3　基于过程的知识启发

该技术描述了获取信息的过程。

1. 通过基于查询的响应

该阶段包括一对一解决问题的方法。相互作用是可以直接作用也可以间接作用。

2. 收集信息源

这一阶段将收集所有相关问题的信息源。信息源通常是信息库、文件以及类似的信息来源和网址。

3. 协议分析

该阶段依赖于一些规定和程序去分析问题。它包含分析问题和逐项找到解决办法。

4. 相关关系

问题和所考虑的解决办法之间要建立联系。统计的方法可以导出相关关系，相关关系需要参照方案和决定方案的特殊标准。

5. 观测

观测是基于个人经验中获得的结果的，这有助于避免发生较早的失误或错误。通常一种知识可用于在新的和类似的情况下进行探索和决策。

9.4 生命周期

数据被用来获取有意义的信息，从而进一步建立更高深的知识。在知识构建过程中，数据的处理要经过多个阶段。知识的构建与学习过程是紧密相连的，知识的积累通过学习和前后的关联来构建。在这种情况下，学习提供了相关方案最需要的前后相关的细节。方案内容允许增加关于新显现出的知识。图 9.7 显示了知识的生命周期。

为了获取知识，它的生命周期就必须在不同阶段使用不同的方法、技术和工具。这些阶段包括理解工业的网络，接着收集原始数据，并产生/接收最重要的部分的信息，这是共享知识、重用知识，增加知识的过程。为了实现知识生命周期的所有这些阶段，有必要利用各种学习机/技术方法和工具/技术。

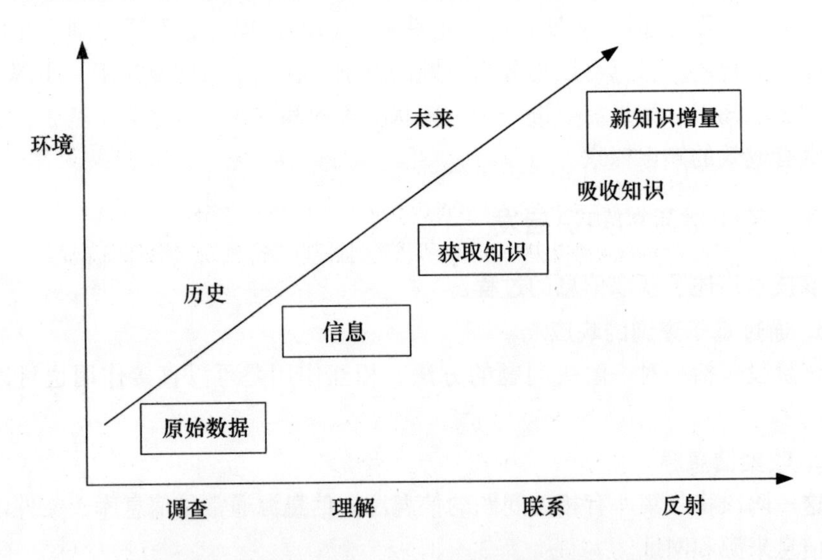

图 9.7 知识生命周期：从原始数据到数据获取

其中一个重要的“先进的机器学习”的模式称为增量协同学习方式，它包括“增量聚类”。“增量聚类”有助于更新知识与最新的信息，这对管理者和决策者做出有效的战略和预测是非常必要的。在机器学习中知识增长产生各种策略，包括协同学习、自适应学习，而最重要的是增量学习方式。知识增量有助于保持有用、完整的知识，并建立在它之上的进一步认识。

如图 9.8 所示，知识的生命周期被分成两个主要部分，分别是“决策策略”和“机器学习策略”。决定的做出由决策空间、决策组件、标准和准则、政策以及社会文化环境等组成。“机器学习策略”包括学习政策、智能组件、工具和技术，它们提供价值给社会、企业、员工、客户和合作伙伴。这些工具可以进一步分类为知识创造、知识存储、知识利用和增强。

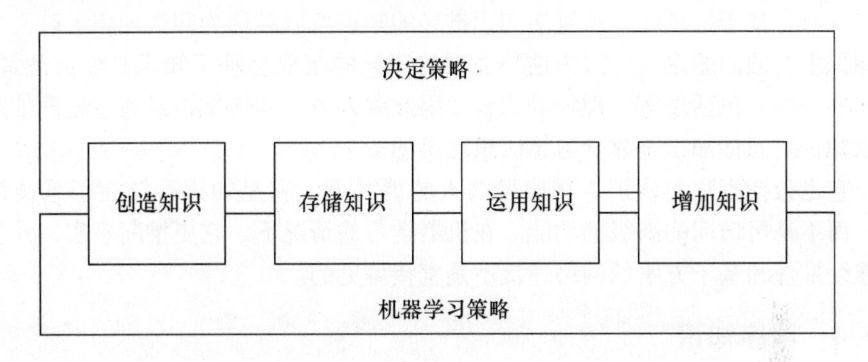

图 9.8　基于商业和机器学习策略的知识获取

有不同类别的知识：特定领域、特定环境、情景方案和特定决策。特定领域的知识描述了知识与特定的领域和产业有关。例如，在软件领域，知识与各种应用程序、数据库、模式、组件等相关。特定环境知识在本质上是更系统性的，它与环境或决策空间相关。相关联知识更多的是与决策背景和决策空间相关。决策有关知识取决于决策结果和影响。例如，假设有两种类型的用户：新手和专家，所以新手用户对某一特定主题只有入门知识，但专家用户对此却有详细的和先进的认识。

9.4.1　知识水平

知识增长是一个持续和渐进的过程，知识是建立在形成决策的基本信息的基本知识之上的。这是基础的知识构建和简单推理的模式，其中不涉及复杂的依赖关系。下一级别的知识是关于关系、映射和依赖关系的。先进水平或决策级系统的知识包括上面提到的在决策空间的不同行为的分析中提到的知识。现在讨论随着不同程度知识的产生和知识的构建。

9.4.2　直接知识

直接相互作用而收集到的信息用于反对假设以建立直接知识。通过使用各种传感器或通过各种决策者/智能决策者，包括视觉、听觉、感觉、嗅觉和味觉在收集直接信息时非常有帮助。大多数传感器给出相同的输出结果，除少数的情况下，例如，一个人失明的人也将会观察到不同的颜色。与体验相关的数据可以被观察人员感受转化为直接的知识。直接的知识为构建更高级的知识体系打造了基础。

9.4.3 间接知识

学习是基于推理的，从直接知识推导的知识可以被称为间接知识。歧义是间接知识主要的问题之一，因为这种类型的知识的获取是基于知识是如何理解的，知识的产生，包括思考、理解等流程。因此有人说，间接知识是通过处理信息来获取知识。间接知识是靠学习算法来获得的。

它也包括直观的认识。在典型的人的情况下，它是知识存储在子系统存储器，而不是可访问的高级脑功能。在机器学习的情况下，它更推断事实，并且基于连续推理和基于方案的网络连接不是直接可见的。

9.4.4 程序知识

程序知识就像在做一个算法，会给出指令告诉一步一步该做什么。程序知识是一系列执行特定任务或活动的指令。程序知识是一系列知识的组合，可以及时建立知识空间。这方面的知识源于通过一系列个人的探索从而得出结果。程序知识通常有助于理解跟预期结果相关的结果。这方面的知识有各种方面：如测量中间结果、了解序列，并依次执行操作的重要性。

9.4.5 问题

问题或疑问将有助于创造知识，可以根据环境对不同行为的响应来建立这种类型的知识。这些问题是一种知识的差距，学习中的问题来源于未知响应。问题是知识获取过程的一部分，这是发现未知的一个过程。例如，使用搜索引擎上网，为寻找到完整信息，可能会问一个问题或输入关键字。直到今天，网上只提供基于文本的搜索引擎，未来还会有基于图像搜索、以关系为基础的搜索、高级搜索、网络搜索滤波和布尔搜索，这些都是弥补知识差距的方法。问题在建设程序知识和推理知识积累方面很有帮助。

搜索问题时使用不同的搜索引擎如谷歌和 Clusty，由于搜索方面的不同，搜索结果差异很大。数据挖掘的背景以及集群和机器学习的概念，起着非常重要的作用。

9.4.6 决策

决策是行动的指令。决策的问题与选择和程序的知识相关，它们可以影响决策。在替代方案中的条件选择可更改于该问题的答案。决定相关的知识会有历史性的影响，可以决定为什么一定的程序是在一个特定的方式下执行的。决定用于跟决策的影响相关的知识。

9.4.7 知识生命周期

知识生命周期与学习紧密相关，它关于怎样建立知识、怎样验证知识。此外，有必要在新的方案和在新的事实下重建知识。“知识增长的生命周期”是一个永无止境的路径，它随着新的信息的输入不断进化。这经历了以下阶段：

1. 需求的认定/了解情况

为了获取知识、了解整个行业的详细信息、了解程序信息、了解决策和学习策略等，就必须知道相关的所有环境。要利用数据生成工具和相关技术，获得原始数据是至关重要的。然后基于与学习类型相关的所有需求，使用各种聚类技术将是有用的。程序和相关的信息有助于建立相关的联系。

2. 收集信息/知识获取

这一阶段包括收集来自不同信息来源的信息，如专家的经验、研究论文、书籍、网站、知识储备、机器学习算法，包括 AI、BI 等数据。这些信息来源于相关的联系。

3. 信息分析

通过应用各种合适的基本分析方法（这些分析方法可以包括聚类、分类、统计排名），原始数据需要被存储在各种相关的组里，被映射到不同的优先级和决定的方案里。这些相关组或集群将被用来生成行为模式或可用于推断行为。相比于以图表或文字的形式聚集的数据，以图案的形式表现信息将更加方便分析师作出有效的决策，以执行适当的分析，对集群进行合并或分割可能是必要的。

4. 学习

系统的知识是知识库的基础形式。在全系统学习中，学习系统应该充分利用所有可用的数据源和算法。随着对系统知识的开发，新的方案和动作的探索使得人们能够从经验中学习。学习的概念是使用经验数据为基础的知识，而系统会持续探索在新的方案中的情况。下以一家软件开发公司作为例子，它已经成功开发出用于一个特定银行的软件系统。因为这次成功，另一家金融公司找它为自己开发一套系统。现在，如果相关知识已经构建，为银行开发软件的详细信息都保存整齐，采用数据挖掘技术，相同的程序可以立即移植过去开发新的软件。当程序保持相似时，产品和客户类别大多是重复的。应用先进的机器学习模式，获得的知识可以反复利用。但在其他应用情况下，这将是开发和探索的组合。现实生活方案中，有两个问题是不相同的，但可能是类似的或是相似的。基于这些相似性的学习，通过探索差异可以充实知识。一旦这个软件公司在金融领域出名之后，其他的金融公司也会委托它为自己开发应用系统，那么增量学习就实现了。

该阶段涉及存储以及对信息的检索。存储涉及最新的数据库的延伸、网络技术和高性能的服务器。检索过程包括所存储的信息的提取和获取。

5. 增强

此阶段包括对知识的筛检和扩充。这一阶段会继续扩大知识数据库，这一阶段也被称为知识的强化。

正如第 4 项中提到的跟学习相关的和在之前的内容中解释的，原始数据或信息将以基本集群的形式被存储。从技术上讲，对新信息的获取，必须更新这些新信息的集群、映射和关系。有关这些关系的更新是对做出有效的估计是很必要的。现在的问题是：该更新什么样的集群、什么时候更新。当基本集群形成，几个集群的信息包括代表时间/数据系列、集群的中心、集群之间的距离和集群范围也被存储。新的信息的特征将与所存储的/可用的集群的信息进行比较，随后作出决定来更新特定集群的信息。如果已形成集群的特征不与新的信息匹配，则需要产生新的集群，这些完整的技术将以贴近算法（CFBA）、COBWEB 以及其他增量聚类算法的形式整齐地保管起来。速度、复杂性、可扩展性、存储器利用率以及其他技术，每一种方法同其他方法都是不同的。

9.5 增量知识表达

如前面部分讨论的，新的知识不能马上或者零散得直接利用。有效知识体系的建立需要增加知识的构建和典型性的代表。协同学习可以促进有效的知识增长，增量学习模式要求参照原有知识体系获得的新知识，获得新知识并结合自适应特性和决策方案去进行有理由的相关关系的角色转换。图 9.9 描述了信息流和知识表达。

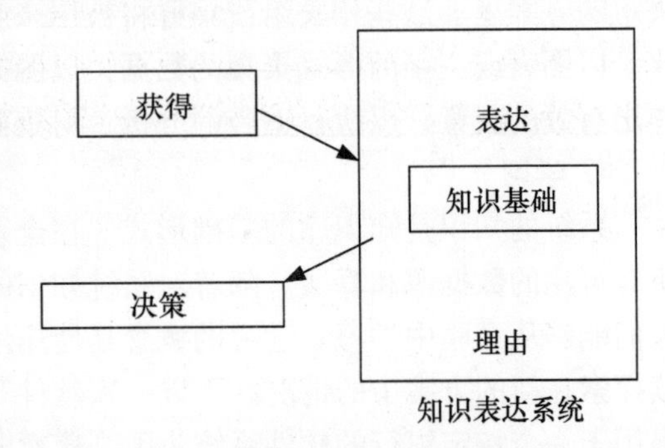

图 9.9 信息流和知识表达

用户和环境行为的观察可以帮助建立训练实例。该算法对这些训练实例进行实践知识的获取。关于环境的不断学习有助于建立增量知识表示。背景知识通常反映到训练实例中。经验需要以知识的形式来表达，使以后的学习更有效。渐进式知识构建和表达与新关系、新集群、建成不影响过去相关性和有用性的新信息相关。

假定有三个集群（A，B，C），每个有 10、11 和 15 个数据点，每个集群表示与特定疾病相关的典型参数。假设遇到三个数据点代表类似的行为集群 A，但是探索行动决策空间结果是不同的。新知识构建，可能会影响原有的一些数据点，但是集群 B 和 C 依然是完好无损的。

基于探索的知识增长结构如图 9.10 所示。机器学习的算法模型中，要对信息建立组，并确定相关性，这是一种相互作用的知识表达。观察和决策允许探索和学习，这种学习是基于假设的。与环境的相互作用允许重新检验这些假设，知识获得中引进了对决策的观测和影响。参照已存在的组可以让新知识得以表示。在需要的时候，形成新的群组和决策映射也需要根据假设进行修正。

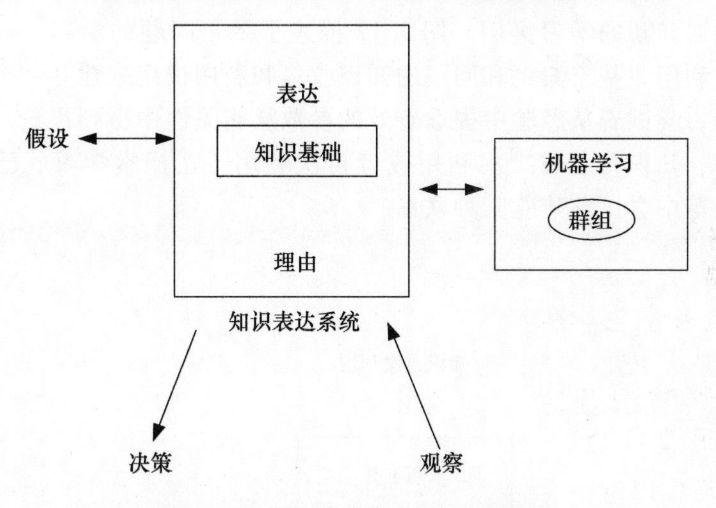

图 9.10　以探索为基础的知识结构

增量知识表达如图 9.11 所示。知识表达和模型的相关性可以帮助人们去表达新的知识方案。数据采集系统可以收集数据。在推理和认知中，知识逐渐被表达出来，并可以使用在更加广泛的学习中。

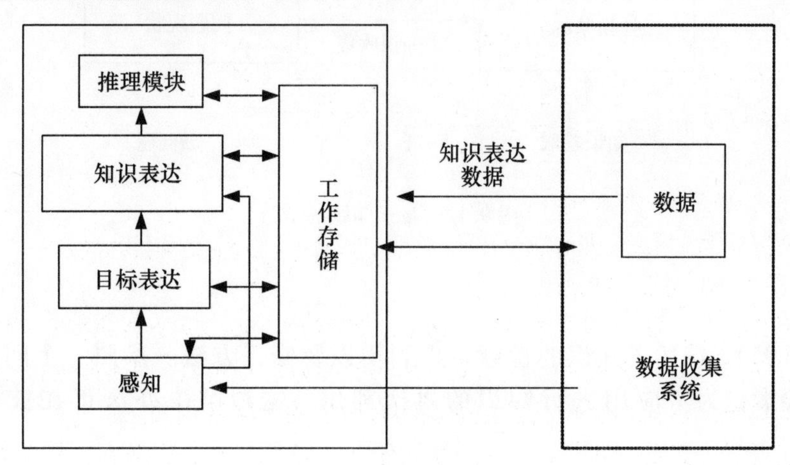

图 9.11　增量知识表达

9.6 案例学习和遗忘学习

在渐进式学习和数据转换的情况下，知识可能会被遗忘，知识遗忘可能导致错误的内容和视角不够全面。知识是建立在类似问题有类似的解决办法这个假设上的，甚至很多学习的假设是建立在这样的假设上的。当系统遇到一个新的问题时，就会试着去用原有方法解决它。完整的新的问题产生了新的学习机遇和新的学习案例。图 9.12 描述了基于问题的学习、知识获取和知识再次利用。基于案例和问题的知识收集和利用被用来建立一个知识学习的案例库，尝试着从经验中提取有效的参数从相关性中得到推论。甚至根据经验顺序，知识将会被二次利用或者再次利用。在探索学习、已解决的案例、经验等中尝试着建立某种联系。

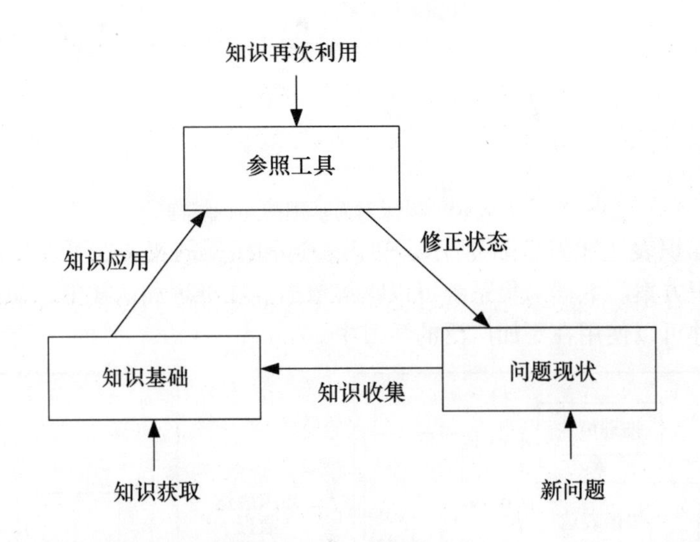

图 9.12　基于问题的学习

图 9.13 描述了知识的检索、再利用以及修正方法。参照一个问题进行知识检索，为了应用进行知识的再次利用，这种解决办法正在被检验和评估。

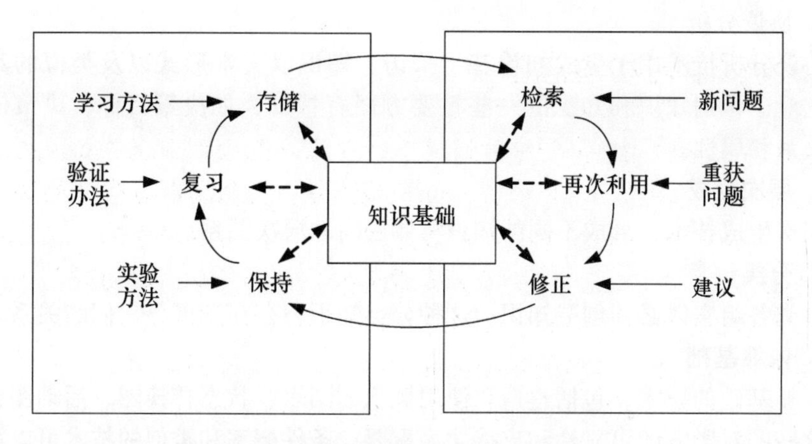

图 9.13　知识的检索、再次利用和修正

9.7　知识的扩充：技术和方法

知识和相关性的增强是不断学习的一部分。简单的基于内容的方法在某些情况下是有用的，但推断为基础的方法证明中的复杂问题的情况下更有用。在本节中，将讨论一些知识、技术和方法、对知识的扩充。

9.7.1　知识增量技术

各种技术和方法已被开发，以帮助从专家那提取知识，无论是人还是一个系统，这些被称为启发式知识或知识增量技术。这是强制性获取知识的技术也可增强并启发知识，例如假设一个营销商务组织包含有关其整个客户数据库的形式的信息，这一信息收集与面试技巧的帮助［在线/下线］，通过对信用卡和支出细节的研究，认真研究客户的购买趋势，以及许多其他通信和信息来源。当新产品出现在市场上时，这些相同的技术会很有用。通过采访同一组客户再次联系到新产品，该公司将获得更多的信息，可用于学习和制定战略。一些知识增量技术用于增量学习的实例如下：

1. 协议生成

协议生成技术包括各种类型的信息收集和查询（非结构化、半结构化和结构化）、报告技术（例如自我报告和阴影）和观察技术。采访是通过对个人用户/雇员或客户私底下进行的。在线反馈系统/客户的行为分析也将提供非常有用的客户的详细资料。如果在线反馈系统或任何其他软件用于收集采访相关的数据，在同一软件将产生各种报告和意见。

2. 协议分析

协议分析技术用于生成知识基于采访、知识以文本形式以及类似的其他形式。这对于识别知识和知识的一些重要方面有帮助，如决策目标、决策依赖关系、关系和属性。

3. 层次生成

层次生成技术，形成不同的知识实体之间的层次关系。

4. 分类

分类各组实体必须创造知识。这种分类知识，存在和区分它们的关系。

5. 依靠基础

依靠基础的技术，包括建造和使用概念的图表、状态转换图、活动图和过程图。这些图对影响的可靠性和支持尤为重要。条件概率和类似的技术可以被用于识别这种依赖性。

6. 卡片分类

卡片分类有助于在概念的类别中确定部分模型的相似性。这是一个非正式的过程，在小团体中的效果最好。

有不同的知识增量技术，其目的是要保留内置在其顶部的过去的知识和进一步构建知识的基础上排序、映射和勘探的知识，并参考现有的知识基础。

9.7.2 知识增量方法

知识增量的方法如下：

1. 发现、差别共享和启发

除了上面提到的知识增量技术，必须使用创新性/创造性的方法对知识进行扩充。根据这些方法可以是类似于基于映射、基于分组、分离的做法等。知识共享对推动交流有重要意义，然后产生的知识在需要时都应该被重用。因此，命名和有关概念可以用来促进沟通、调整、突出差距、提高合作学习、提高知识水平、促进合作的理解。实际上，它的目标是提高知识基础和决策的整体素质。

2. 协同知识构建和映射

关于增长的知识完整明确的细节需要存储在知识库中，在这里知识在新的探索、决策和学习中变得可能。这方面的知识进行分析，并在未来将被重用理解的含义、学习、消化、吸收等。

3. 进行协同知识收集和调查

在协同知识收集中，使用技术手段来调查不同的学习者和决策算法，采用枚举技术来收集信息，感知环境智能以建立决策所需的情景信息。提高合作意识中的智能决策者和维持认知多样性，以实现多视角学习，并且防范的视角不相关也被考虑。这进一步有助于发展决策情景中的方案。

4. 写模式

行为模式捕捉的经验，可以帮助映射成熟的解决方案，以解决共同的和重复的问题。这个过程可以将标签应用于复杂的环节促进知识获取和交流。思想的交流可以通过有效的使用模式成为可能，而且模式也提供了抽象，对知识转移给整体性和系统性方面有帮助。

5. 使用方式

模式组可以在它们之间有共同的纽带，发现不同的方案之间的连接点。这有助于简化复杂的多层面问题，并确定学习差距，通过网络相结合，映射已知模式到新的解决方案。模式语言的引导程序将敏捷性和智能聚集起来。

9.7.3　提取知识的机制

两种用于提取知识传统的方法，即归纳和演绎，用于提取知识。演绎（提出、绘制出）的目的是特定的现象，而归纳（引入或带入、引进）是针对一般的事实。

9.7.3.1　演绎

演绎机构被用于证明特定的事实，以便从中提取知识。演绎从广义的语句到一个特定的事实，它可以帮助用户获得更详细的信息。之前内容所讨论的推理机制可以用于演绎。演绎用来测试声明的有效性，它还确认了声明的真实性。一个公理化的思维演绎方式也具有教条式的个体特征，这种特征是基于教条假设推理的，不是通过普通的可接受的科学理论。

9.7.3.2　归纳

归纳机构从一个特定的逻辑转移到一个广义的事实。归纳方法允许通过添加更多的事实来扩展它的知识。据 John Stuart Mill 的研究，所谓“归纳”仅适用于未知实例的推理或多种基于已知实例观测的实例。归纳的方法趋向于降低知识的有效性水平在各归纳变换步骤的结束，因此根据归纳的转换信息最初阶段的有效性绝不代表已获推断的有效性。由 F. Bacon、J. Herschel、J. S. Mill 和 M. I Karinsky 所做的工作都大大推动了归纳逻辑的系统的开发。当代哲学家 R. Carnap 做出了很大的贡献归纳逻辑。

存在的各种技术知识的归纳改造，各有其特殊功能。通过类比一般化归纳、推理（类比），并通过原因 - 结果归纳：在这种情况下，暂时区分以上事物是很重要的。假设是获得新知识的特殊的逻辑机制。一个不言而喻的假设通常被称为公理，例如证明编译器是一个系统的软件。该技术的归纳将在下面讨论。

1. 一般归纳

亚里士多德写道：“…归纳是从个体到共性的通道。”概括归纳是归纳的基础，因为它是基于确定的已接受的事实而来的。在这个例子中，推广了系统软件的定义，并设法从它那引导一些东西。

2. 类比

类比是归纳的第二步骤，并且基于一个公理。公理是不被证明的，但被认为是真理。打个比方，可以是另一个与一组特定的相似性的或特别设计的理想的模型对象。这个原因—结果分析产生大量的输出信息，但是具有较低的有效性（真实性）的水平。在这个例子中，生成一个公理“汇编程序是系统软件”。

3. 前因后果

这一步是实际的诱导过程，因为它证明了公理，采取某些已知的事实和不同的实际例子。在这个例子中，使用编译器和系统软件去区分，并证明是真实和正确的。

在构建知识系统学习时，需要用不同的归纳和推理机制来建立知识。在这种情况下，一般化仅限于基于广义和有代表性的行为模式集群或组群。这可以被扩展于决定方案的情况。

9.8 启发式学习

根据最优化观念和遇到的多种问题进行启发式学习。在最优化问题处理中数据挖掘和机器学习给人们提供了很大的帮助。数据挖掘是从先前已知的事实和经验性的细节中获取主观性和非易失的内容。数据库用来存储收集来的数据。另一方面，机器学习也要研究计算机算法解决更多的问题或者设计新的技术去解决问题。

数据挖掘和机器学习主要是找出问题所在。新方法或技术的设计目的是在算法的帮助下解决问题。此后，新的运营商使用这些方法去探索这些解决办法。

据 Daniel Porumbel 的论文[8]，启发式学习有 k 个着色优化问题，要找到两端有相同 k 个着色的最小化的数目（节点）。

在机器学习概念中数据挖掘和数据库技术是有用的基础信息，根据需求进行整体分类。为了成功进行知识获取，进行数据收集、数据库建立、算法实现、系统重整、预先机器学习行为的实现这些都是很有必要的。

包括这些基于收集、集群、分类得出的模型和图解的细节，都是去分析进一步学习的有用的办法。

9.9 系统性机器学习和知识获取

当系统性学习有系统性和依赖性时，机器学习要学习计算机算法。机器学习就是在过去经验的基础上使将来能做得更好。但是这还不是充足的，预期的是系统能在相似或者不相似、简单或者复杂的情况下都做得更好。这依赖于感知或者数据分析，也依赖于过去的经验学习。知识扩张来自于对系统的参考，同时知识也依赖于基于不同情况的决策方案中的行动和灵感的产生。

知识获取与创建的关联性和事件的特殊直接关系有紧密的关联。机器学习需要考虑人类的知识，也依赖于思维的直接性或者精确的推论。就解决特殊问题而言，人们需要进行决策方案的重建、思考学习策略以及做出决策。知识最重要的特性就是承上启下和语义组织相关的事实。学习者应该能够在这样的背景下识别这些有意义的关系。随着做出决定的情况，这些信息引入和系统参数应该在建立决策方案和总体框架上完成学习和决策。基于知识获取的机器学习变得更容易理解和解释，有标记实例的机器学习使预测的分类变得更加容易。

9.9.1　全方位知识获取

知识的扩充是构建知识并改进它。系统性机器学习和系统性的知识增强都可以用来处理复杂的现实生活问题并做出决策。在这个过程中要考虑学习的参数、行为和决策的系统性影响。系统性的知识增强让新知识和新知识的依赖性都包含在产生系统性影响的知识库中。图 9.14 描述了系统性知识获取的过程。

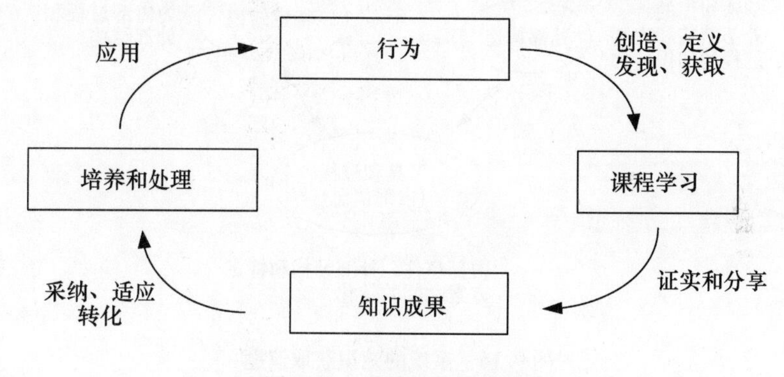

图 9.14　系统性知识获取

它包含了基于多样信息来源的交互式和协同式的知识构建。系统性知识获取可以被定义为："通过影响分析、过程、工具和技术理解不同的动作和实体之间的系统性关系。"而且，基于环境输入的系统性思维方式可以改善、持续和开发知识基础中的重要元素，它包括过程、工具和达到目标的决策空间的基础学习。图 9.15 描述了参照决策方案的知识获取和重建。

知识扩充在突出的知识管理中非常重要。在这个过程中要求知识要有效地使用和规划，而且面临着战略性知识增强的情况下，不同的战略和不同的技术问题。这些问题包括：

1）知识规划和启发；
2）知识传播和表达；
3）系统性知识传播和规划；
4）内部、外部系统结构；
5）知识传播和转化——不同的优秀决策者；
6）在不同决策方案中的知识表达；
7）系统性知识的最优化和系统价值创造。

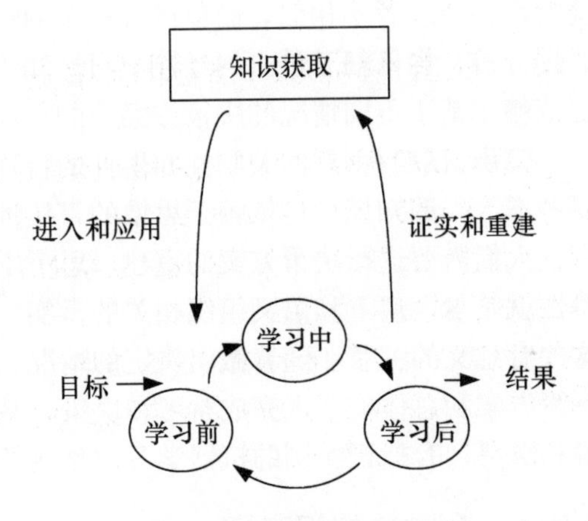

图 9.15　知识获取和重建

这些不同的功能和议题与系统性知识获取相关性如图 9.16 所示。系统性知识最主要议题是知识转化的结构、流程和事件。基本的知识需要检查是否满足重复使用性和影响效果。

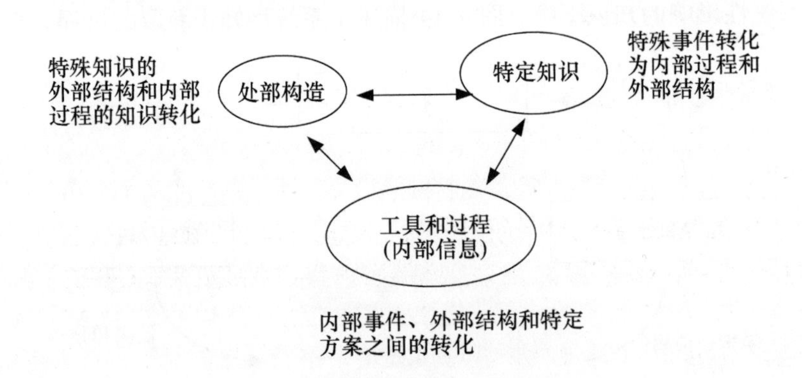

图 9.16　系统的知识获取议题

9.9.2　系统知识管理和先进的机器学习

知识管理是让知识可以高效利用。就像所讨论的个人获得的部分，机器学习准许进行知识的管理。知识启发代表着专家如何做出不同寻常的决策，专家意见和更好的决策都是基于原有经验进行的多次尝试的结果。专家随着时间的推进，使用知识的能力也在有效提升，经验更加丰富才使知识得以建立。通过本书的探讨，系统性学习可以让人们随着时间的推移和不断接受新事物而逐渐建立起完善的知识体系。系统的机器学习证明了系统的知识管理是非常有用的。

9.10　在复杂环境下的知识增量

实现和试验机器学习算法来增加知识的重要标准是获取相关知识后重复使用。知识重用将帮助了解未来的需求，做出有效的决策和减小工作环境的压力，而在过去建立的知识也不会丢失。获得的完全不同的结果可以创新性地应用于所有数字域、数字集应用。

在复杂的决策问题和现实生活方案中，不同的决策方案还有相当大的重叠。新信息和关系的出现改变了全局方程，因此在过去建立的集群和映射需要根据新信息和决策方案被有效利用。

9.11　案例研究

本节借助于计算机系统和智能应用的先进机器学习算法、模式、预测和评估工具以及技术解释了“学习系统如何建立”。已经考虑从不同领域的三个不同方案，包括财务、软件和销售营销作为案例研究。

9.11.1　银行案例研究

城市一家银行专门设计了聪明的、自动的、在线软件应用程序去迎合他们客户的所有需求。它有全局的设置包括高端服务器、连接到网络的个人机器、庞大的数据库等。当程序在两年前开始运行时，借助于软件开发公司和银行员工的帮助，数据被手动存在了表格里。包括日期在内所有的条目都被标记，在在线或离线模式下，系统具有完全功能。根据这些关于银行客户、贷款、业务创新战略政策、管理规范等初始信息，不同集群（包括中心集群、集群间距离、阈值范围、代表系列、功能集等）形成，并以许多模式存储在数据库中。

在日常基础上，为了许多目的使用这个应用程序时，许多数据、信息将要产生。这些数据也许涉及“开一个新银行账户”、“资金转移”、“信用卡支付”、“偿还部分贷款”、“开新的固定存款”、“自动续订固定存款”、“购买黄金”等许许多多。

收集客户贷款、固定存款、黄金贷款、新账户等新信息后，基本集群需要更新。为获取异常的固定存款的想法，新获得的知识需要在集群中更新，以此来分析客户的行为，生成新的贷款计划等，通过这些银行将增加和扩大它的产品证明比它的竞争者更好。由于容易获得该银行全部范围内的产品增量集群/增强知识，银行系统通过研究生成模式将快速了解它的各种产品、频繁思考新鲜主意。图9.17显示了知识随着产品建设和策略而增强。

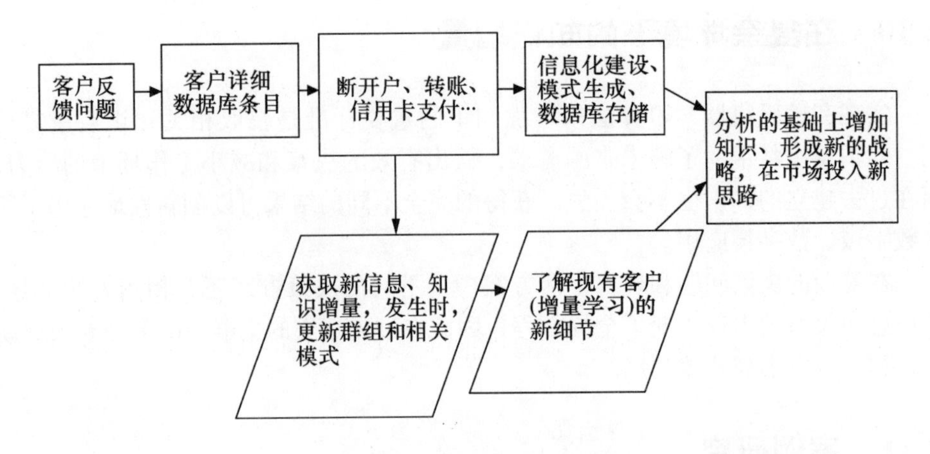

图 9.17　建立银行学习系统

9.11.2　软件开发公司

考虑一个中等规模的软件开发公司的例子，这个公司有一套完全满意他们开发的系统的回头客，同时维护也是被同一个公司处理。这家软件开发公司的通常做法就是要创新，给予它的客户增值服务，维护他们的系统等。该公司所有产品细节/应用系统开发都被以集群的方式存储方便利用，并且他们保持无压力发展。以前开发软件获得的知识在需要的时候被再次利用，来理解即将举行/新项目的细节，同时处理来自客户的有效的、明确的新要求。该项目的细节以集群的形式存储包括费用、开发时间、团队规模、资源利用、领域、项目类别（产品基础/纯软件工程）、链接 SRS，其他文件/UML 图等。

利用集群方法的基本思想是容易用来增广知识的。增量学习方法是最适合软件开发产业的。

从事软件开发的系统学习步骤包括：

1）收集项目相关数据。

2）形成基本集群和图案。

3）接受来自客户端的新要求（技术变革、版本变革、新功能等）。

4）更新相关的集群。

5）再利用增加知识处理新项目/需求。

6）申请增量学习技术的智能软件系统的开发。

在下一级别的应用程序，协同和多维学习被用于收集不同视角和更好的决策。

9.11.3　杂货集市/零售集市

杂货店集市是许多过道里展示各种便于购买的杂货的杂货店链。它们有最好的数据库，包含了所有产品的详细信息、重复客户的详细信息、客户的消费习惯、各种交易的优势、特定时期购物、利润详细信息、个人消费者赚取的购物积分、赎回的积分以及其他详细信息。这些全部信息以分类的形式存储，很容易为决策、正式交易等检索。

一旦越来越多的消费者更愿意在杂货店集市购物，他们的详细信息就需要在相关的数据库中被更新。专家系统可以被用于收集那些更愿意去杂货店集市购物的客户信息。

为了保留相同的客户更长时间，需要定期产生新颖的想法，将竞争对手牢记于心。在专家系统中借助于行为模式的增量学习和增量聚类算法对于通过知识的增加和再利用来获得更多商机非常有用。

如何建立杂货店学习系统如图 9.18 所示。

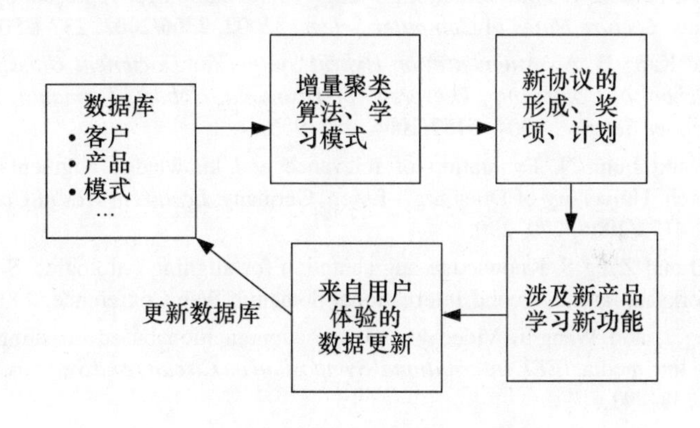

图 9.18　如何建立杂货店学习系统

9.12　小结

知识的增加是有效学习的基本要求之一，它不只是增量学习的概念。知识的增加是关于理解现有的知识基础、决策方案和新的探索的事实，知识的增加就是在所学知识顶部选择性地构建知识。该系统的智能行为可以通过有效的知识扩充和系统性的知识扩充展示。本章描述了知识增量如何伴随着与之相同的系统方面发生。知识增量学习过程开始于对知识类型的定义，随着知识获取过程而继续，终止于知识增量使用建立于过去的知识基础而增加的过程。连续的数据爆炸和新技术苦苦支撑它们是今天电子世界的特点。规矩地处理这些爆炸数据是创新商业的方法和决策，增强的知识始终扮演重要的角色，不论该域属于哪一组织。这些数据需要建立一个决策和学习的背景，而新数据需要在正确的背景下用于学习使用。在动态环境下的背景建设和数据映射是所有知识增量的需求。学习系统的智能是有效的知识增加过程。

参考文献

1. Johnson J, Picton P, and Hallam N. Safety-critical neural computing: explanation and verification in knowledge augmented neural networks. Open University, Milton Keynes, 1994 and 2002 [new version], *IEEE Colloquium Safety Critical Neural Computing: Explanation and Verification in Knowledge Augmented Neural Networks*; 1994 and 2002 [new version].
2. Park C, Yu S, and Wang C. Decision making using time-dependent knowledge: Knowledge augmentation using qualitative reasoning. *International Journal of Intelligent Systems in Accounting, Finance and Management*, 2001, **10**(1), 51–66.
3. Lalmas M and Roelleke T. Four-valued knowledge augmentation for representing structured documents. *Lecture Notes in Computer Science*, 2002, **2366/2002**, 237–250.
4. Dazeley R and Kang B. An *Augmentation Hybrid System for Document Classification and Rating. School of Computing, University of Tasmania, Hobart, Tasmania. Lecture Notes in Computer Science*, 2004, **3157/2004**, 985–986.
5. Frommholz I and Fuhr N. Evaluation of relevance and knowledge augmentation in discussion search. University of Duisburg—Essen, Germany. *Lecture Notes in Computer Science*, 2006, **4172/2006**, 279–290.
6. Bodenreider O and Zang S. Knowledge augmentation for aligning ontologies. Semantic Integration Workshop at the Second International Semantic Web Conference, 2003.
7. Chen B, Wang J, and Wang J. Video knowledge augmentation based on summarized contents and online media. *IEEE International Symposium on Circuits and Systems, Taipei, ISCAS*, 2009, 738–741.
8. Porumbel D. *Heuristic Algorithms and Learning Techniques—Applications to the Graph Coloring Problem*, University of Angers, France, Ph.D. Thesis, 2008.

第10章 构建学习系统

10.1 简介

本章的目的是研究构建学习系统的方法和思路，这个系统可以处理一些由传统学习方法观测到的问题。使用到目前为止所有不同的工具和研究方法，在本章将讨论构建学习系统的过程。学习系统的目的是可以利用所有信息资源来构建一个有助于学习的框架。很多系统发展了很多年，这些系统从不同的历史中学习。学习是基于经验、文字资料、图像、目标、计划、言语、对话和过去的知识的。一个高效的学习系统需要有效地利用所有可使用的信息，这个学习系统要考虑到获得数据、机器学习、知识构建和知识再利用的所有方面。在构建一个学习系统时，需要使用源于学习的概念、探索的应用和完整知识库的开发。

构建学习系统是基于系统客观现实的最佳估计。这个任务需要分解以使基于不能立即观测到的事实的学习成为可能。知识的构建、分享和应用是人类智力的基本方面，任何学习和智力系统必须提供这些方面。分享信息的驱动力和意愿允许从古代构建知识。为了展示智能化的水平，系统需要学习来形成数据、关系和不同的系统参数。

10.2 系统性学习系统

一个学习系统有不同的组成，这些组成和系统性学习运算法则一起使系统性学习成为可能。这些组成包括不同的信息资源、知识构建组成、协作学习、方案构建、知识增加和不同的其他组成。系统性智能学习系统需要处理开放的、动态的、多样的知识构建，用来高效地处理新方案。图10.1描绘了系统性学习系统的一个简单体系结构。

一组智能决策者（IA1 ~ IA5）与环境和彼此之间相互作用，并连同一个系统性学习模块使得系统性学习成为可能。系统性学习核心模块有针对适应学习、增值学习和多视角学习的部件和算法。为了解决问题，人类或任何其他系统都需要人工智能，至少对计算机这样是正确的。学习和知识增加是人工智能的表现，智能化需要处理知识，并同时获取和构建关系。为了展示这种行为，计算机需要在环境和系统中获取基于数据和信息的知识。机器学习赋予了计算机这种能力。

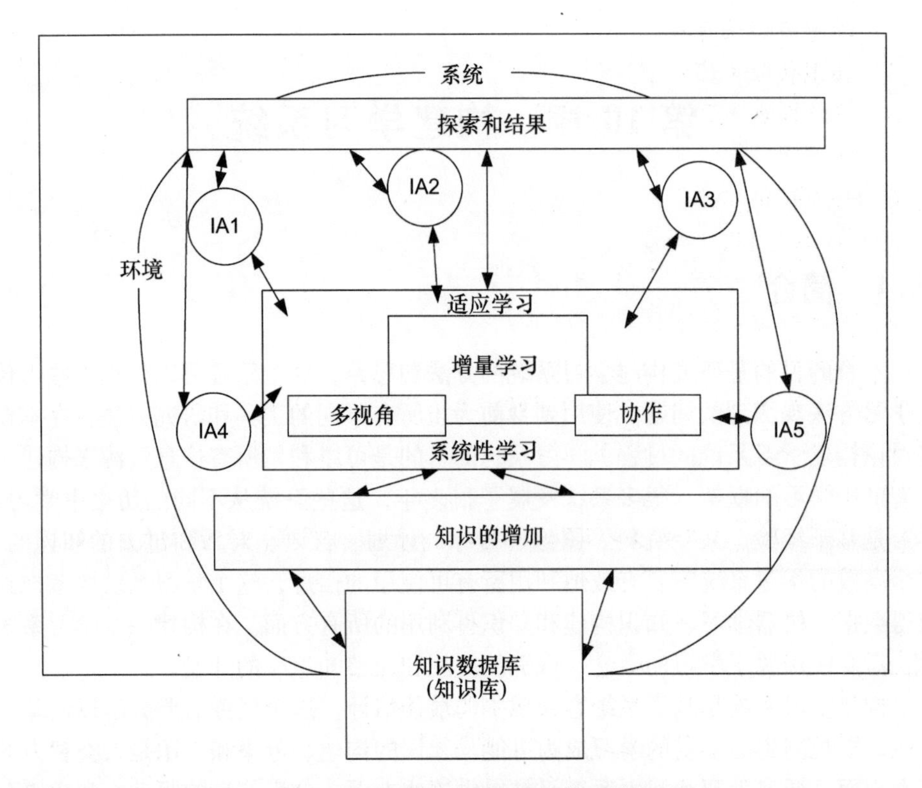

图 10.1　系统性学习系统的体系结构

一个智能系统指的是一个能获取知识，包含系统信息并整合这些知识自动做出决策的系统。最重要的部分就是源于经验和探索开展学习，系统自我设定生成经验并对新经验学习的能力是它最重要的部分。人工智能是通过训练系统、分析和行为观察、推理和其他方法构建的。这种智能的知识增加的训练和学习有助于构建一个系统，得以不断自我提高并因此而显示提高效率和效果的能力。系统性学习系统的体系结构准许它和环境紧密地交互。

机器学习系统通常是从最初的训练和知识领域开始建立的，这些知识是在一些预定义的有标签的数据库中获取的，用于训练、人为干涉或专家指导。而且，需要测量这种知识的有效性和产生结果的精确性。协同响应的知识组织准许综合、分析和测试获得的知识，这能够帮助学习系统跟踪它的学习能力并测定系统性能。基于以往的经验可以在未来更有效地学习，并建立甚至在未知方案中也有的高效学习能力。

学习系统有不同的组件，这些包括多主体数据采集，各种学习模块、决策模块、传感器和执行器。一个典型的学习系统有如下组件：

1）学习单元（特征分析、选择和更新）；

2）学习策略选择；

3）知识获取程序；

4）系统性观点和方案构建组件；

5）知识库；

6）知识采集和产生；

7）知识扩展和再利用；

8）决策和再学习；

9）性能测定和反馈环节；

10）导师—练习器—基于指导的修正程序。

图 10.2 描述了最少组件学习系统的一个简单形式，这个图包括了一个学习单元和测量单元。反馈系统应把学习系统行为的修正考虑进去。

图 10.2 描绘的学习系统的组件如下：

1）学习单元——模式和参数：它是对基于输入、反馈和与环境的互相作用负责的。

2）知识库：知识库是以学习为基础构建的，而知识库里的知识是在学习和决策时加以利用的。

3）性能测定单元：性能单元基于输出测定性能。

4）反馈单元：它基于系统性能和预期的结果给系统以反馈。

5）准许测定的方法：系统性参数是通过和系统的互相作用测定的。

下面将详细讨论。

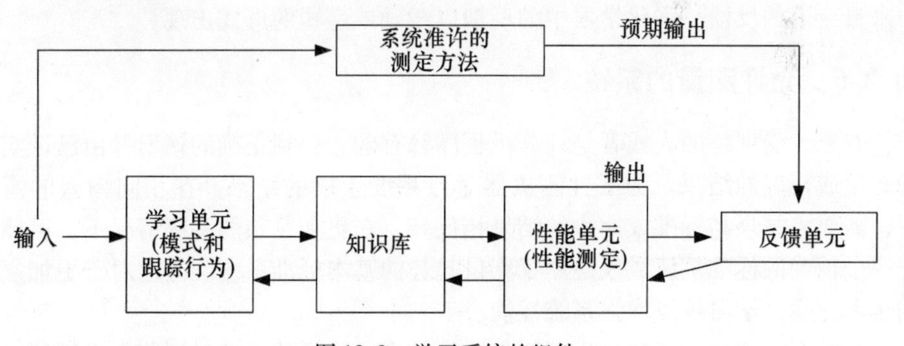

图 10.2　学习系统的组件

10.2.1　学习单元

学习单元接收并处理输入信息，这些源于专家系统、一些标准输入或源于参考资料，例如杂志、期刊等，也可以来自环境和其他系统。这个单元有不同的学习运算法则并有和环境相互作用的能力，而且这个单元与知识库相互作用并利用知识库里可用的知识。

10.2.2 知识库

知识库包括行为模式和历史信息。它最初包含一些基础知识或者可用的地域知识，后来它根据通过经验或由于行为程序获得的信息构建了更多知识。在容纳新知识时，已经存在的知识也得以改善。这不是仅仅包含数据，而且有基于这些数据的基本知识的构建，这些知识以关系、模式、影响、概率和集群的形式表现来存储着。

10.2.3 性能单元

性能单元尝试参照预期性能或标准的结果测定系统性能。在新行为的情形中为了探索任何活动，需要测定决策的性能。性能系统的作用就是测定性能并改正以前各项提供指示，这个单元给予学习反馈并在连续增加的学习环境中起重要作用。

10.2.4 反馈单元

反馈是基于错误而言的。基于期望结果和实际结果，给定反馈是为了提高结果和学习的。该措施是为了改善输出结果并使其接近于期望结果，是一种典型的有监督学习方案。反馈用于决定纠正措施和优化学习系统，任何系统都可以有不同的反馈，这些反馈包括在强化学习中来自环境的反馈，也可以是在有监督学习中来自专家的反馈。强化学习中的反馈以激励或惩罚的形式出现。

10.2.5 允许测量的系统

专家、受训练的人或者是计算机程序都有能力得到正确的输出并由已证实的备案生成正确的结果。为了检测机器学习系统生成的结果，在相同输入的情况下，需要将结果与标准或期待的结果相比较。在更加复杂的系统情况下，可能没有一个精确的标准系统或仅是用于测量趋势的基本标准系统。甚至对于更加复杂的学习方案，学习可以增强系统性能。

系统会持续学习直到产生期望的输出结果，这样的系统对训练集太敏感，对专家输入的依赖度高。学习和决策阶段相结合构成比较复杂的系统，而每一个决策阶段又用于学习。

有一些因素会对性能产生影响，这些因素如下：

- 使用的训练集，训练集的种类；
- 系统和不确定度的背景及知识领域；
- 反馈机制和准确性；

- 对系统其他部分的依赖；
- 算法的使用和选择。

这里有其他的不是学习系统的参数也对学习系统性能产生影响，下面介绍几个：

- 环境和不同的组件；
- 决定不同参数间的依赖和联系的技术；
- 新探索和参数优化；
- 识别决策方案。

学习可以分为有监督学习、半监督学习和无监督学习。最初的系统学习是有监督的并且参考已知方案、输入数据和环境，在监督甚至是半监督的机器学习中同样适用。训练集可能由为特定问题精选的各种样本或几种来自随机抽取的样本中的经典样例组成，样例包括各种事实和细节，细节包括相关数据和噪声的混合。在定性和定量的情况下可能产生反馈。在采用学习的情况下，产生可行动的反馈。反馈可能有定性和定量的方式，学习中可操作的反馈有限。正确的、可靠的及相关的反馈可以提高整体的学习经验和知识构建，这可以提供更好的决策知识。数据或用于训练的数据通过资源获得，如人类专家、文档、相互影响和反馈，这是通过推理、观察和行为模式获得的。环境/系统性知识、方案知识及其关系构建了学习系统。典型的学习系统包含学习者、学习系统和教材。范围和系统各组件因为复杂的学习和来自图片的动态环境增加。

领域、环境、系统和复杂性决定机器学习系统的成功。选择合适的算法、合适的训练集和大多数重要的决策可以提高机器学习系统的性能。根据学习目的和决策方案选择学习策略和技术。

10.3 算法选择

算法的选择是指对给定的目标在几个功能等效的算法中选择最合适的算法。选取的合适算法可以获得高通量、低成本和低功耗。机器学习算法已经广泛地应用在文本分类中，这些机器学习算法有支持向量机（SVM）、k 近邻（kNN）、朴素贝叶斯、神经网络和 Rocchi 算法。接下来将会讨论其中一些算法。

10.3.1 *k* 近邻（*k*NN）

kNN 算法测量查询方案和训练集方案的距离。两个方案间的距离用函数 $d(x, y)$ 来计算，x、y 是由 n 个特征组成，比如 $x = \{x_1, x_2, \cdots, x_n\}$ 及 $y = \{y_1, y_2, \cdots, y_n\}$。再用给定的方法及数据进行训练，这些数据和方案可以被表示成多维特征向量。这些训练的特征向量可以映射到期望的输出上，被标记的特征向量用于训练。在分类阶段，基于最近的未标记训练集（或标记的样本）的特征向量被分类。

通常，Euclidean 距离用于距离测量，其他的距离测量方法根据方案和数据的类型也可以被使用。Euclidean 距离可以由下式计算：

$$d(x,y) = \sum_{i=1}^{n} \sqrt{x_i^2 - y_i^2}$$

10.3.2 支持向量机（SVM）

作为一种统计学习理论，SVM 近年来由于它的两个鲜明特征很流行：其一，SVM 与具有物理意义的数据联系密切，所以易于解释；其二，它只需要一个很小的训练样本数。SVM 已经被成功用于如模式识别、多元回归分析、非线性模型拟合与故障诊断等多种应用。它分类的基本思想是：①把数据输入转换成一个高维特征空间；②找到一个最佳超平面使各类的边缘最大。各种样本中最接近分离超平面的称为支持向量。

10.3.3 质心法

组间长期指标和内部长期指标可用于找到质心，这些指标的组合使用和规范余弦度量可用于计算文本向量和质心的相似性分数。给定一个语料库类 C_j，有两种经典方法来创造 C_j的原型向量。算术平均法通过质心计算来论述：

$$\overrightarrow{\text{Centroid}_j} = \frac{1}{|C_j|} \sum_{\vec{d} \in C_j} \vec{d}$$

在确定不同类别的质心之后，未标记的文件被找到最接近的质心的文档向量分类：

$$C' = \text{argmax}_j (\vec{d} \cdot \overrightarrow{\text{Centroid}_j})$$

在质心的文本分类中，语料库中的文本通过向量空间模型（VSM）表示，即每一个文本都是一个向量空间。原型向量（即质心）通过作为代表向量的每个类别属于那类向量的所有文档来构建。当分类一个未标记文件时，表示该文件的向量会与所有原型向量进行比较，然后将文件分配给与原型向量最相似的文件。

基于质心分类器的性能很大程度上取决于原型向量的质量。许多研究都试图通过反馈调整原型向量权重如阻力推动、假设边缘和质心法来提高性能。这些自适应算法的性能一般优于传统以质心为基础的方法。有些甚至可以与支持向量机分类器对微观 F1（micro - F1）和宏观 F1（macro - F1）的评价媲美。当考虑基于质心的特定领域的方法时，它的结果也是很有效的。

10.4 知识表示

早期人工智能（AI）时期，人们认为计算机智能化就是赋予它纯粹的推理的能力。很快科学家们意识到智能的训练必须涉及与外部世界的相互作用，这就需要对那个世界的认知。人工智能的探索不可避免地会涉及对计算机系统知识方法的发展。反过来，这也突出如何通过计算机来表示知识的问题，因此出现了研究人工智能即知识表示（KR）。在人工智能方面，“KR”通常意味着寻求精确的知识的符号表示，这种符号可以适用于计算机。知识不仅仅是事实、信息和数据，只有在这些适合于通过一些它们所涉及的领域的普通理解来提供的方案，它们才可以构成知识。

典型性知识包括典型性事实和典型性理解。这通常需要某种介于代表具体事实和联系彼此关系形式的一般模型。知识表示相比于收集个别事实，更注重的是这个模型，并且它也注重于建立一个框架来理解事实的意义。

建立这样一个框架的关键是要赋予计算机推理的能力。KR 是真的 KRR：知识表示和推理。有一系列的一般规律和个别事实的知识，可以推理出更深层次的个别事实。如果知道浦那在马哈拉施特拉邦，马哈拉施特拉邦在印度，就不需要被告知浦那在印度，人们可以推断出。假设知道规则：任何一个地理区域 A、B、C，如果 A 在 B 里，B 在 C 里，那么，A 肯定在 C 里，这也是推理的一般规则（推理模型）。关于知识推理方法模型的建立是知识表示的重要组成部分（或伙伴?）。

知识表示初步使用词袋的方法来给每个文档进行文本分类。

10.4.1 实用方案和案例研究

文本分类与其他分类的实际情况：

- 光学字符识别：识别图像的特征。它也可以通过字符表示的手写字符图像来分类图像。手写字符图像识别又称为 ICR——智能字符识别。
- 人脸检测和认证：识别图像中的人脸（或说明人脸在面前）。
- 垃圾邮件过滤：确定邮件为垃圾邮件或非垃圾邮件。
- 主题定位：分类新闻文章（说明）是否为政治、体育、娱乐等。
- 口语理解：在一个限定域的环境中，确定有关应用的环境和决策方案。
- 演讲者关于某些事情意义的表达，在这个意义上，也就把它划分到了一个特定的类别。
- 医疗诊断：诊断病人是否患有某些疾病。
- 顾客细分：例如，预测哪些顾客会对一个特殊的促销做出反应。

- 欺诈侦测：例如，识别信用卡交易也许实质上是一个欺诈行为。
- 天气预报：例如，预测明天是否会下雨。

10.5 学习系统的设计

为了说明一些基本的设计问题和机器学习方法，思考一个可以按照预定义分类方法分类文本的文本分类系统。一旦这个系统建立，它就会用来确定未来未被分类的文本的种类。这里采取一个显而易见的性能测量方法：此文本分类系统能够正确分类文本的百分比。

要面临的第一个设计选择就是，从系统将要学习到的内容中选择训练经验的类型。可用的训练经验的类型对于学习者的成功和失败有非常显著的影响。一个关键属性是，关于执行系统的选择，训练经验能否提供一个正确或错误的反馈。

有监督机器学习依赖于标签数据。这包括了文件的初始设置 $S_o = \{d_1, d_2, \cdots, d_s\}$。这些都是标签文件，因为它们之前都在特定范畴 $\text{Class}_1 = \{r_1, r_2, \cdots, r_m\}$ 下进行了分类，系统在此基础上进行运作。这形成了原始矩阵并且此矩阵通常是正确的（见表 10.1）。

表 10.1　训练集和测试集

	训练集（标签数据）				测试数据			
	D_1	…	…	d_g	d_{g+1}	…	…	d_s
R_1	Class_{11}	…	…	Class_{1g}	$\text{Class}_{1(g+1)}$	…	…	Class_{1s}
…		…	…	…	…	…	…	…
r_i	Class_{i1}	…	…	Class_{ig}	$\text{Class}_{i(g+1)}$	…	…	Class_{is}
…		…	…	…	…	…	…	…
r_m	Class_{m1}	…	…	Class_{mg}	$\text{Class}_{m(g+1)}$	…	…	Class_{ms}

注：训练集是在有监督学习中用于训练系统的一组文件或者标签样本。测试集是用来测试分类器和学习性能的。测试集中的所有文件都是被测试的，并且都经过分类器进行了分类，输出也和专家意见进行了比较。

10.6 让系统表现得更智能

智能性能依赖于系统的知识库和系统对新方案反应的能力和算法。在特定时刻的智能的行为也许并不是真正的智能，因为过一段时间后可能会意识到它的缺点和副作用。传统的智能系统结构也就是基于模式的或者基于历史知识的系统，这都限制了系统的性能。系统性智能系统需要一个特殊的结构，并且能够随着探索不断地进化其智能程度。

10.7　案例学习

所有的监督式学习结构和算法都是基于不同的实例的学习，并且这些实例都要是机器可以理解的格式。这些在不同方案下的各式各样的实例都是实例学习的训练集。也许会有多个相似的实例产生相似的结果，但是在一些方案中，轻微差异的实例也会产生不同的结果。这些实例可能会覆盖许多可能的方案并产生显著的决策影响。实例十分典型地表现了决策方案和协同响应的结果。这里给出了基于实例的学习，并且给出了结果产生的每一步以方便学习。在这种情况下，越来越多的例子和方案被给出以学习。在一个新的未知的情景中，针对这一情景的探索和结果被用于未来学习的实例。实例提供的方案和事实有助于建立方案。通常情况下，这种方法在结构良好的实例中工作效果好。当实例中的信息不全面时，学习就需要超出实例去进行。当然，如果数量足够多、范围足够广的实例被用于学习，那么实例学习有助于建立起一个全局的学习方案。虽然多个学习者可以通过他们自己的经历和可用参数来学习，方案却要基于他们之间的不同智能决策者间的相互作用来建立。理解方案是在每一个智能决策者和环境、其他智能决策者以及专业知识的输入相互作用下发展的，有助于理解整体的系统结构，这有助于决策制定方案的建立。每一个智能决策者说明他们的经验，而不是仅仅依靠基于过去学习产生的知识库。知识表示、决策制定和推理是基于经验的协同学习三个重要的方面，当然解释知识、价值和相关性也是必不可少的。

10.8　整体知识框架和强化学习的应用

整体学习框架与环境相互作用，全书讨论的目的就是建立决策方案。这里的方案指的是理解学习时的现状、不同参数和相关性。这其中包括了代表性的和相关性的参数，以及它们之间的关系。学习者和智能决策者与环境相互作用及它们内部之间相互作用，在这个相互作用的过程中，它们探索环境、方案及决策参数，解释新经验并在经验学习中发挥作用。受智能决策者和学习者已建立的知识的影响，决策者对事实和经验的开展新探索。即使通过这种解释建立的知识也只是对知识库进行更新。这是一个持续的过程，因此建立和扩展知识一直在进行。整体学习带来了经验、参数、方案以及决策方案，其为决策制定提供了一个更宽广的背景，因此在这种方案下的学习是交互式和动态的。整体学习框架试图建立知识，并且这种案例下，学习实质上是交互式的知识建立。

强化学习本质上是试图在学习过程中利用并探索知识。时间差分学习可以不断地接收到反馈，为持续的学习纠正行为。在系统不同部分和字符实体间的互动也暗示出了互动的贡献，并且这有助于解释在系统的方案中的参数和字符实体，并在决策方案中进行权衡。尽管个体学习者的方案是一个灵活的概念，协同学习的概念却为决策方案建立了一个方案，这从学习和扩展知识的视角看是十分重要的。为了从学习的视角理解互动的重要性，理解环境属性、系统结构以及决策方案是非常必要的。经验和探索往往来自于行动，并且这些行动对系统产生的影响——特别是和决策方案的关系是要被考虑的。在下一个阶段，获取的知识代表着为决策制定所使用和在方案中更深入的应用，随着新的情况和活动不断重建而进化。整体学习与学科和概念相互关联，它为这些概念之间建立了更进一步的关系。这些概念一并用来建立整体决策方案。下面先来讨论一下普通的机器学习结构，然后再整体学习优化它。

先来考虑一个有两个子系统的简单系统。这里有三个智能决策者、一个知识库和一个知识获取模块。环境感知参数 $\{e_1, e_2, \cdots, e_n\}$，子系统 Sb_1 的行为参数 $\{p_{11}, p_{12}, \cdots, p_{1m}\}$，同样子系统的行为 Sb_2 参数用 $\{p_{21}, p_{22}, \cdots, p_{2m}\}$ 表示。一系列的行为模式被存储在知识库中，并且和决策方案相关联，并提供相应的建议动作、预测和决策。

参数选择模块试图为每一个子系统的决策方案选择出相应的参数，而且所有的决策参数是被优先化的。对于未知事件的每一个探索和新动作，参数在一段时间内一直在子系统中被追踪，以此来计算奖励和惩罚。每一次，决策方案都是基于所有的信息才被确定下来，而这又用来决定学习策略。

这一概念可以通过不同的组件开发，比如过去史、背景知识、经验、案例研究和例证以及逻辑论证等。有不同的策略和统计方法，如在图 10.3 中所示，它

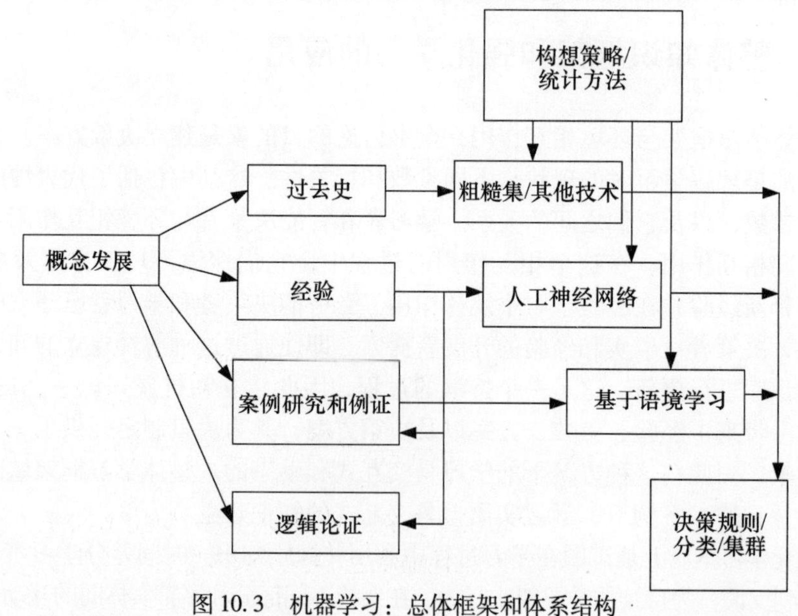

图 10.3　机器学习：总体框架和体系结构

们最终都导向决策规则、分类、集群等。可以根据发现的知识和看到的维度来使用。选择一个适当的和有效的方法，例如选择粗糙集的方法。通常方法选择是根据分类或集群的需要，并得出结论。

10.8.1　智能算法的选择

算法基本的选择是基于所选择的策略或方法。例如，如果分类是标准，它可以是粗糙集、人工神经网络、贝叶斯分类等，它取决于策略选择。为不确定性可以添加模糊集，因而可以为不精确性添加粗糙集。图 10.4 描述了特征选择中粗糙集的用法，图 10.5 描述了处理不可见数据人工神经网络的用法。

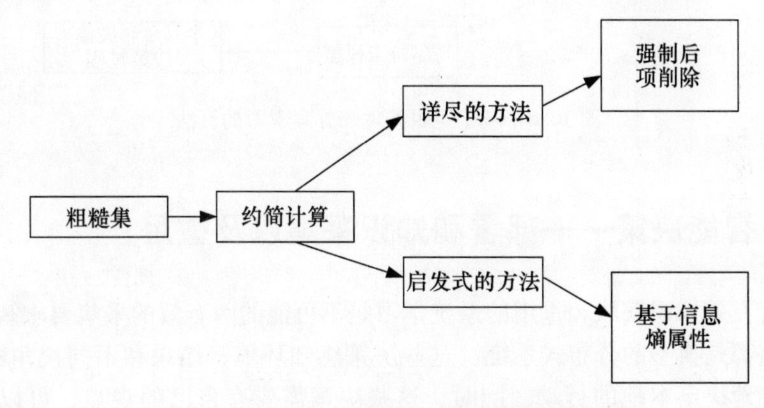

图 10.4　特征选择的基于粗糙集的算法

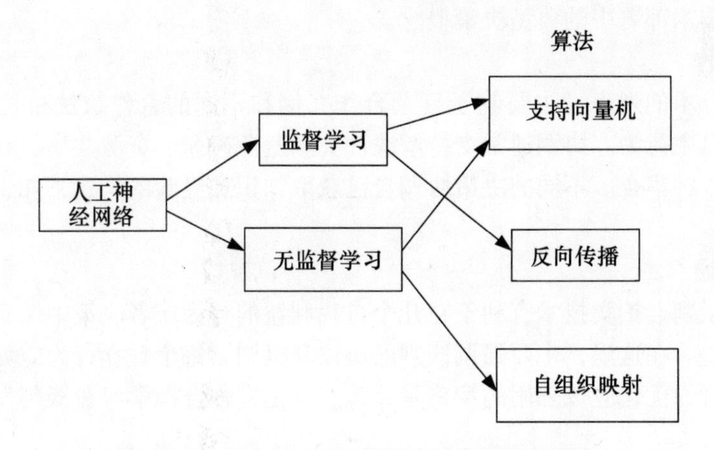

图 10.5　可见和不可见数据的神经网络的算法

逻辑推理和基于方案学习可以用于系统性的学习和决策。图 10.6 描述了逻辑推理、基于方案学习和用于相同情况的不同方法的应用。

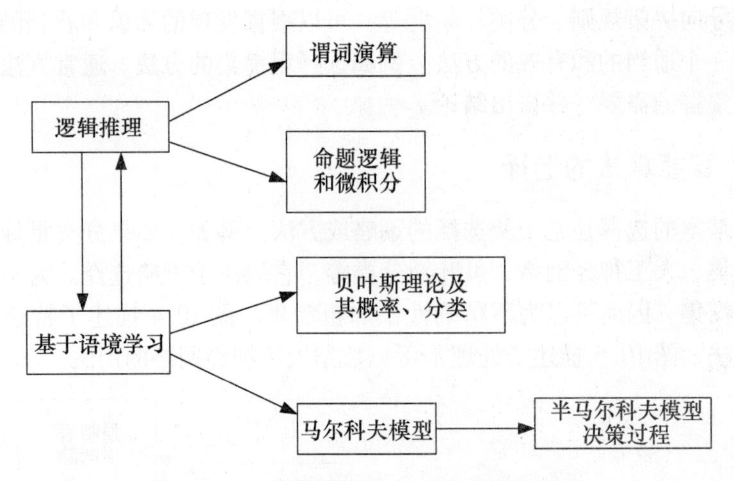

图 10.6　基于逻辑推理和方案学习的算法

10.9　智能决策——部署和知识采集以及重用

没有有效知识获取和重用的系统学习是不可能的。有效的采集要求智能的决策，这些都是典型的分布式系统。这些决策感知环境、结果和不同视角的行动，从而智能地决定本地的行动。同时，这些决策需要有自己的观点，可以发生决策，它们应该有能力协同学习。优先展现和评估个体决策系统和应用领域，下面列出决策技术部署中的典型决策概念。

1. 合作

决策技术的列表（主要基于复杂合作案例和不同的合作执法机构）之间的协调促进自主行为。协调通常支持解决冲突和避免碰撞、资源共享、计划合并以及行为的各种集合。不同的决策协调自己获取知识和经验的构建，知识被共享和提高。

2. 沟通

各种谈判、拍卖技术有利于在几个自我利益的行为或者决策中做到共同决定的意见统一。在这里，主要强调谈判的协议和机制、每个独立行为应如何操作以及它们的行为优化应该采用的策略是什么。这是一种合作学习在谈判发生有关的最优决策。

3. 仿真

互相行为的集体动作检查的技术，提供个人决策的模型是已知的。仿真可用于学习。

4. 互操作性

决策应在它们之间互动。有效的互操作性，有助于合作学习和决策。决策者应该能够一起工作，并了解由其他决策建立的知识——它们应该使用相同的语言来合作。

5. 组织

决策支持的技术应该有在永久的或暂时的交互、协作结构（虚拟组织）、分配角色、建立并遵循规范或者遵循电子体系等方面的自主组织能力。

6. 分布式学习和推理

对于多智能体的群体，有不同的方法允许决策形成可用的决策假说。这些方法的工作主要是与决策的沟通或过去行为的日志。决策群体还提供技术用来合作和分布式学习，决策者可能分享学到的假设或观察到的数据。一个典型的应用领域是分布式诊断。协作和合作通过不同的通信装置完成。

7. 分布式规划

在自主协作决策者间实施规划时，使用特定的协同方法和信息共享。决策者群体在分布式规划的五个阶段（任务分解、资源分配、解决冲突、个体规划及规划集成）中提供知识分享、转让和协同的方法。当知识在规划中无法使用时，这些方法特别适合这种情况。信息共享通过公共数据集或其他手段。

8. 知识共享

技术支持共享知识并理解不同类型之间协作的各方的知识以及方法，允许半信任决策集体共享部分知识（分布式学习和分布式规划紧密相连）。

9. 信任和声誉

这些方法允许每个决策者建立信任模型并共享决策者相关的声誉信息。信任和声誉用于非协同场景，此时决策者可能展现不信任和欺骗的行为。

“系统性学习”，需要部署智能决策和确定所有的信息源。进一步的智能决策需要具备上述特性的系统的知识获取和协同决策。

10.10　基于案例的学习：人体情感检测系统

更早以前人们认为，机器被训练得像人一样来理解人类的情感，如何使机器实现这个目标是训练的各个方面。上面讨论的所有策略可以实现，并选择最合适的和相对较好的结果策略。一个广义的案例学习结构如图10.7所示。

基于案例的学习有一个完整的案例知识库和推理。以往的案例或知识库中的实例作为参考。当学习进一步发生时，使用和增强知识库。在新方案的情况下，从知识库中检索类似情况，本例参考的是相关性和相似性分类。此外，学习是在新的情况、相似的案例和相关探索、经验和输出的非相似案例的基础上发生的。

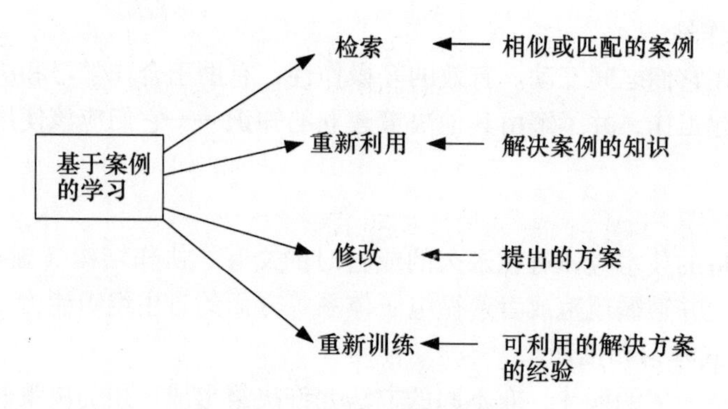

图 10.7 基于案例的学习结构

一个典型的基于案例的学习周期如图 10.8 所示。

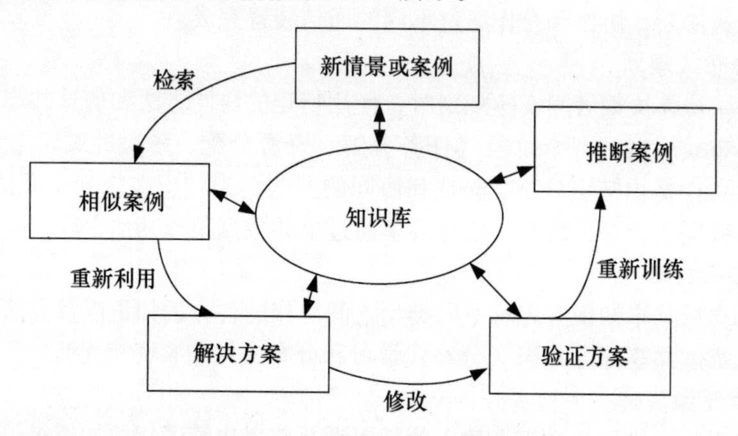

图 10.8 基于案例的学习周期

举一个情感检测系统的例子，它可以用不同的方法，可能有不同的成分。简单的基于特征传统包的方法如图 10.9 所示。同样的问题可以处理使用一个系统

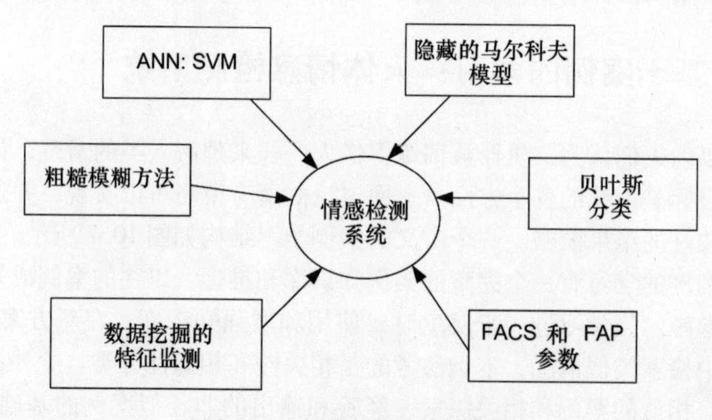

图 10.9 情感检查的不同策略

的、整体的方法，在系统和子系统的所有信息，都可以用来学习。在一个整体的方式下贯穿于子系统的任何动作和推理影响有助于提高检测精度。功能分类和情感检测决策不同的方法如图10.9所示。

10.11 复杂决策问题的整体视角

考虑如上谈论的相同研究案例。

- 决策的制定考虑到了影响系统的不同参数。各种各样的参数可以帮助人们制定一个更好的机器学习系统，特别是当系统复杂时。
- 例如，有多种关于情感的参数能帮助为情感检测构建系统性视角。

这些参数包括：

1. 心电图（ECG）

输出和观察期间的模式。这包括如下观察量：

1）心率（HR）、心搏间期（IBI）、心率变异性（HRV）和呼吸性窦性心律不齐。

2）情感线索。

- 心率下降：放松、喜悦。
- 心率变异性增长：压力、挫折。

可能存在更多的基于模式和探索构成的线索。

2. 血容量脉冲（BVP）

这包括光学体积扫描技术，它反弹回皮肤表面的红外光并测定反射光数量和手指掌面。

1）观察量或特征是：HR、血管扩张（收缩）、血管收缩。

2）情感线索。

- 增长的血容量——愤怒、压力。
- 降低的血容量——悲伤、放松。

3. 呼吸（RESP）

这包括胸扩张的一个比例测量、胸部或者腹部、呼吸率（RF）和相对呼吸幅度。

情感线索。

- 增长的呼吸率——愤怒、喜悦。
- 降低的呼吸率——放松、狂喜。

基于所有这些参数，多种组合是可能的，而情感背景和系统性学习也能成为可能。

4. 温度（周围温度）**：这包括：**

- 皮肤以及四肢温度测定。
- 任何手指或脚趾的背面或掌面。
- 依赖于交感神经兴奋状态。
- 温度增长：温度在愤怒时比快乐时更高。类似的，温度在悲伤时比惊讶或者厌恶时更高。

有了所有这些参数，全部的系统知识就建立了。这种知识容许推断关于决策方案系统性的相关性信息。决策方案可以有处于观察中的环境。可能有如下方案：

1）要发表演讲的人；

2）在办公室里工作的人；

3）正在面试的人；

4）正在为比赛做准备的人；

5）赢得大型比赛获得奖杯的人；

6）和别人讨论的人。

以上这些参数和环境一起为决策构建了一个方案。基于决策方案的学习和系统性参数有助于产生更好的结果。图 10.10 描绘了情感检测系统的一般框架。

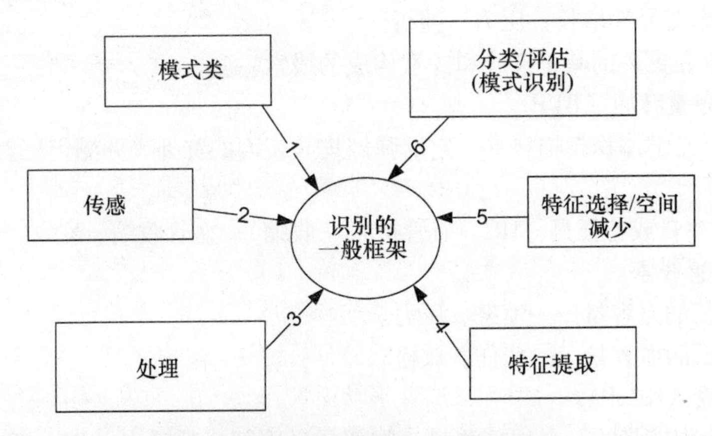

图 10.10 情感检测系统决策的整体视角

正如图 10.10 所展现的，每一个模块的作用如下：

1）模式类：执行有监督的分类。

2）传感：负责在自然或者编排情形下利用传感器获取数据。

3）处理：实行噪声过滤、归一化、向上/向下取样、分割。

4）特征提取：提取出所有展现了传感的原始生物信号的可能属性。

5）特征选择/空间减少：标识在聚类或分类中贡献了更多的特征。

6）分类/评估（模式识别）：涉及多类分类。

10.12　知识表示和资源查找

知识资源查找（KDD）是通过数据、直接信息、智能化的构建和显示中提取基本知识。机器学习是人工智能的一部分，简言之是与机器和特定的计算机相关的智能。知识发现过程是连续的过程，有助于通过可获得的数据和知识或者从不同的信息和知识来源中发现知识。理解数据和问题领域在知识发现过程中是非常重要的。由于计算机可以通过数学的方法来理解这些关系，它们通过方案关系和数学方法来应用人工智能。知识表示是最重要的因素之一。知识应该用可用的形式表示，应使用有效的学习组件。

机器没有感情，但是通过机器学习系统可以学习输入系统甚至可以生成系统。对于人类，不同的情感可以被假定为对环境和决策方案的不同的情感角度和知识的感知。有效的数据挖掘随着分布式和协同学习的发展，可以帮助确定这些情感。整体的知识发现模型根据不同的决策方案整合，这包括数据、方案和不同知识来源的整个过程。

数据挖掘具有广泛的应用范围，使用算法从大量的数据中提取信息。为了通过更好的形式获取相同的信息，机器学习通过知识和情报在一个小的数据集的数据挖掘算法的版本上创造新的算法。

机器学习的研究，在楼宇智能化产品的不同领域提供了机会。有许多的问题，如应用多种分类器并选择适当的学习策略、在实际情况下强化学习探索的能力、利用监督的多维动态学习情境学习和使用复杂的随机模型开发。

机器学习是一个科学领域的编程系统，为了实现自动化，通过经验、众多的样本、时间等来学习和训练，就和人类一样。由于其计算能力很强，结果可能会很高且是不期望得到的，可以通过人类的缺陷得到。事实上，一个多视角的方法本身就可以改善和显示人类不可能达到的神奇效果，由于人类在某些领域的能力存在极限，所以可以通过机器克服。移动机器人、智能网络、智能交通控制是一些应用机器学习能力的例子，这些应用程序可以处理更复杂的情况和学习出现的问题。移动机器人导航基于训练和先前提供的经验，通过传感器捕获更多的关于环境的信息来获得最适当的结果。基本算法是基于应用程序来选择的，包括一般的推测、已获取的技术、选择准则和基于学习与之后所设计的经验准则的比较。

目前在机器学习中，大部分工作都集中于表示为特征向量的例子来学习，每一个属性都是一个单一的数字或符号，一个单独的表包含所有的向量。然而，许多在 KDD 中应用的数据不是这种类型。例如，关系数据库通常包含许多不同的关系/表，完成全球加盟使减少且不丢失信息的情况在计算机上是很少能行得通的（归纳逻辑可以处理多关系数据，但同时注重一阶形式的学习概念，从而解决了一个更加困难的问题）。万维网主要包含文本和HTML（超文本标记语言），再加上图像和音频文件。数据由许多传感器和过程记录，从望远镜和地球遥感卫星到医学和商业记录，有时间和空间结构。至于客户的行为以及挖掘其应用是许多公司关注的重点，人们通过占有期和策略的特性和产品等方面被分层次聚集。在学习之间，简单地将所有这些类型的数据转换为属性向量，如果把今天当成普通的一天，可能会错过一些最重要的模式。尽管在每种情况中，都存在传统技术用于处理这些类型的数据，但是相比于机器学习算法用于属性向量的情况，它们的能力相当有限。在这个方向上，延伸观念和机器学习技术有很大的延伸余地。

适合未来的KDD应用程序的机器学习系统应该能够连续运转，从一个开放的数据流开始学习，并不断调整其行为，但需要保持其可靠性，也需要最低限度的人力监督。未来很可能会有越来越多此类型的应用，而不是常见的且独立的应用程序。今天，这一趋势的早期指标是①电子商务网站，潜在地响应每一个新的用户，它们学习他/她的喜好；②系统在股票市场自动交易。这种趋势利用分布式数据收集能力，在及时并不断适应市场条件变化的企业中表现明显。已经有一些研究关于这种机器学习，学习者必须解决几个有趣的新问题。顺利将新的相关数据来源上线时，应对其变化，如果它们不可用，将其分离。另一种方法是在学习的不断发展模式中，保持两种变化之间明显的区别：一些是简单的数据积累的结果，并不断改变学习曲线，而其他人都是建模的环境变化的结果。

在KDD应用中，学习不是孤立的过程。更典型地是，它必须被嵌入到一个更大的系统。通过解决多个问题，引发了一个机器学习的机会，以扩大其焦点，实现其功能。需要有效地整合学习算法与底层数据库来创建机器学习与数据库之间的新接口，例如：①找到查询类，这样可以在提供有助于学习的信息时，有效地执行操作；②找到高效完成查询的学习方法。一些相关的问题是：什么类型的样品可以被有效支持，它们该怎么被使用？怎么才可以使整个数据库的单个顺序扫描得到最佳使用？这种迭代过程的结果可以是都不同于今日已知的查询类型和学习算法。机器学习和数据库之间的界面有时包含着为了学习目标使用在数据库中有用的元数据。例如，它们值的字段和约束的定义也许是在学习过程中背景知识使用的有价值的来源。

为充分发挥其潜力，KDD需要一个良好集成的数据仓库。组装后者是一个复杂和费时的过程，但机器学习本身可用于部分自动地执行它。例如，存在的主要问题之一是识别不同但相关的数据库字段的对应关系。这个问题可以在学习中制定。给定一个目标模式 $\{X_1, X_2, \cdots, X_n\}$ 和这种数据模式的例子，引用一般规则来构成 X_i 列。给定一个源架构 $\{Y_1, Y_2, \cdots, Y_n\}$ 中的表，目标是每个 Y 列作为 X 的分类（或无），对 Y 的结果可能约束其他的结果。数据清理是构建数据仓库的另一个关键方面，提供了许多研究机器学习的机会。

非常大的数据库几乎无一例外地含有大量的噪声和丢失域。更显著的，噪声往往是多种类型的，并且其从数据库的一个部分到另一部分发生系统的变化(例如，因为数据是来自多源的)。同样地，丢失信息的原因可以是多个，并且可以在数据库内发生系统变化。研究能使机器学习算法处理噪声和丢失的数据是他们从实验室跳到广泛的现实世界应用程序的主要动力，然而独立实例的噪声和丢失的数据通常是假定的。建模误差的系统性来源和缺失的信息，并找到减少其影响的办法，是下一个合乎逻辑的步骤。

生成有助于更大的科学或商业目标的学习结果的需求可能会引起以下研究问题：①要想办法更深入地整合这些目标纳入学习过程；②增加学习过程和客户间的通信宽带而不仅仅单纯提供类预测的新实例。在 KDD 上与人类用户（专业或非专业）相互作用的重要性为传统机器学习提出了新的紧迫的担忧，例如理解性和背景知识的结合。今天的多 KDD 应用领域为这个方向的新发展提供了丰富的驱动问题和试验场地。许多主要的应用领域（如分子生物学、地球遥感、金融、市场营销、欺诈检测）具有独特的问题和特点，为它们每一个开发机器学习算法很可能会占用越来越多的研究人员。

至今，大多数机器学习研究已经在处理寻找好分类模型的有限制问题。这些模型通常以属性向量形式给出一个单一的、小型的、比较清晰的数据集。这些属性提前定义和选择，以便基于目标的学习。在这些情况下，最终目标（精确分类）是简单和明确的。

10.13 组件

机器学习更多的可以说是概念学习，这依赖于已经开发的应用程序。没有为所有应用程序设计的标准算法或者组件。但是，在一般情况下，经验表示该系统受到了相应地训练。因此首先，必须学习概念学习及其组件，然后需要学习怎么训练每个组件。因此需要学习选择不同统计算法或者如何训练每个组件。下面将讨论系统学习在建筑设计中的一个简单例子。

10.13.1 范例

交互设计的物理（建筑/类似建筑）系统如图 10.11 所示。在这里，该系统具有各种组件，包括用户、环境和不同的子系统。设计背景、审美引用、所需承受的负荷，未来扩张和其他系统如农业区、生态系统、路段方案和预算拨款的影响应该为每个探索提供奖励。一个物理系统借助系统性的智能和学习的交互设计在图 10.11 中展示，它从不同的子系统中获取输入，进一步优化和监控允许其保持连续的发展轨道。

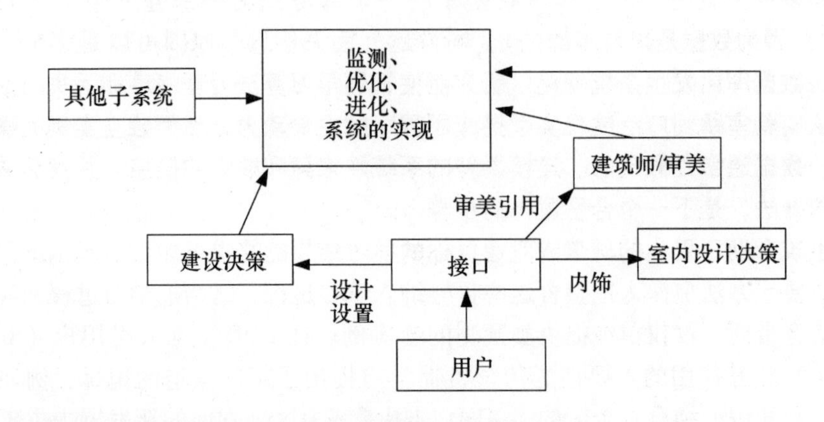

图 10.11　物理系统的交互式设计

10.14　学习系统和智能系统的未来

复杂系统的发展和综合以及多学科应用需要系统性的、增量的和多视角机器学习。真正的智能安全系统不是仅限于明显特征或者旁边可用数据，而是整体系统行为。这些学习系统的应用包括集成安全系统、综合教育系统、智能商务决策系统等。适应新环境和挑战的能力是这些系统的关键。学习系统必须发展并探索建立更好的能力。和决策一样，特定决策方案学习需要使用越来越多的可供使用的信息。适应未知和新方案，并能从有限信息中学习并能以多视角和协作学习方式来解决复杂决策问题的真正智能系统是智能系统的未来发展方向。

未来学习系统的范式不是仅仅基于历史信息和典型特征的。这种范式实际上限制了机器学习系统的可用性和智能性。新学习系统的发展和设计不仅能得体地处理大量手边信息，也能从经验中学习并超越经验。全局学习系统能提供所需的下一代系统的平台，这个平台中所有信息、推论和可用的自适应性能都可以用于适当方案中的学习。除此之外，下一代智能系统将需要更好的知识获取机制去收集知识和构建知识。系统机器学习是关于事件之外的学习、数据之外的推理和即时响应之外的展开。高度复杂性和相关性是系统面对的挑战。新范式和知识中心系统能允许学习系统去面对这些挑战以提出下一代智能学习系统，它能够从经验中学习，高效利用知识，理解相关性并真正帮助建立一个不受视觉和空间边界限制的智能系统。

10.15　小结

本章提出了基于在本书已讨论和介绍的范式所建立的智能学习系统的概念和架构。智能系统的焦点是知识建立、知识获取和基于探索学习。学习是一个连续的过程，仅受决策方案和数据可用性的限制。超出数据本身、超越观点的探索以及在时间尺度和空间的推理是系统机器学习所需的。不同的学习方法、多视角学习和适应学习决定学习方针使动态方案中的学习成为可能。本章讨论了不同学习组件间的协作和综合学习。不论是教育系统还是任何其他复杂应用，理解学习并改善学习方针已经成为研究人员所要面对的一个挑战。机器学习包括统计学、心理学、计算机学科和系统架构，随着这些领域的高复杂性和巨大的研究机遇，它在方法选择方面造成了一个真正的困难，但却为集成研究开辟了道路。集成方法和系统性学习有助于为建立下一代智能系统构建基础。在系统机器学习中，复杂性和数据将创造无限的学习机会，而不是通过事件和不确定因素限制学习。

附　　录

附录A　统计学习方法

统计学习方法用于解决结果不确定的问题，因此基于概率的方法都归入这一类。在附录A中，将讨论统计学习方法，如概率的基础知识下的贝叶斯分类。

A.1　概率

下面开始讨论概率问题。样本空间是所有可能的结果的集合。定义样本空间的子集为事件。考虑 p 作为结果的概率。则任意样本空间 S 子集的事件“x”的概率定义为

$$P(x)=\frac{n(x)}{n(S)}$$

式中　$n(x)$——x 中元素的数量；

$n(S)$——样本空间中元素的数量。

A.1.1　互斥事件

当若干事件不可能同时发生时，则说明事件之间是互斥的。这些事件可以称为独立事件。互斥概率的总和也是1。考虑事件 x 和 y。

如果 x 和 y 是互斥事件，则

$$P(x\text{or}y)=P(x)+P(y)$$

A.1.2　独立事件

如果事件是不相关的或者是不影响其他事件的结果，则该事件称为独立事件。考虑事件 x 和 y。如果 x 和 y 是独立事件，则概率定义为

$$P(x\text{and}y)=P(x)P(y)$$

注：考虑事件 x 和 $\sim x$ 是互斥的，它们不是独立事件。所以，如果事件 x 发生，则 $\sim x$ 一定发生。

A.1.2.1　条件概率

条件概率是统计学习方法的基础。条件概率的定义为事件 x 的概率，其中事件 y 已经发生，将其表示为 $P(x|y)$。

因为事件 x 和事件 y 并不是相互独立的，此处 y 是给定的或已经发生，因此条件概率计算为

$$P(x|y)=\frac{P(x\text{and}y)}{P(y)} \tag{A.1}$$

可以推出：

$$P(x\text{and}y)=P(x|y)P(y)$$

因为事件是独立的，给定 y，x 的条件概率可以表示为

$$P(x|y)=\frac{P(y)P(x)}{P(y)}$$

因此 $P(x|y)=P(x)$。

一些概率公式：对于事件 x 和 y：

1）乘法法则为

$$P(x\text{and}y)=P(x|y)P(y)=P(y|x)P(x)$$

2）加法法则为

$$P(x\vee y)=P(x)+P(y)-P(x\text{and}y)$$

A.2　贝叶斯分类

下面转向讨论贝叶斯分类。贝叶斯分类属于一种概率的统计分类方法，它可以根据概率来预测成员类别。贝叶斯分类基于贝叶斯定理，将在下面的内容中进行讨论。贝叶斯定理和贝叶斯规则都是以 Thomas Bayes 命名的。这个定理提出了条件概率，通常称为“后验概率”。这是基于先验概率的基础上计算的。这个问题通常是给出一些训练数据来确定最理想的假设现象。

考虑 $P(h)$ 为初始概率（h 是一些假设事件）。在训练数据前这是可用的，这通常被称为 h 的先验概率或者也称为 h 的边际概率。

$P(x)$ 为训练数据 x 的先验概率。这里关于假设的知识是不可用的。它也被称为 x 的边际概率。

现在，$P(x|h)$ 为用给定假设观测训练数据的概率。

后验概率的计算如下：

$P(h|x)$：h 是概率，给予一定的观察训练数据，计算公式为

$$P(h|x)=\frac{P(x|h)P(h)}{P(x)}$$

这是贝叶斯定理。贝叶斯定理表现条件概率之间的关系。

贝叶斯学习有助于增加预测到现有的知识基础的概率，这将在新数据的进一步分类中起作用。

贝叶斯定理的推导（建立在条件概率的基础上）：

从事件 x 和 y 的条件优先级开始。

从式（A.1）中给定 y，得出 x 的概率为

$$P(x|y)=\frac{P(x\text{and}y)}{P(y)}$$

同样地，给定 x，y 的概率将表示为

$$P(y|x)=\frac{P(x\text{and}y)}{P(x)}$$

从以上两个公式可得

$$P(x\text{and}y)=P(x|y)P(y)=P(y|x)P(x)$$

因此，得到了贝叶斯定理：

$$P(x|y)=\frac{P(y|x)P(x)}{P(y)}$$

A.2.1 朴素贝叶斯分类

朴素贝叶斯分类器的工作原理是基于贝叶斯定理。在朴素贝叶斯分类中，视变量为独立的，所有的性质不会彼此相关，因此用概率学方法的分类结果是独立的。在监督学习方法中，认为朴素贝叶斯是分类的潜在方法。

下面理解朴素贝叶斯的工作原理：

假设“T”是标记类的训练集。训练集的字节构成 d_1 到 d_n 的向量，表示为

$$D=\{d_1,d_2,\cdots,d_n\}$$

其中的属性是 $Ab=\{Ab_1, Ab_2, \cdots, Ab_n\}$。

假设现有的类是 C，从 C_1 至的 $C_{\max}$：

$$C=\{C_1,C_2,\cdots,C_n\}$$

现在，给定一个新的数据“N”，分类器的工作是预测它所属的类。它可以表示为

$$N=\{nd_1, nd_2, \cdots, nd_n\}。$$

朴素贝叶斯在“最高的后验概率”的基础上预测类。定义类预测为 C_i，这样做有以下规则：

$$P(C_i|N)>P(C_j|N)$$

这里 $j\neq i$ 且 $1\leqslant j\leqslant \max$（类的总数）。

因此，必须最大化 $P(C_i|N)$。有时称 C_i 这个类为“最大事后假设”。

通过贝叶斯有

$$P(C_i|N)=\frac{P(N|C_i)P(C_i)}{P(N)}$$

由于 $P(N)$ 是恒定的，因为它不依赖于 C，只需要关心分子。因此，可以推断，当分子值被最大化时，就得到了结果。

假设类的边际（先验）概率不可用，可以认为 $P(C_1)=P(C_2)=\cdots=P(C_m)$。

考虑到分母 $P(N)$ 的上述两个条件和类是不变的，进一步推断，必须最大化

$P(N|C_i)$。

如果有含有大量属性的数据集，那么在计算方面，它被视为一个需要研究的问题。$P(N|C_i)$的计算将是高成本的风险。在这里，朴素贝叶斯的独立假设将引起人们注意。考虑到这一点，可以得出：

$$P(C_i \mid N) = \prod_{p=1}^{n} P(nd_p \mid C_i)$$
$$= P(nd_1 \mid C_i)P(nd_2 \mid C_i)\cdots P(nd_n \mid C_i)$$

计算$P(nd_1|C_i)$的值可以利用现有的训练集来完成。已经说过，属性nd_1，nd_2，…是该属性的实际值。有必要决定属性类别的类型。属性可以是：

1）分类的或；

2）连续的。

对于$P(N|C_i)$的计算，分为两种情况考虑：

明确地，$P(nd_p|C_i)$指的是类C_i的元组的数量，除以$|C_i, T|$，这指的是类C_i元组/套的总数。

在连续值的情况下，需要考虑高斯分布。认为这里的属性是具有偏离值∂和平均值μ的高斯分布：

$$g(nd,\mu,\partial) = \frac{1}{\sqrt{2\pi}\partial} e^{-(nd-\mu)^2/2\partial^2}$$

然后得到

$$P(nd_p|C_i) = g(nd_p, \mu C_i, \partial C_i)$$

后验概率为

$$P(C_i \mid N) = P(C_i)\prod_{p=1}^{n} P(nd_p \mid C_i)$$

因此，用上述规则，把新的数据归到类C_i，将得到最高的后验概率。要确定类N，对于每个类，需要评估$P(N|C_i)$。如果以下不等式成立，则标签是可以预测的：

$$P(N|C_i)P(C_i) > P(N|C_j)P(C_j)$$

这里j从1到最大值，且不等于i。

A.2.2 贝叶斯分类器的优点和缺点

据发现，在一些领域，贝叶斯分类器与决策树和神经网络分类可以相媲美。但也有一些缺点，可用的概率数据是相互依赖的。同时，考虑属性的独立性还会导致较低的精度。尽管如此，贝叶斯方法提出其认为合理的部分来支持其结果。

A.3 回归

数值预测通常指的是回归。无论是连续的还是离散的，数值预测是数值数据的预测。回归分析模型两种类型的变量之间的关系，可以是独立的和依赖的。独立变量指的是预测变量，其依赖的是响应变量。预测变量是属性向量，其值是可以提前充分利用的。在不同的回归技术中，广泛使用线性。下面讨论这几种技术。

A.3.1 线性

有响应变量：y 和预测变量 x 可以表示其关系为

$$y = a + bx$$

这里 a 和 b 是回归系数。它们也可以被映射为数值和权值，表示为

$$y = v_0 + v_1 x$$

考虑 T 是训练集，包含预测变量 x_1，x_2，…，和 y_1，y_2，…训练集是成双出现的，如（x_1，y_1），（x_2，y_2）…$x|T|$，$y|T|$。利用 x 和 y 分别作为预测方法和响应变量来计算回归系数：

$$v_1 = \frac{\sum_{i=1}^{|T|}(x_i - \bar{x})(y_i - \bar{y})}{\sum_{i=1}^{|T|}(x_i - \bar{x})^2}$$

$$v_0 = \bar{y} - v_1 \bar{x}$$

A.3.2 非线性

当预测和响应变量之间的关系可以用一个多项式函数表示时，使用非线性回归。它也被称为多项式回归。当只有一个预测变量时，使用多项式回归，这里多项式的形成条件可以添加到线性式中。应用转换方法可以将非线性转换为线性。

A.3.3 回归的其他方法

有应用于分类变量的广义线性回归模型，这里响应变量 y 是 y 平均值的函数。有不同类型的广义模型，最常用的如下：

1）逻辑层——这里发生的某些事件的概率作为预测因子组成的线性函数的一部分。

2）泊松——寻求模型计算，通常是计算的对数。这里的概率分布是不同于逻辑层的。

也有自然语言处理中使用的对数线性模型。将联合概率分配给观测数据集。在对数线性方法中，所有属性都必须是无条件的。它可以运用于数据压缩技术。

另一种方法是决策树归纳，该方法适合连续值的预测数据。树的类型是回归和模型。叶节点包含连续值的预测，然而在模型树中，每个叶节点构成的回归模型结果表明，回归和模型树表现出的精度比线性回归更精确。

A.4 粗糙集

粗糙集被作为软件计算领域的基本框架，它是以近似方法来获得低成本解决方案为方向的。这通常发生在不需要精确数据的情况下。所以粗糙集是用来获取有噪声数据区域的解决方案，数据的类型不属于某一种特定的类型而是不同种类的混合类型，数据不是完全可用，或者数据量巨大需要使用背景知识。

粗糙集提供用于发掘隐藏模式的数学工具。因为它们尝试识别或者认识隐藏模式，通常用于特征选择和提取方法。可以说，目的在于“知识发掘”。它们用数据挖掘的方法正获取越来越多的重要性信息，并对可替代主体系统进行特定的监视。

Pawlak[1,2]介绍粗糙集来表示知识和发现数据间的关系。在信息系统中，有对象的分类，这里不可能区分可用的条款。它们需要被粗略地被限定。粗糙集理论是基于等价关系的。这些数据分割出等价类，包括在较低和较高的界限内的一组近似集合。下面考虑信息系统表示方式：

$$IS = <U, A, V, f>$$

这里 U 是对象的非空有限集合，表示为

$$U = \{x_1, x_2, \cdots, x_n\}$$

A 是非空的有限集的属性，这里 V_a 是属性 a 的值：

$$V = U_{a \in A} V_a$$

f 是决策函数，例如 $f(x,a) \in V_a$，对于所有 A 中元素的 a 和 U 中的元素 x：

$$f: U \times A \to V$$

A.4.1 不可分辨关系

下面转向讨论等价关系。如果二元关系是反射性的、对称的和过渡的，则 R 是等价的。

所以 $R \subseteq X \times X$。

对于任何对象 x 满足 xRx。如果有 xRy，则 yRx 保持不变；如果有 xRy 和 yRz，则 xRz 保持不变。X 元素的等价类 $[x]_R$ 属于 X，X 是由属于 x 的 y 对象组成，例如 xRy。

使得 IS 成为信息系统，则对于 A 的子集中的任何 B，有等价关系可以表示为

$$\mathrm{IND_{IS}}(B) = \{(x,x') \in U^2 \mid \forall a \in B, a(x) = a(x')\}$$

如果元素 $(x,x') \in \mathrm{IND_{IS}}(B)$，则 x 和 x' 是不可分辨的。B 是不可分辨关系，且它的等价类可以表示为 $[x]_B$。

由于等价关系，U 可以分为若干分区，这可以用来产生新的集合。

A.4.2 集近似

考虑用 B 作为 A 的子集和 U 的子集 X，使得 IS 成为信息系统。可以使用 B 的信息生成上界和下界或者是近似来近似 X。这里的上限和下限近似量是 B 下限和 B 上限，可表示为 $\underline{B}X$ 和 $\bar{B}X$，这里：

$$\underline{B}X = \{x \mid [[x]_B \in X\}$$

$$\bar{B}X = \{x \mid [[x]_B \cap X \neq \phi\}$$

A.4.3 边界区域

边界区域 X 可以被定义为

$$\bar{B}X - \underline{B}X$$

$U - \underline{B}X$ 表示在 POS_B 的负区域，$\underline{B}X$ 表示在 POS_B 的正区域。

A.4.4 粗糙集和清晰集

如果一个集合的边界区域不是空的，则认为这个集合是粗糙集。否则称为清晰集。

A.4.5 约简

考虑保留不可辨认性的属性，因此采取近似处理。有很多这样的属性组和子集。最小的子集称为约简。

A.4.6 可有可无和不可缺少的属性

如果有

$$\mathrm{IND}(A) = \mathrm{IND}(A - \{a\})$$

则属性 a 是不可缺少的属性。

因此可以称为不可缺少。

如果删除一个属性的结果不一致，那么该属性是作为一个核心，这可以表示为

$$\mathrm{CORE}_B(A) = \{a \in A: \mathrm{POS}_A(B)\,\mathrm{POS}_{A-\{a\}} \neq (B)\}$$

A.5 支持向量机

下面将讨论支持向量机（SVM）的综述：一个用于线性以及非线性数据的分类方法。分类是通过构建一个 n 维超平面来完成的。超平面将数据分为两类。超平面可以被认为是一个“边界”，或者更准确地说是区分对象的“决策边界”。理想超平面从生成的一组超平面中选择。超平面由边界和支持向量构成，支持向量只不过是训练集。使用支持向量机作为核函数，并用于模式分析的分类。

图 A.1 表示多个超平面的画法，但由于类之间边界最大化，则超平面 z 将是

最优平面。

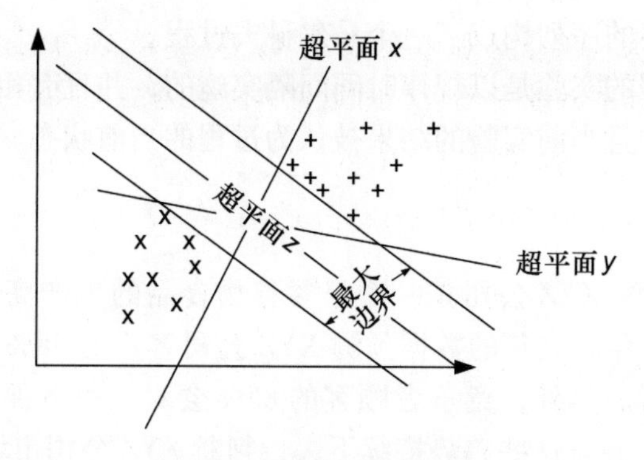

图 A.1　最优超平面选择

参 考 文 献

1. Pawlak 1982.
2. Pawlak 1991.

附录 B　马尔科夫过程

B.1　马尔科夫过程

马尔科夫过程的定义：

假设一个接一个进行有同样结果的一系列实验。如果目前实验的多种结果的概率更多取决于之前实验的结果，那么称这个序列为马尔科夫过程。

在这种属性下马尔科夫过程 $\{X_t t \in T\}$ 是一个随机过程，由给定 X_t 的值和 $s > t$ 时 X_s 的值是不被 $u < t$ 时 X_u 的值所影响。换句话说，对于这个过程的任何特定的未来行为概率来说，当精确地知道它的目前状态时，考虑其过去行为情况下它是不会因为额外知识而改变的。

马尔科夫链的离散时间是马尔科夫过程，它的状态空间是一个有限集或者可数集，并且它的时间（或者阶段）索引集是 $T=$（0，1，2，…）。在通常情况下，马尔科夫特性是

$$P\{X_{n+1}=j \mid X_0=i_0,\cdots,X_{n-1}=i_{n-1},X_n=i\}$$

$$P\{X_{n+1}=j \mid X_n=i\}$$

这是对于所有的时间点和所有的状态 i_0，…，i_{n-1}，i，j。

特定的公共事业股票非常稳定，从短期看，价格增长或下跌的概率只取决于

前一天的交易结果。股票的价格是每天下午五点观察并按照下跌、增长或者没变来记录。这种观察的序列构成了一个马尔科夫过程。

马尔科夫过程的实验是以规律时间间隔实施的，并且有相同的结果集。这些结果称为状态，并且当前实验的结果被认为过程的当前状态。这些状态表示为列矩阵。

B.1.1 案例

考虑如下问题：XYZ 公司是一个早餐谷物食品的生产商，目前占有市场的 25% 份额。对于今年，去年的数据预测 XYZ 公司客户的 88% 会保持支持，但是 12% 转到了竞争者。另外，竞争者顾客的 85% 会对竞争者保持支持，而另外的 15% 会转到 XYZ。假设这些趋势持续下去，判断 XYZ 公司市场占有额：

- 两年后；
- 长期；

这个问题是品牌转换问题的例子，这个问题经常出现在日用消费品的销售中。

为了解决这个问题，要利用马尔科夫链或者马尔科夫过程（它是一个特定类型的随机过程）。步骤如下。

B.1.2 解决步骤

注意到，顾客每年都会买 XYZ 公司或者竞争者的谷类食品。因此可以建立一个如图 B.1 所示，其中两个圆圈代表两种一个顾客加入的状态，而弧代表一个顾客每年在状态之间转换的概率。注意圆弧象征了从一种状态转换为同种状态。这个图称为状态转换表（注意表格里的所有弧都是矢量弧）。

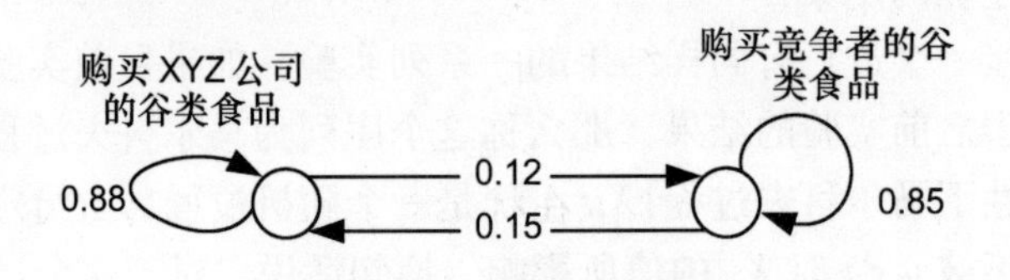

图 B.1 顾客状态的转换表

给出这个表，可以建立转换矩阵（通常由符号 ***P*** 表示），从而得知从一种状态转换为另一种状态的概率。设定：

- 状态 1 = 顾客购买 XYZ 公司的谷类食品
- 状态 2 = 顾客购买竞争者的谷类食品

有给定问题的转换矩阵：

转换后状态	1	2
转换前状态1	0.88	0.12
2	0.15	0.85

注意转换矩阵中每一行元素的和为1。还要注意到转换矩阵的行是按照转换状态的来源，而列是去向。

现在知道目前XYZ公司占有25%的市场。因此就有如下行矩阵，表示了系统的初始状态：

$$\begin{array}{c}\text{State}\\ 1\quad 2\\ [0.25,\ 0.75]\end{array}$$

通常用s_1表示这个矩阵，表明第一阶段（特殊例子中的年份）的系统状态。现在马尔科夫告诉人们，在阶段（年）t里，系统状态是由行矩阵s_t给出的，其中

$$s_t = s_{t-1}(P) = s_{t-2}(P)(P) = \cdots = s_1\ (P)^{t-1}$$

在此必须仔细，因为做的是矩阵乘法，而计算的顺序是重要的（也就是s_{t-1}（P）通常不等于（P）s_{t-1}）。为了找出s_t，可以尝试直接增大P到$t-1$次幂，但是在每个连续的年份1，2，3，…，t里计算系统状态是更加容易的。已经知道在第一年的系统状态（s_1），因此第二年的系统状态（s_2）是这样得来的：

$$\begin{aligned}s_2 &= s_1 P\\ &= [0.25, 0.75]\begin{vmatrix}0.88 & 0.12\\ 0.15 & 0.85\end{vmatrix}\\ &= [(0.25)(0.88)+(0.75)(0.15), (0.25)(0.12)+(0.75)(0.85)]\\ &= [0.3325, 0.6675]\end{aligned}$$

注意这个结果产生的直观感觉。例如，在目前购买XYZ公司的谷类食品的这25%中，有88%会继续购买，而在购买竞争者谷类食品的75%中，有15%要转为购买XYZ公司的谷类食品，这就得出了（小数的）合计为（0.25）（0.88）+（0.75）（0.15）=0.3325购买XYZ公司的谷类食品。

这样在两年后，将有33.25%的人在状态1里，也就是购买XYZ公司的谷类食品。要注意，作为一个数值校验，s_t的元素的和是1。

三年后，系统状态如下：

$$\begin{aligned}s_3 &= s_2 P\\ &= [0.3325, 0.6675]\begin{vmatrix}0.88 & 0.12\\ 0.15 & 0.85\end{vmatrix}\\ &= [0.392725, 0.607275]\end{aligned}$$

因此三年后，39.27%的人会购买XYZ公司的谷类食品。

B.1.3 长期

回想XYZ公司的市场长期份额所引出的问题。这意味着当t变得非常大时（接近极限），需要计算s_t的值。长期的想法是基于最终系统能够达到均衡的设

想（常成为稳固状态），也就是 $\boldsymbol{s}_t=\boldsymbol{s}_{t-1}$。这不是说状态间的转换不发生，它们发生，但是它们平衡是为了使每个状态里的数据保持一致。

有两种基本方法计算稳固状态：

- 计算——通过计算 $t=1, 2, 3, \cdots$ 时的 $\boldsymbol{s}_t$ 值找出稳固状态，当 $\boldsymbol{s}_{t-1}$ 和 $\boldsymbol{s}_t$ 近似相等时停止。这对计算机来说显然非常容易，也是程序包使用的方法。
- 代数——为了避免计算 $t=1, 2, 3, \cdots$ 时的 $\boldsymbol{s}_t$ 值所需要的冗长的算法计算，有一个代数捷径可以使用。回想稳固状态下的 $\boldsymbol{s}_t=\boldsymbol{s}_{t-1}$（$=[x_1, x_2]$，例如上述例子）。然后当 $\boldsymbol{s}_t=\boldsymbol{s}_{t-1}\boldsymbol{P}$ 时有

$$[x_1,x_2]=[x_1,x_2]\begin{vmatrix}0.88 & 0.12\\ 0.15 & 0.85\end{vmatrix}$$

（而且也要注意到 $x_1+x_2=1$）这样有了三个可以解出来的方程式。

现在注意上面已经使用的假设语。这是因为不是所有的系统都能达到平衡，例如如下转换矩阵的系统将永远达不到一个稳固状态：

$$\begin{vmatrix}0 & 1\\ 1 & 0\end{vmatrix}$$

为 XYZ 公司的谷类食品例子应用上述的代数方法，得到三个方程：

$$x_1=0.88x_1+0.15x_2$$
$$x_2=0.12x_1+0.85x_2$$
$$x_1+x_2=1$$

重排前两个方程得到

$$0.12x_1-0.15x_2=0$$
$$0.12x_1-0.15x_2=0$$
$$x_1+x_2=1$$

这里要注意等式 $x_1+x_2=1$ 是必须的。没有它，不能对 x_1 和 x_2 获得一个唯一的情况。求解，得到 $x_1=0.5556$ 和 $x_2=0.4444$。

因此，在长期之下，XYZ 公司的市场份额将达到 55.56%。

B.1.4 马尔科夫过程示例

招生导师软件是为了帝国理工学院（IC）的具体本科课程而对潜在的学生进行分析的应用软件。它把每个潜在的学生分类成四个可能的状态其中之一：

- 状态 1：还没有申请帝国理工学院。
- 状态 2：已经申请了帝国理工学院，但是校方还没有决定录取还是拒绝。
- 状态 3：已经申请了帝国理工学院，但已经被拒绝。
- 状态 4：已经申请了帝国理工学院并且已经被录取（已经寄出录取通知书）。

在这年开始（招生年的第一个月），所有潜在的学生都属于状态1。

她对近几年招生信息的回顾已经指出了下述转换矩阵，它是每个月状态间转换的概率：

从＼至	1	2	3	4
1	0.97	0.03	0	0
2	0	0.10	0.15	0.75
3	0	0	1	0
4	0	0	0	1

- 三个月过后，百分之多少的潜在学生将会被录取呢？
- 是否能实现一个有意义的长期系统状态呢？（如果不能，那是什么原因呢？）

招生导师软件已经控制了上述转换矩阵中的一行元素，即第二行。

这一行中元素的影响如下：

- 从状态2到状态2的转换：每个月处理申请的速度；
- 从状态2到状态3的转换：每个月被拒绝申请者的比例；
- 从状态2到状态4的转换：每个月录取的申请者的比例。

为了更加具体，每个月伊始，招生导师软件就要决定那个月要录取申请者的比例。然而，它被一个决策方针约束，那就是在每个月的结束，被拒绝者的总数不能超过录取总数的1/3，也不能少于录取总数的20%。

进一步分析显示，在申请帝国理工学院和收到决定（录取或拒绝）之间等待超过两个月的申请者将永不会选择来帝国理工大学，即便他们已经拿到了录取通知书。

明确这个问题，招生导师软件作为一个线性程序面对着每个月。对任何假设已经做的评论一直也是这样做的。

方案：

有初系统状态 $\boldsymbol{s}_1 = [1, 0, 0, 0]$，而转换矩阵 $\boldsymbol{P}$ 为

$$\boldsymbol{P} = \begin{vmatrix} 0.97 & 0.03 & 0 & 0 \\ 0 & 0.10 & 0.15 & 0.75 \\ 0 & 0 & 1 & 0 \\ 0 & 0 & 0 & 1 \end{vmatrix}$$

因此第一个月过去后，系统状态为 $\boldsymbol{s}_2 = \boldsymbol{s}_1\boldsymbol{P} = [0.97, 0.03, 0, 0]$。

两个月过后，系统状态为 $\boldsymbol{s}_3 = \boldsymbol{s}_2\boldsymbol{P} = [0.9409, 0.0321, 0.0045, 0.0225]$。

三个月过后，系统状态为 $\boldsymbol{s}_4 = \boldsymbol{s}_3\boldsymbol{P} = [0.912673, 0.031437, 0.009315, 0.046575]$。注意，这里 $\boldsymbol{s}_2$、$\boldsymbol{s}_3$ 和 $\boldsymbol{s}_4$ 的元素相加等于1（正如要求的）。

因此三个月后，将有4.6575%的潜在学生被录取。

达成一个有意义的长期系统状态是不可能的，因为招生年只有（最多）12个月。实际上，招生年很可能比12个月还要短。

至于线性程序，必须在状态2（那些已经申请了帝国理工学院但是校方还没有决定录取还是拒绝的学生）里辨别一个申请者已经等待了多久。

因此展开状态2到下述状态：

- 状态2a—刚收到的新申请
- 状态2b——一个月以前收到的新申请；
- 用这种方法，绝不会让一份新申请等待超过两个月，这个范畴的申请者不管怎样绝不会来帝国理工学院。

因此有了新转换矩阵：

	1	2a	2b	3	4	
$\boldsymbol{P}=$ 1		0.97	0.03	0	0	0
2a		0	0	$1-X-Y$	X	Y
2b		0	0	0	$1-y$	y
3		0	0	0	1	0
4		0	0	0	0	1

这里的X是每个月对新收到申请的拒绝概率，而Y是每个月新收到申请的录取概率（这些是招生导师的决策变量），其中$X \geqslant 0$，$Y \geqslant 0$。

以一个类似的方式，y是每个月里一个月以前收到的申请的录取概率（针对招生导师的决策变量）。

然后每个月，在这个月的开始，在状态1、状态2a、状态2b、状态3和状态4的每一个状态都有一个已知的比例。

因此在每个月的月末针对（未知）比例［z_1，z_{2a}，z_{2b}，z_3，z_4］的方程得到：

- ［z_1，z_{2a}，z_{2b}，z_3，z_4］=［月初已知的比例］$\boldsymbol{P}$，其中$\boldsymbol{P}$是上面给出的包括变量X、Y和y的转换矩阵。如果完整地写出矩阵方程，将有5个线性等式。另外，必须有：
- $z_1+z_{2a}+z_{2b}+z_3+z_4=1$。
- z_1，z_{2a}，z_{2b}，z_3，$z_4 \geqslant 0$并且保险条件是：
- $z_3 \leqslant z_4/3$。
- $z_3 \geqslant 0.2z_4$。

这样，就有了变量$[X,Y,y,z_1,z_{2a},z_{2b},z_3,z_4]$的线性约束条件集合。

一个适当的目标函数可能会最大化录取概率总和（$Y+y$），但是为了系统会提出其他的目标。

因此每个月要解出LP以决定X、Y和y。

注解如下：

- 转换矩阵的第一行是连续贯穿全年的。
- 这里不考虑所有的任何关于申请者如何回应发给他们的通知书的信息。

B.2　半马尔科夫过程

一个半马尔科夫过程就是依据马尔科夫链改变状态，但是在变化间消耗时间随机。更具体地说，考虑一个状态 0，1…时的随机过程，那就是无论什么时候它进入状态 i，$i \geqslant 0$：①它将进入的下一个状态是概率为 P_{ij} 的状态 j，i，$j \geqslant$；②给出的接下来要进入的状态是状态 j，从状态 i 转换为状态 j 发生的时间已经分配给了 F_{ij}。如果让 $Z(t)$ 指示在时间 t 时的状态，然后 $\{Z(t), t \geqslant 0\}$ 就称为一个半马尔科夫过程。这样一个半马尔科夫过程不会拥有马尔科夫过程的属性，即给出的目前状态的以后是不受过去约束的。在估计以后的时候，想知道的不仅是目前状态，也包括已经花费在那个状态上的时长上。

在如下情况里，一个马尔科夫链就是一个半马尔科夫过程：

$$F_{ij}(t) = 0 \quad t < 1$$
$$= 1 \quad t \geqslant 1$$

那就是，一个马尔科夫链的所有转换次数都是 1。

让 H_i 表示半马尔科夫过程在转换前花在状态 i 上的时间分配。也就是说，通过对下一状态的调节，可以看到：

$$H_i(t) = \sum P_{ij} F_{ij}(t)$$

并让 μ_i 表示它的平均值。也就是，

$$\mu_i = \int_0^\infty x \mathrm{d} H_i(x)$$

如果让 X_n 表示第 n 个访问的状态，然后 $\{X_n, n \geqslant 0\}$ 是一个转换概率为 P_{ij} 的马尔科夫链。它称为半马尔科夫过程的嵌入的马尔科夫链。这里声明，如果嵌入的马尔科夫链也是不可约的，这个半马尔科夫过程是不可约的。

让 T_{ii} 表示依次转换进状态 i 的时间，并让 $\mu_{ii} = E[T_{ii}]$。通过交替更新流程理论的使用，可以得到一个半马尔科夫过程的有限概率的表达式。

B.2.1　建议

如果半马尔科夫过程是不可约的，并且如果 T_{ii} 以有限的意思有无结构的分布，然后

$$P_i = \lim_{t \to \infty} P\{Z(t) = i \mid Z(0) = j\}$$

存在并且是不受初状态约束的，因此有

$$P_i = \frac{\mu_i}{\mu_{ii}}$$

B.2.2 验证

设定不论什么时候过程进入状态 i，一个循环开始，设定当在系统 i 内时，过程是开始的，而当不在 i 内时是关闭的。这样，就有了一个交替更新流程（当 Z（0）$\neq i$ 时延迟），它的开始时间有分配 H_i，而它的循环时间是 T_{ii}。

B.2.3 推论

如果半马尔科夫过程是不可约的，而 $\mu_{ii}<\infty$，然后概率依据表达如下：

$$\frac{\mu_i}{\mu_{ii}}=\frac{\lim\limits_{t\to\infty}\ \{i\text{ 在 }[0,\ t]\text{ 间的时间量}\}}{t}$$

也就是说，μ_i/μ_{ii}等于在状态 i 里的长期时间比例。

图书在版编目（CIP）数据

决策用强化与系统性机器学习/（印）库尔卡尼著；李宁等译．—北京：机械工业出版社，2015.7

（国际电气工程先进技术译丛）

书名原文：Reinforcement and Systemic Machine Learning for Decision Making

ISBN 978-7-111-50241-8

Ⅰ.①决…　Ⅱ.①库…②李…　Ⅲ.①机器学习－研究　Ⅳ.①TP181

中国版本图书馆CIP数据核字（2015）第101156号

机械工业出版社（北京市百万庄大街22号　邮政编码100037）

策划编辑：顾　谦　责任编辑：顾　谦

责任校对：陈　越　封面设计：马精明

责任印制：刘　岚

北京富生印刷厂印刷

2015年7月第1版第1次印刷

169mm×239mm · 15.75印张 · 303千字

0001—2600册

标准书号：ISBN 978-7-111-50241-8

定价：79.00元

凡购本书，如有缺页、倒页、脱页，由本社发行部调换

电话服务　　网络服务

服务咨询热线：010－88361066　机工官网：www.cmpbook.com

读者购书热线：010－68326294　机工官博：weibo.com/cmp1952

010－88379203　金书网：www.golden-book.com

封面无防伪标均为盗版　教育服务网：www.cmpedu.com

图书在版编目（CIP）数据